URANIA NATURFÜHRER

FOSSILIEN

URANIA NATURFÜHRER

FOSSILIEN

Cyril Walker
und David Ward

Aus dem Englichen von
Dr. Christian Meyer

Fotografien von
Colin Keates

Urania Verlag

EIN DORLING-KINDERSLEY-BUCH

Die Deutsche Bibliothek —
CIP-Einheitsaufnahme
Ein Titeldatensatz für diese Publikation ist bei
Der Deutschen Bibliothek erhältlich.
ISBN 3-332-00999-0

Originaltitel: Dorling Kindersley Handbooks: Fossils
First published in Great Britain in 1992.
Reprinted with corrections in 2000.

Fotos von Colin Keates
(The Natural History Museum, London)
Illustrationen von Will Giles, Sandra Pond

www.dornier-verlage.de
www.urania-verlag.de
2. korrigierte Auflage August 2002

Der Urania Verlag ist ein Unternehmen
der Verlagsgruppe Dornier.

Übersetzung: Dr. Christian Meyer
Fachlektorat: Gerd Hintermaier-Erhard
Endredaktion und Satz:
Béatrice Bruchez, Rio Verlag, CH-8032 Zürich
Umschlaggestaltung: Behrend & Buchholz, Hamburg
Gesamtherstellung: Urania Verlag
Printed in Slovakia

Gedruckt auf alterungsbeständigem Papier
mit chlorfrei gebleichtem Zellstoff.

Inhalt

Einführung • *6*

Wirbellose • *32*

Wirbeltiere • *194*

Pflanzen • *286*

Einführung der Autoren

Das Sammeln von Fossilien hat in den letzten Jahrzehnten stark an Beliebtheit zugenommen. Seine Anziehungskraft ist verständlich, verbindet es doch die Freude des Entdeckens mit dem Geschick des Sammelns und der Präparation der Funde sowie mit der immer wieder aufs neue gestellten Herausforderung, die Fossilien zu bestimmen. Es gibt nur wenige Wissensgebiete, in denen auch Laien erstaunliche Beiträge zur Kenntnis der Frühgeschichte unseres Planeten beisteuern.

Im Jahre 1910 brach Sir Robert Falcon Scott zu seiner historischen, aber sehr tragischen Expedition zum Südpol auf. Während seiner Rückkehr vom Pol kamen er und vier seiner Begleiter in der extrem lebensfeindlichen Weite des antarktischen Eisschildes ums Leben. Diese Tragödie barg aber auch eine wichtige wissenschaftliche Entdeckung: In der persönlichen Habe der toten Forscher wurde ein versteinerter Samenfarn, *Glossopteris,* entdeckt. Die Existenz dieser Pflanze konnte schlüssig beweisen, daß die Kältewüste der Antarktis einst Teil eines blühenden Kontinents gewesen sein mußte, und selbst Scott ahnte damals schon die enorme Tragweite dieses wissenschaftlichen Fundes.

Von Münzen zu Knochen

Ursprünglich schloß das Wort „Fossil" (abgeleitet von lat. *fossilis* = ausgegraben) alles ein, was begraben, verschüttet war. Dies galt sowohl für versteinerte Überreste von Tieren und Pflanzen wie auch für Gesteine, Mineralien und menschliche Artefakte wie zum Beispiel Münzen. Heute beinhaltet der Begriff natürlich eingebettete und erhaltene Reste von Organismen, die lange vor unserer Geschichtsschreibung gelebt haben.

Trachyphyllia (Koralle)

Diplomystus (Fisch)

Jahre der Spekulation

Schon seit der Antike üben Versteinerungen eine erstaunliche Anziehungskraft auf uns Menschen aus. Aristoteles (384–322 v. Chr.) betrachtete sie als eher seltsame, natürliche, von der Erde gebildete Erscheinungen, ähnlich etwa den Tropfsteinen oder Kristallen. Martin Luther (1483–1546) glaubte in Fossilfunden auf Berggipfeln einen Beweis für die biblische Sintflut gefunden zu haben. Erst wieder Leonardo da Vinci (1452–1519) interpretierte Fossilien als Überreste einstiger Organismen. Seine ketzerischen Ansichten wurden bis zur Veröffentlichung seiner Aufzeichnungen im 19. Jahrhundert zurückgehalten. Die wahre Natur der Verstei-

Hemicidaris (Seeigel)

nerungen wurde erst im 17. und 18. Jahrhundert erkannt – nicht zuletzt durch ein zunehmendes Erscheinen von Büchern mit Abbildungen von Fossilien und ganz allgemein ein besseres Verständnis für die Naturwissenschaften. Eine der maßgebenden Beobachtungen war, daß verschiedene Gesteine auch unterschiedliche Fossilien enthalten. Diese Erkenntnis machte die Erstellung der ersten geologischen Karten möglich und führte schließlich zu den modernen Wissenschaften der Paläontologie (das Studium von Fossilien) und Stratigraphie (das Studium der Gesteinsschichten).

Heute beschäftigt sich die Paläontologie nur mit Tier- und Pflanzenresten, die älter als 10 000 Jahre sind.

Klassifikation

Versteinerungen werden normalerweise mit einem zweiteiligen wissenschaftlichen Namen belegt, doch sind eine Anzahl davon auch unter volkstümlichen Namen bekannt. Die Auster *Gryphaea* ist zum Beispiel auch als des „Teufels Fingernagel“ bekannt, oder die Belemniten werden auch „Donnerkeile“ genannt. Diese Namen sind zwar regional gebräuchlich, es fehlt aber jede systematische Grundlage und internationale Anerkennung. In der Regel wird der wissenschaftliche Name in Schrägschrift *(kursiv)* wiedergegeben, gefolgt vom Namen des Autors, der als erster das Fossil beschrieben hat. Der erste Teil ist der Name der Gattung, der zweite

Im Gelände
Die Autoren David Ward (rechts) *und Cyril Walker* (links) *beim Begutachten eines außergewöhnlichen Fundes: verstreute Knochenteile eines Dinosauriers (südl. Sahara). Siehe auch Seite 248.*

Teil wird vom Artnamen gebildet. Erscheint der Name des Autors in Klammern, bedeutet dies, daß die Art später in eine andere Gattung versetzt wurde. Ein wissenschaftlich korrekter Name bezieht sich auf einen bestimmten Organismus und wird weltweit von allen Wissenschaftlern verstanden. Die Basiseinheit der Klassifikation ist die Art. Es gibt viele unterschiedliche Definitionen, grundsätzlich gilt aber, daß alle Mitglieder einer Art sich ähnlich sehen und daß sie sich untereinander fortpflanzen. Eine oder mehrere Arten können in einer Gattung zusammengefaßt werden, die bestimmte Gemeinsamkeiten aufweisen. Dies bildet, zusammen mit der Familie (eine Gruppe von Gattungen) und der Ordnung (eine Gruppe von Familien) den Stammbaum eines Organismus. Alle Einteilungen, außer der Art, sind künstliche, von Menschen geschaffene Einheiten; sie ändern sich oft je nach der momentan vorherrschenden Meinung.

Seelilienstiel

Bernstein
(= versteinertes Harz)

Ziele und Grenzen

Ziel des vorliegenden Buches ist es, durch zahlreiche Abbildungen dem Sammler einen Leitfaden in die Hand zu geben; dabei wurden vor allem solche Formen gewählt, die häufig vorkommen, aber auch spektakuläre, eher seltene Fossilien. Alle Versteinerungen sind im Besitz des Naturhistorischen Museums in London – mit einer der weltweit größten und vielfältigsten Sammlungen. Obwohl an den Fossilien vieles sehr faszinierend ist und unsere Phantasie anregt, ist deren Studium meist Spezialisten vorbehalten. Fast alle wichtigen Fossilgruppen sind hier abgebildet, von den Würmern bis zu den Dinosauriern, von den Ammoniten bis hin zu den Menschen – Fossilien aller Epochen und von verschiedenen Kontinenten. Arten, die nur unter dem Mikroskop zu erkennen sind, blieben unberücksichtigt. Jedes Fossil wurde von Fachleuten, die mit den einzelnen Gruppen besonders vertraut sind, beschrieben. Technisch-wissenschaftliche Begriffe wurden auf ein Minimum beschränkt; wo sich dies als notwendig erwies, fanden sie Aufnahme in ein Lexikon *(s. Seite 312 ff.)*. Viele Versteinerungen, vor allem von größeren Reptilien und Säugetieren, werden nur selten als ganze Skelette gefunden. Das führt häufig zu Problemen beim Bestimmen, weshalb wir auch kleinere Teile des Skeletts abgebildet haben.

Calliostoma
(Kreiselschnecke)

Homo habilis
(Schädel eines Menschen)

ZUM GEBRAUCH DIESES BUCHES

DER AUFBAU DES BUCHES folgt einer Dreigliederung: Wirbellose *(Seite 32–193)*, Wirbeltiere *(Seite 194–285)* und Pflanzen *(Seite 286–311)*. Innerhalb dieser Teilbereiche werden alle Hauptgruppen vorgestellt. Die Gattung bildet jeweils den Ausgangspunkt. Normalerweise ist eine typische oder häufigere Art der jeweiligen Gattung abgebildet. Unterscheidungsmerkmale sind klar in Anmerkungen hervorgehoben. Hin und wieder wurde auch ein außergewöhnliches Stück ausgewählt, um fossile Besonderheiten zu illustrieren. Jede Fotografie wird von einem rekonstruierten Lebensbild begleitet. Einige dieser Details, wie etwa die Farbe, sind häufig aber nur naheliegende Vermutungen. Die Musterseite zeigt ein typisches Beispiel.

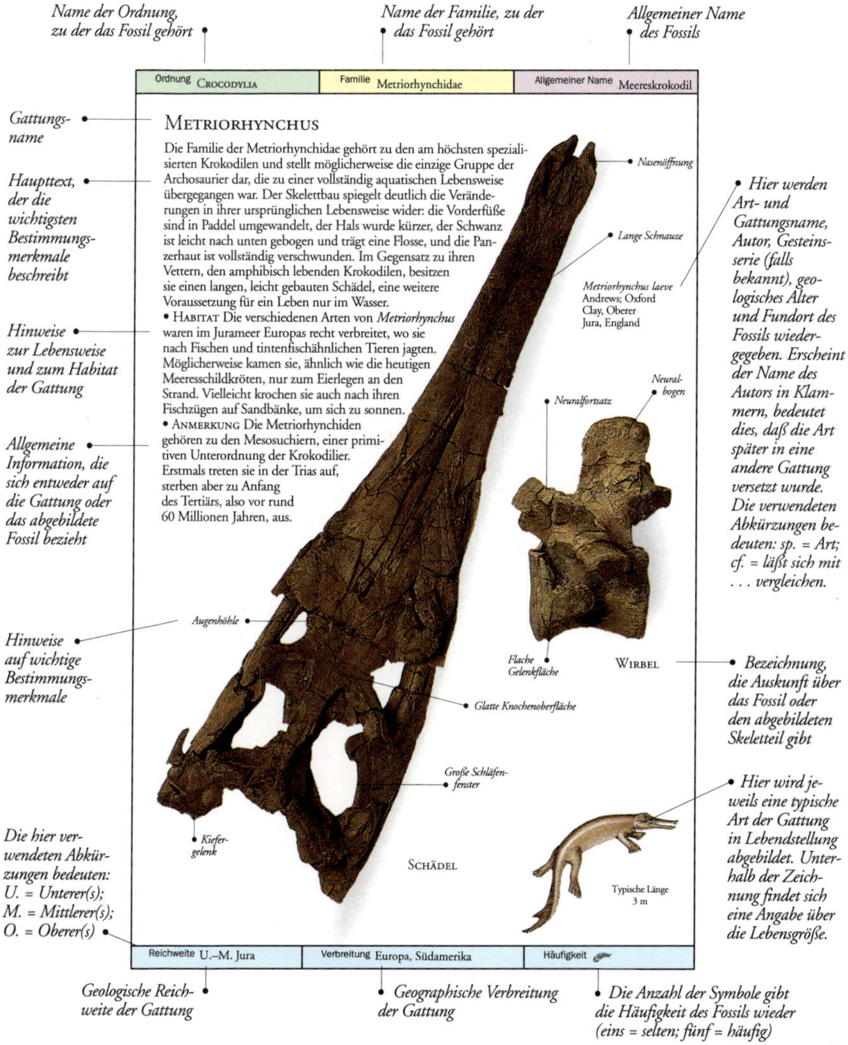

Was sind Fossilien?

Fossilien sind die Überreste längst verstorbener Pflanzen und Tiere, die in Sedimentschichten eingelagert und dadurch vom natürlichen Zerfallsprozeß verschont wurden. Fossilien können a) aus Teilen des einstigen Lebewesens selbst, b) als dessen Abdruck im Gestein oder c) als dessen Spur im Gestein (= Spurenfossil) bestehen.

Wichtig für eine gute Erhaltung ist, daß das Zudecken mit Sediment rasch erfolgt. Anschließend kommt es oft zu chemischen Reaktionen im Fossil mit der Neubildung des Mineralbestands. Beim Ausbleiben dieser Reaktionen erfolgt keine Fossilisation, sondern nur eine zeitlich begrenzte Erhaltung.

Versteinerter Kot
Spurenfossilien gelten als echte Fossilien. Dieser fossile Kotballen (unten) *stammt vermutlich von einem ausgestorbenen Hai. Normalerweise ist es aber schwierig, den Urheber solcher Koprolithen zu identifizieren.*

Fussabdruck eines Reptils
Obwohl es häufig schwierig ist, den Urheber zu bestimmen, können fossile Trittsiegel wertvolle Informationen über das Verhalten der Tiere, wie z. B. Fortbewegungsgeschwindigkeit, Gewicht oder Lebensweise, liefern.

Pferdezahn
Dieser Backenzahn (unten) *gleicht dem eines heutigen Pferdes, ist aber eine Versteinerung. Über Jahrhunderte hinweg wurde das organische Gewebe durch Mineralsalze ersetzt, die den Zahn erhaltungsfähig machten.*

Mumifizierter Frosch
Mumifizierung – die natürliche Austrocknung eines Lebewesens – bedeutet, daß der Frosch bereits einen Teil des Weges zum Fossil zurückgelegt hat. Um jedoch eine gute Erhaltung zu erreichen, müßte er noch in eine Ablagerung eingebettet werden, die einen weiteren Zerfall verhindert.

Gebänderter Feuerstein
Feuersteine (rechts) *werden irrtümlicherweise oft als Fossilien angesehen. Häufig werden sie in Bändern abgelagert. Leicht angewittert und verfärbt, entwickeln sie Formen, die an Korallen, Muscheln, Würmer oder sogar Trilobiten erinnern.*

VOGELNEST
Dieses Vogelnest (oben) *ist keine Versteinerung; es handelt sich um ein heutiges Nest, das in einer Quelle versteinert wurde.*

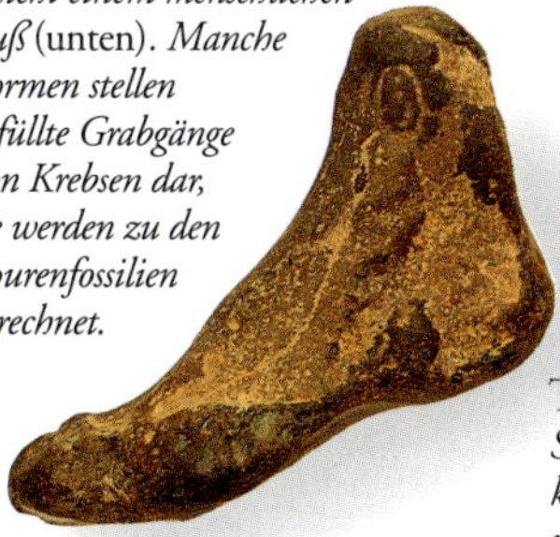

„VERSTEINERTER FUSS"
Kreidezeitliche Feuersteine gibt es in vielen verschiedenen Formen; dieser gleicht einem menschlichen Fuß (unten). *Manche Formen stellen gefüllte Grabgänge von Krebsen dar, sie werden zu den Spurenfossilien gerechnet.*

TONFLASCHE
So banale Gegenstände wie diese kollabierte Flasche aus Ton (oben) *werden manchmal mit Versteinerungen verwechselt.*

WAS WIRD ZUM FOSSIL?

Die Fossilisation ist ein relativ seltener Vorgang, der nur unter besonders glücklichen Umständen zustande kommt. Die weitaus größte Zahl von Pflanzen und Tieren, die je gelebt haben, sind verschwunden, ohne auch nur eine winzige Spur zu hinterlassen. Von wenigen Ausnahmen abgesehen, werden nur die Skelett- oder Hartteile von Organismen als Fossilien überliefert. Dies geschieht jedoch nur, wenn der im Schlamm zerfallende Organismus die unmittelbare Umgebung so verändert, daß sein Skelett Mineralsalze in sein Gerüst aufnimmt – ein Vorgang, der als „Mineralisation" bekannt ist. Diese chemische Umwandlung bewirkt, daß das Fossil widerstandsfähiger wird als das umgebende Sediment.

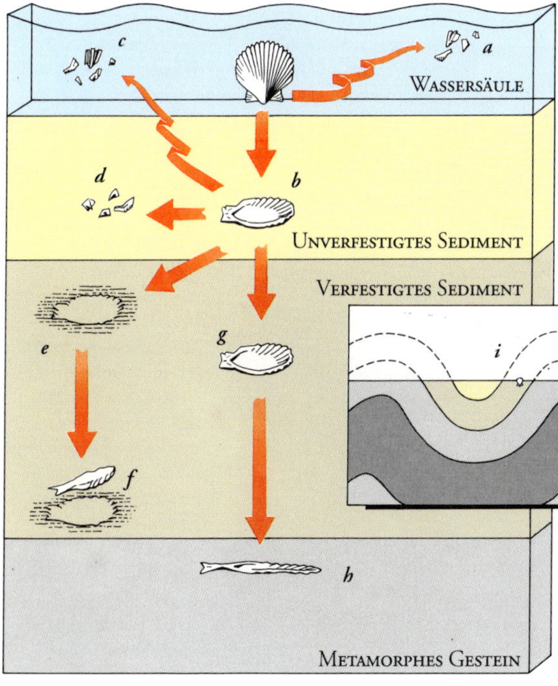

FOSSILISATION
Nach dem Tod zerfällt ein Lebewesen (a) oder wird von weichem Schlamm zugedeckt (b). Auch kann es durch Wellen oder Strömung wieder ausgegraben oder sogar von Sedimentfressern verdaut oder in seiner Lage gestört werden (c). Während des Verfestigungsprozesses (Diagenese) kann ein künftiges Fossil auch aufgelöst werden (d). Ist das Sediment genügend hart, entsteht ein Abdruck (e). Durchsickernde mineralische Lösungen können diesen so ausfüllen, daß ein bleibendes Formgerüst entsteht (f). Einige Schalen oder Hartteile werden ohne chemische Veränderungen eingebettet (g). Mit zunehmender Tiefe, Druck, entsprechender Temperatur und Zeit werden Sedimentgesteine verformt und mineralisch verändert (Metamorphose), was letztlich ihr Gefüge vollständig zerstört (h). Wenn Gesteine durch Gebirgsbildung gefaltet, gehoben und wieder abgetragen werden, können einst begrabene Fossilien wieder hervortreten (i).

FOSSILERHALTUNG

DAMIT EIN TOTES TIER oder ein Pflanzenrest als Fossil erhalten bleibt, müssen die Zerfallsprozesse gestoppt werden. Zuerst einmal müssen die zerfallverursachenden Organismen entfernt und alle Hohlräume im Skelett mit Mineralien ausgefüllt werden. Deshalb findet man die meisten Fossilien in Meeres- oder Seeablagerungen, wo sauerstoffarmer Ton oder Schluff die Organismen kurz nach ihrem Tod begräbt. Bleiben die Bedingungen im Sediment günstig *(s. Seite 10–11)*, kann das eingebettete Tier später als Fossil vorliegen. Im Fall einer Mumifizierung wird der Zerfall nur kurzzeitig unterbrochen. Sobald wieder Luft hinzutritt, nimmt der Zerfall seinen Fortgang. Unter außergewöhnlichen Umständen können sogar die feinsten Details der Weichteile erhalten bleiben. Insekten in Bernstein oder Mammutkadaver in Eis oder Teer sind gute Beispiele dafür. In beiden Fällen wurde das lebende Tier in der klebrigen Substanz gefangen (Teer oder Baumharz), die dann später aushärtete und somit eine optimale Erhaltung ermöglichte. Kommt Kalk, Phosphat oder Pyrit im Schlamm in unmittelbarer Nähe eines Pflanzenrestes zur Ausfällung, formen diese Minerale eine Art Hülle, die sogar die feinsten Detailstrukturen abbildet. Verkieseltes Holz sieht oft spektakulär aus, wenngleich die Erhaltung der einzelnen Zellen häufig nicht besonders gut ist.

IM BERNSTEIN GEFANGEN
Bernstein, das ausgehärtete Harz von Bäumen und anderen Pflanzen, konserviert zwar die äußere Form, die internen Strukturen der eingeschlossenen Insekten, Spinnen (oben)*, Frösche und kleinen Echsen jedoch nicht.*

VERKIESELUNG
Verkieseltes Holz (links) *wird vielfach in Sanden und Schluffen von Fluß- und Seeablagerungen gefunden, in deren Nachbarschaft sich vulkanische Aschen befinden. Sie liefern die nötige Kieselsäure, die nach und nach in das zerfallende Holz eindringt und als Quarz ausfällt. Im allgemeinen ist die Zellstruktur dieser Hölzer eher schlecht überliefert. Eingelagertes Eisen und andere Mineralien erzeugen oft beeindruckende Farbeffekte.*

PHOSPHATISIERUNG
Knochen und Zähne (oben) *werden normalerweise am Meeresboden oder später im Sediment aufgelöst, können aber erhalten bleiben, wenn genügend gelöste Phosphate vorhanden sind. Phosphatlager, die kommerziell abgebaut werden, sind oft ergiebige Quellen für gut erhaltene Fossilien.*

MUMIFIZIERUNG
Im trockenen Klima einer Höhle ist dieser Fuß eines Moa (oben) *mit Weichteilen erhalten worden; meist sind nur die Knochen erhalten. Mumifizierung ist nur ein vorübergehender Stillstand während des Zerfalls und keine echte Fossilisation.*

TIEFGEFRORENES HAAR
Bis vor kurzem ist dieses Haarbüschel eines sibirischen Mammuts (rechts) *im Permafrostboden erhalten geblieben. Einmal aufgetaut, wird es zerfallen, falls es nicht fachgerecht konserviert wird.*

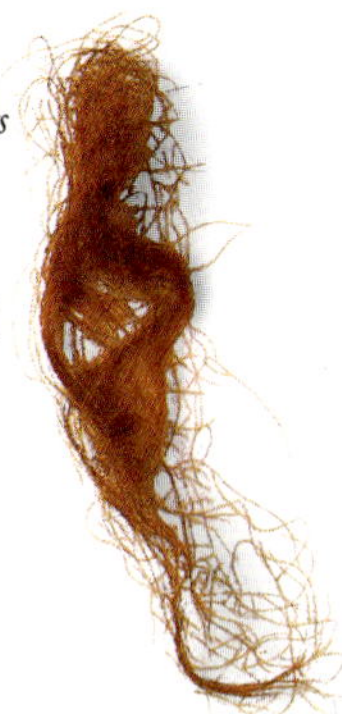

TEER UND SAND
Eine Mischung aus Sand und Teer hat diesen Käfer (links) *einbalsamiert. Diese Mixtur – ein paar tausend Jahre stabil – wird kaum Jahrmillionen überdauern.*

KALKSTEINGRAB
Der hervorragende Zustand dieser zerbrechlichen Seelilie in Kalkstein (links) *läßt vermuten, daß sich die umgebende Kalkkonkretion bald nach dem Tod des Tieres gebildet hat.*

PYRITISIERUNG
Schale und Luftkammern dieses Ammoniten (rechts) *sind durch Pyrit ersetzt worden. Dieses Schwefeleisen-Mineral ist nur in absolut trockener Atmosphäre stabil.*

Geologische Zeittafel

Die Erde entstand vor 4,6 Milliarden Jahren, Lebewesen sind erst seit 3 Milliarden Jahren auf unserem Planeten anzunehmen. Obwohl bereits vor über einer Milliarde Jahre erste mehrzellige Lebewesen erscheinen, sind fossile Dokumente äußerst selten. Die ersten Organismen mit harter Schale treten erst vor ungefähr 570 Millionen Jahren auf. Geologische Zeiträume werden in Perioden eingeteilt, die häufig den Namen der Gegend tragen, wo zuerst die für sie charakteristischen Gesteine entdeckt worden sind. Das Jura ist nach dem Jura-Gebirge zwischen der Schweiz und Frankreich benannt. Devon, eine Grafschaft in England, gab der Periode des Devon ihren Namen. Diese Abschnitte stellen ein Gerüst dar, um Gesteine und Fossilien weltweit zu korrelieren, obwohl Schätzungen über ihr eigentliches Alter teils beträchtlich schwanken.

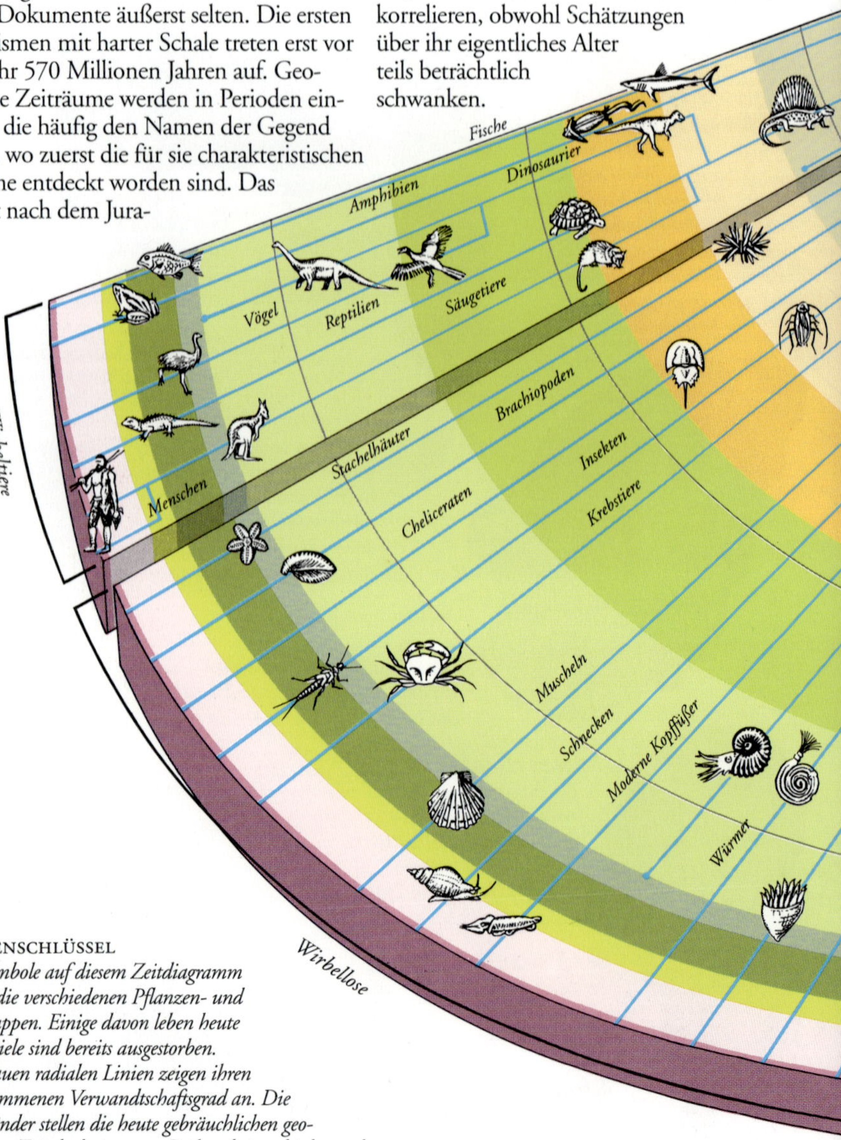

Kartenschlüssel

Die Symbole auf diesem Zeitdiagramm zeigen die verschiedenen Pflanzen- und Tiergruppen. Einige davon leben heute noch, viele sind bereits ausgestorben. Die blauen radialen Linien zeigen ihren angenommenen Verwandtschaftsgrad an. Die Farbbänder stellen die heute gebräuchlichen geologischen Zeitabschnitte vom Präkambrium bis heute dar.

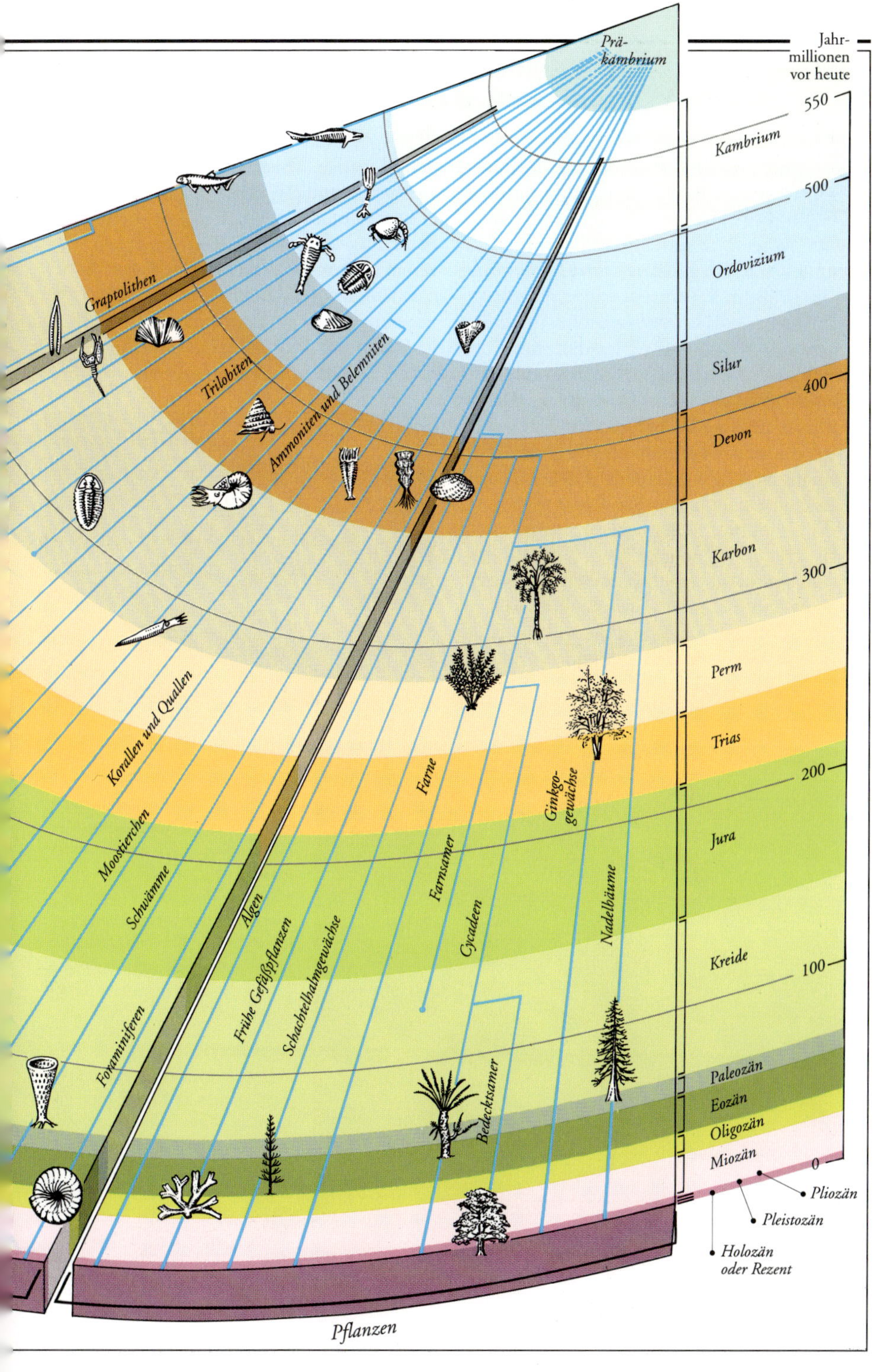

Präkambrium
Jahrmillionen vor heute
550
Kambrium
500
Ordovizium
Silur
400
Devon
Karbon
300
Perm
Trias
200
Jura
Kreide
100
Paleozän
Eozän
Oligozän
Miozän
0
Pliozän
Pleistozän
Holozän oder Rezent
Graptolithen
Trilobiten
Ammoniten und Belemniten
Korallen und Quallen
Moostierchen
Schwämme
Foraminiferen
Algen
Frühe Gefäßpflanzen
Schachtelhalmgewächse
Farne
Farnsamer
Cycadeen
Bedecktsamer
Ginkgogewächse
Nadelbäume
Pflanzen

Häufige Fossilfundstellen

Fossilien lassen sich am ehesten dort finden, wo Sedimentgesteine wie Tone, Schiefer und Kalksteine aufgeschlossen sind. Aufschlüsse in harten Gesteinen sind häufig enttäuschend, da sie, einmal abgesammelt, nur selten durch Erosion neue Fossilien zu Tage bringen. Weiche Gesteine sind häufig gute Sammelplätze, vorausgesetzt, sie sind nicht durch allzu starke Metamorphose überprägt. Aufschlüsse in Sanden und Tonen zerfallen sehr schnell oder werden überwachsen und verschwinden. Kurzlebige Aufschlüsse sind oft sehr ergiebig, vor allem entlang ständig erodierender Flüsse, Küstenabschnitte oder bei großen Baumaßnahmen. Mit Hilfe einer geologischen Karte läßt sich das Alter von Gesteinen leicht herausfinden – ein erster Anhaltspunkt, welche Fossilien wir erwarten können. Viele Bibliotheken haben geologische Führer, die aber nicht selten veraltet sind – viele Stunden sind schon damit verbracht worden, Steinbrüche zu suchen, die längst verfüllt sind. Ein Besuch im Stadt- oder Kreismuseum ist ein guter Einstieg, neueste Informationen von anderen Sammlern sind jedoch besser. Eine Möglichkeit ist auch, einer naturforschenden Gesellschaft oder einem Mineralienverein beizutreten. Die meisten dieser Vereine haben einen Ehrenkodex, der besagt, wie man sich beim Sammeln zu verhalten hat. Wo immer Sie auf Fossiliensuche gehen, holen Sie sich eine Bewilligung ein.

Steilküsten
Wellenumspülte Küsten oder Aufschlüsse am Vorstrand (oben) *sind gute „Jagdgründe". Vorsicht! Orientieren Sie sich über ändernde Flutbedingungen, falls Sie Felsklippen umwandern. Tragen Sie immer einen Helm, er schützt gut gegen kleinere Gesteinsbrocken, die von Möwen gelöst werden, gegen größere Felsbrocken bietet er aber keinen Schutz.*

Steinbrüche
Angemeldeten Gruppen ist es in der Regel erlaubt, in Steinbrüchen Fossilien zu sammeln (links), *Einzelpersonen werden eher selten zugelassen. Meist bestehen Verbote in der Umgebung von sich in Abtragung befindenden Wänden – informieren Sie sich zuvor! Meistens besteht eine Helmtragepflicht. Übrigens – die Steinbrucharbeiter wissen meist, wo die besten Stücke zu finden sind.*

TRILOBIT

Concoryphe (links), *eine augenlose Gattung des tieferen Wassers, findet man in Kalksteinen kambrischen Alters.*

TROCKENGEBIETE

Verwitterungsvorgänge in Wüsten und Ödland (unten) *gehen oft langsam vor sich. Die großflächigen Aufschlüsse wiegen dies jedoch auf.*

NATIONALPARKS

In Naturschutzgebieten und Nationalparks (oben) *ist Hämmern streng verboten, bitte zeigen Sie Verständnis. So werden auch zukünftige Generationen diese Fossilien bestaunen können.*

KARSTLANDSCHAFT

Fossilien sind häufig auf ganz bestimmte Schichtflächen begrenzt. Liegen sie zudem in einer geologisch interessanten Gegend, so finden wir dort ideale Bedingungen zum „Klopfen" (unten).

Sammeln von Fossilien

Fossiliensammeln ohne entsprechende Geländeausrüstung kann schnell zur Enttäuschung geraten. Es ist natürlich eine Illusion, für alle Eventualitäten gerüstet zu sein, gleichwohl dürfte die auf dieser Doppelseite vorgestellte Auswahl an Instrumenten und Werkzeugen für die meisten Fälle genügen. In jedem Fall ist es besser, eine Versteinerung im Gestein zu belassen, als sie aus übersteigertem Ehrgeiz mit falschen Werkzeugen herauszubrechen, denn unter Umständen zerstören Sie dabei einen wertvollen wissenschaftlichen Fund.

Mitunter wird auch Verbandszeug nützlich sein, um einen Fund einzugipsen. So werden zerbrechliche Fossilien geschützt, bevor sie aus dem Gesteinsverband gelöst werden. Reinigen Sie Ihren Fund sorgfältig und legen Sie ihn so weit wie möglich frei. Dann wird er mit einer Trennschicht (feuchte Zeitungen oder Frischhaltefolie) versehen; darauf folgen dann Lagen mit gipsgetränkten Bandagen. Sobald der Gips hart ist, kann man das Fossil aus dem Gestein herauslösen und die Unterseite in gleicher Art eingipsen.

Nicht zuletzt sollten Sie auch an Ihre Sicherheit denken. So sind Helm, Arbeitshandschuhe und eine Schutzbrille unerläßlich.

Karte und Kompass

Geologische Karte und Kompaß sind wichtige Hilfsmittel zum Auffinden von Fossilfundstellen. Das Maßband wird zur Lagevermessung der fündigen Schicht genommen.

Einfache Schutzausrüstung

Ein Kunststoffhelm bietet Schutz vor Steinschlag, wenn Sie sich unterhalb von Steilwänden aufhalten. Die Brille schützt vor gefährlichen Steinsplittern beim Hämmern oder Meißeln, die Handschuhe vor Verletzungen.

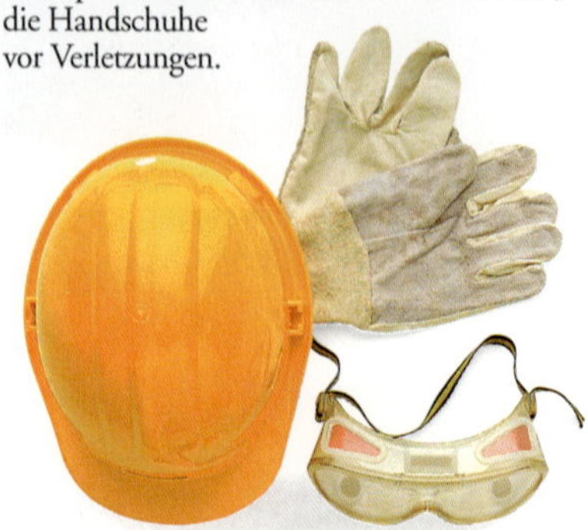

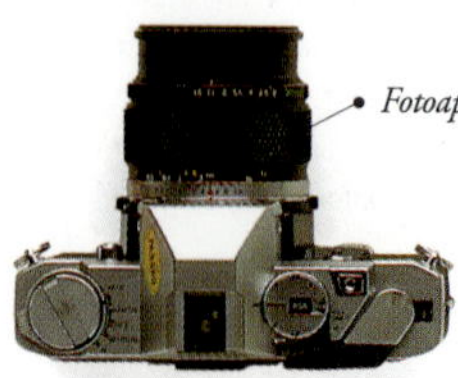

Feldbuch und Fotoapparat

Machen Sie sich Feldnotizen über die Lage der Fundstelle, Gesteinsart und Begleitfossilien in ein handliches Feldbuch. Eine Fotografie der Fundstelle ist häufig sehr nützlich.

Werkzeuge im Gelände

Um Fossilien aus harten Gesteinen zu befreien, sind ein Fäustel und einige Flachmeißel unabdingbar. Ein Geologenhammer mit gehärteter Spitze ist das Universalinstrument schlechthin. Mit Spachtel bzw. Spaten rückt man den weicheren Gesteinsarten zu Leibe.

Sieb

Ein Sieb dient zur Abtrennung von Sand und kleinem Geröll von den Fossilien aus Lockergesteinen. Es genügen zwei Siebe verschiedener Maschenweite.

Eingipsen

Schützen Sie zerbrechliche Versteinerungen mit einem Gipsmantel, bevor sie geborgen werden. Diese Ummantelung schützt vor dem Auseinanderfallen.

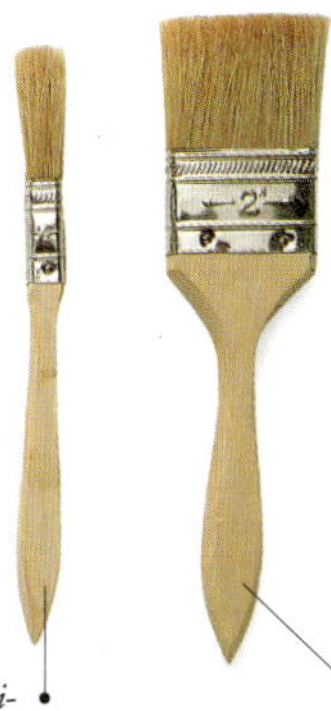

Spaten

Bei der Fossilsuche in lockeren Sedimenten, wie etwa Tonen, Schluffen und Sanden, hilft ein kleiner Spaten besser als ein Geologenhammer, um Fossilien freizulegen.

Präparation von Versteinerungen

Fossiliensammeln hört nicht, wie viele andere Freizeitbeschäftigungen, vor der Haustür auf. Eine neu gefundene Versteinerung muß zuerst von anhaftendem Gestein befreit werden. Das kann zum Teil sehr einfach sein, wie das Säubern von anhaftendem Lehm, andererseits aber auch sehr schwierig, wie das Herauslösen des Fossils vom umgebenden Gestein mit (an)organischen Säuren. So brauchen Sie zum Beispiel Säure, um versteinerte Zähne aus einem Muschelpflaster herauszulösen. Dies ist nicht ganz einfach, am besten holen Sie sich Rat bei einem versierten Sammler.
Zerbrechliche Fossilien lassen sich oft mit einem flüssigen Härter stabilisieren. Am besten verwendet man wasserlöslichen Leim, so daß sich die Nahtstelle später besser zusammenfügen läßt. Kunststoffschachteln sind der beste Aufbewahrungsort für kleine Stücke. Große, offene Wellpappschachteln eignen sich für größere Exemplare. Glasröhrchen, Mikroskopglasträger oder Gelatinekapseln sind ideal für winzige Funde.
Jedes Fossil sollte mit einem Etikett versehen werden. Eine gute Methode ist die Einzelnumerierung der Fundstücke, die sich dann auf eine entsprechende Karteikarte bezieht. Etikett bzw. Karte sollte enthalten: Name, Gesteinsserie und geologisches Alter. Hinzu kommen Angaben über die genaue Fundstelle, Kartenreferenz und das Sammeldatum. Ohne diese Angaben ist ein Fossil meist ohne wissenschaftlichen Wert.

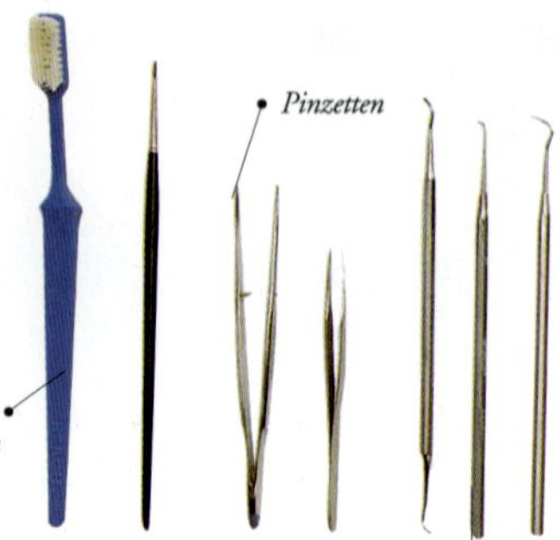

Fossilien reinigen
Eine Reihe von kleineren und größeren Bürsten und alte Zahnarztsonden helfen beim Entfernen kleinerer Gesteinsbruchstücke. Hartnäckiges Gestein läßt sich gut mit Hammer und Meißel oder mit einem pneumatischen Gravierstichel lösen. Kleine oder zerbrechliche Stücke sollten mit Pinzetten behandelt werden. Das Härten solcher Stücke schützt vor Transportschäden.

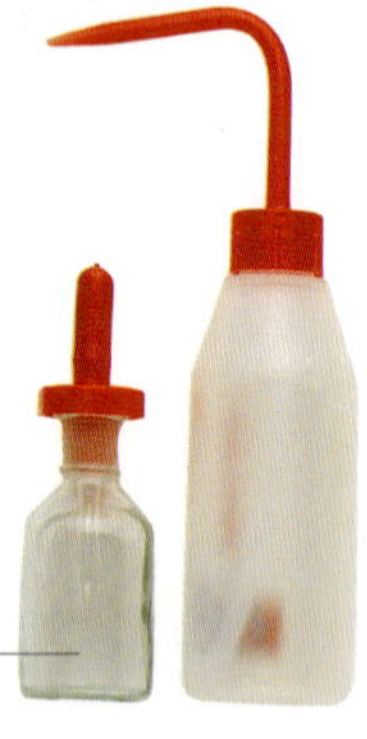

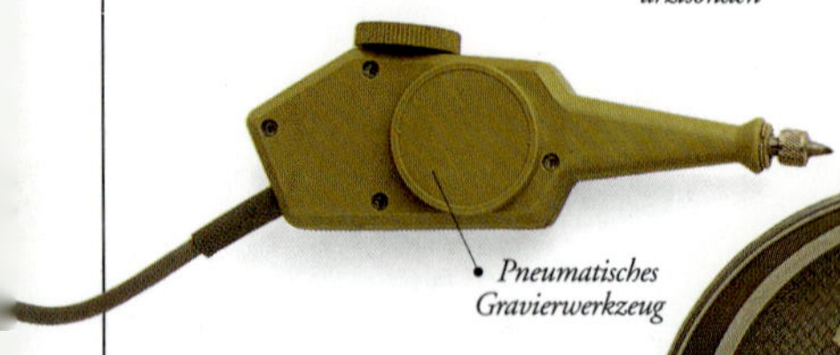

Sieben
Mit Hilfe eines rostfreien Stahl- oder Messingsiebes können Proben, die vielleicht Haizähne enthalten, in verschiedene Korngrößen aufgeteilt werden. Messingsiebe sind zu weich und werden von Meerwasser angegriffen, sie eignen sich also weniger fürs Gelände.

Säuren
Mit verdünnten Säuren, wie Essigessenz, läßt sich das Gestein von einem kalkigen Fossil lösen. Versuchen Sie es zuerst an einem unwichtigen Fund, um den Schaden an einem wertvollen Stück zu vermeiden.

Eine Sammlung ordnen

Bewahren Sie Ihr Fundgut in kleinen Kunststoff- oder Kartonschachteln auf, versehen Sie jedes Objekt mit Etikett. Eine Kopie davon gehört in eine Kartei oder in eine Datenbank. Notieren Sie Besonderheiten über die verwendeten Konservierungsmittel, Leim und Härter.

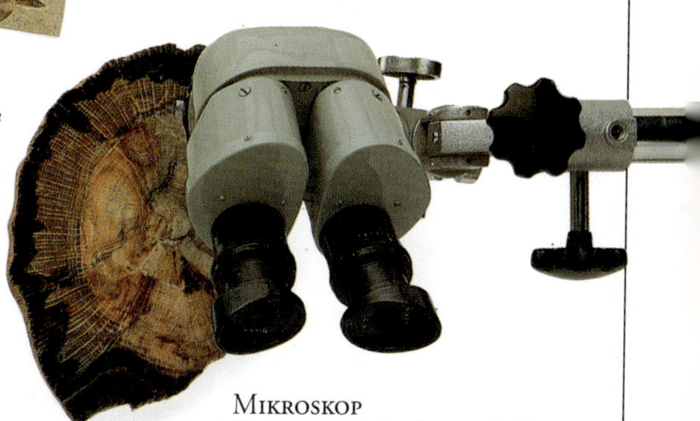

Mikroskop

Mit einem Binokular lassen sich kleine Fossilien aus Siebrückständen auslesen. Es eignet sich aber auch sehr gut, um Feinstrukturen größerer Objekte näher zu betrachten.

VOM HOBBY ZUR WISSENSCHAFT

ANFÄNGER SAMMELN häufig alles, was irgendwie in ihren Besitz gelangt. Das verwundert nicht, denn es gibt zunächst eine ganze Menge über ihr Hobby zu lernen. Viele Sammler beginnen aber nach einer Weile, sich auf bestimmte Gruppen, z. B. Trilobiten, Ammoniten oder Pflanzen zu beschränken, oder sie sammeln nur Fossilien einer Altersstufe oder einer Fundstelle. Anfänglich sehen Sammler ihre Fossilien als wundervolle Objekte, die es zu bestaunen und besitzen gilt. Mit der Zeit und auch mit mehr Erfahrung werden die Stücke aber weniger wichtig, denn viele Amateure erkennen bald, daß der eigentliche Wert eines Fossils in der wissenschaftlichen Information liegt, die es uns vermitteln kann.

Manche Sammler schenken viele ihrer Versteinerungen einem kommunalen oder sogar nationalen Museum, oft, um sich für die Unterstützung, die ihnen von den Museumsbediensteten zuteil wurde, erkenntlich zu zeigen. Viele Museen sind auf Schenkungen von Amateursammlern regelrecht angewiesen. Ohne Übertreibung läßt sich sagen, daß Paläontologie eine der wenigen Wissenschaften ist, in der Laien einen wichtigen Beitrag zum aktuellen Forschungsstand leisten können.

LANDESMUSEEN
Häufig wird hier ein Bestimmungsservice angeboten, zudem finden wir hier meist eine gute Ausstellung von Fossilien (links)*, anhand deren die Sammler ihre eigenen Funde bestimmen können. Natürlich sind nur die besten Objekte einer großen Sammlung ausgestellt – seien Sie also nicht enttäuscht, falls Ihre Funde nicht die gleiche Qualität aufweisen. Häufig gibt es am Museumskiosk gute Bestimmungsbücher zu kaufen.*

STADT- UND KREISMUSEEN
Die meisten Museumskonservatoren geben Ihnen gerne Ratschläge, helfen bei der Bestimmung eines Fundes oder erteilen Auskünfte über die Geologie der Umgebung (rechts)*. Ihr Wissen und Enthusiasmus haben schon manchen jungen Amateursammler dazu bewogen, ein geowissenschaftliches Fach zu studieren.*

EIN LEICHTER FUND
Haizähne gehören zu den Lieblingsobjekten unter Fossiliensammlern.

Eryops megalocephalus Cope

MUSEUMSAUSSTELLUNG
Dieses riesige Amphibium (oben) *aus dem Perm von Texas, USA, wurde von Paläontologen rekonstruiert. Viele Exemplare wie dieses sind weltweit in den großen Museen zu bewundern.*

Die meisten Sammler träumen davon, einmal etwas wirklich Neues zu entdecken. Das braucht nicht notgedrungen ein großes, spektakuläres Fossil, wie etwa ein Dinosaurier, zu sein. Häufig stellen sich kleine, unscheinbare Funde als weit wichtiger heraus. Das Geschick von Amateuren liegt wohl darin, ungewöhnliche Fossilien zu erkennen. Handelt es sich um eine neue Art, wird oft eine Beschreibung in einer wissenschaftlichen Zeitschrift veröffentlicht, begleitet von Abbildungen und Hinweisen zum Fundort. Dies kann allerdings Jahre in Anspruch nehmen. Solche Funde gehören dann in eine Museumssammlung, damit allen Interessierten der Zugang ermöglicht wird – eine Privatsammlung ist ja nicht für alle zugänglich. Ein wirklich wertvolles Stück abzugeben mag zwar schwerfallen, es ist aber der einzige Weg, um die ganze Information einer Entdeckung auszuschöpfen.

FOSSILIEN KAUFEN

Kleine Fossilien wie Trilobiten oder Muscheln können oft in Mineralienläden oder auf Börsen käuflich erworben werden. Fische, Reptilien und selbst Dinosaurier sind zu haben, allerdings sprengt das den finanziellen Rahmen der meisten Sammler. Das gilt auch für Museen und bedeutet, daß große Wirbeltierskelette häufig in unzugänglichen Privatsammlungen landen.

BESTIMMUNGS- UND LEHRBÜCHER
Bibliotheken besitzen oft Bestände alter Monographien, die reich bebildert sind. Die Paläontologie ist eine der wenigen Wissenschaften, in der Arbeiten aus früheren Jahrhunderten immer noch ihre Gültigkeit besitzen.

Bestimmungsschlüssel

Das Reich der Fossilien ist so weitläufig, daß es unmöglich ist, in einem Buch dieses Umfangs einen vollständigen Überblick zu geben. Trotzdem haben wir versucht, typische Beispiele der häufigeren Fossilgruppen darzustellen. So lassen sich, auch wenn eine bestimmte Gattung nicht abgebildet ist, wenigstens vergleichbare Stücke finden. Auf den nächsten acht Seiten sind Illustrationen der wichtigsten Gruppen abgebildet, dazu finden Sie genaue Beschreibungen und Hinweise, auf welchen Seiten diese Gruppe im Detail behandelt wird. Wenn Sie versuchen, ein bestimmtes Fossil zu bestimmen, so ist es wichtig, das ungefähre Alter des Fundobjekts zu kennen. Beispielsweise finden wir weder Trilobiten in der Kreide noch lassen sich Säugetiere devonischen Alters entdecken. Ein Blick auf die erdgeschichtliche Zeittafel *(s. Seite 14–15)* hilft Ihnen. Dieser Schlüssel ist in drei Teile aufgeteilt: Wirbellose, Wirbeltiere und Pflanzen.

Wirbellose

Foraminiferen

Kleine, bisweilen mikroskopische, mit vielen Kammern versehene kalkige Fossilien. Entweder rund, scheiben- oder eiförmig. Vielfach sehr häufig, teilweise gesteinsbildend.
Reichweite: Kambrium–Rezent

Seite: 32

Gehäuse von Nummulites

Würmer

Gänge, Spuren oder kalkige Röhren; meist spiralig, an Fremdkörper angeheftet. Werden gern mit Schiffswürmern *(Seite 111)*, Scaphopoden *(Seite 114)* oder Korallen *(Seite 50)* verwechselt.
Reichweite: Kambrium–Rezent

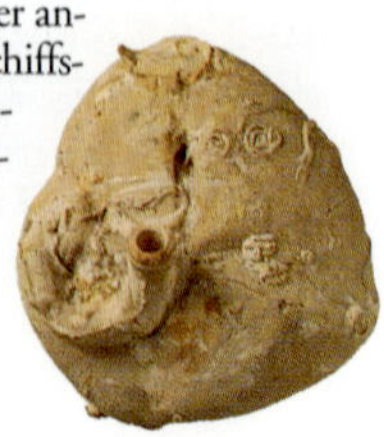

Röhre von Proliserpula

Röhre von Rotularia

Seiten: 40–41

Schwämme und Moostierchen

Häufig in Kalkstein oder Kieselsäure (SiO_2) oder als Abdruck auf Schichtflächen erhalten. Eher einer Pflanze als einem Tier gleichend; häufig verzweigt, baumartig; Größe unterschiedlich. Schwämme haben oft dicke Wände mit glatter oder grobornamentierter Oberfläche. Moostierchen haben dünne Wände mit einem feinen Netzwerk von Poren; häufig überkrusten sie Gerölle oder andere Fossilien. Verwechslung mit Kalkalgen *(Seite 50)* oder Korallen *(Seite 286–287)* möglich.
Reichweite (Schwämme): Kambrium–Rezent
Reichweite (Moostierchen): Ordovizium–Rezent

Skelett von Rhizopoterion

Seiten: 33–39

Skelett von Rhaphidonema

Skelett von Constellaria

Spurenfossilien und Problematica

Zu dieser Gruppe rechnet man Spuren, Fährten, Bohrlöcher und Grabgänge. Im allgemeinen sind es radialstrahlige oder röhrenförmige Grab- und Freßbauten, die von Würmern, Arthropoden, Seeigeln oder Mollusken stammen, oder es sind ganz einfach Spuren von Arthropoden. Seesedimente enthalten öfter kleine, regelmäßig angeordnete Fußeindrücke, die von Dinosauriern stammen. Die systematische Stellung der Problematica ist oft unsicher, da sie entweder zu schlecht erhalten sind oder keiner modernen Fossilgruppe gleichen.
Reichweite: Präkambrium–Rezent

Trittsiegel eines Tetrapoden

Spur von Chondrites

Seiten: 42–44

Eindruck von Spriggina

Graptolithen

Ein- oder Abdrücke im Gestein, die Uhrfedern, Fuchsschwanzsägen oder Gitterwerk ähneln. „Zähne" auf beiden Seiten des Stiels, ein- oder mehrstengelig. Graptolithen lassen sich mit einigen Pflanzen *(Seite 286–311)* oder Moostierchen *(Seite 37–41)* oder einem schrägen Schnitt durch einen Seelilienstiel *(Seite 168)* verwechseln.
Reichweite: Ordovizium–Rezent

Skelett von Retiolites

Seiten: 45–49

Skelett von Didymograptus

Skelett von Phyllograptus

Korallen

Formen sehr verschieden: horn-, röhren- oder baumartig; kalkiges Skelett. Ein oder mehrere Kelche vorhanden; jeder einzelne Kelch wird durch eine Anzahl radialer Wände unterteilt, was dem Gebilde ein sternartiges Aussehen verleiht. Die Kelche können dicht aneinander stehen oder zu mäanderartigen Kolonien verschmolzen sein (siehe Gehirnkoralle, *Seite 54*). Die Größe der einzelnen Kolonien reicht von wenigen Zentimetern bis zu mehreren Metern. Leicht mit inkrustierenden Bryozoen *(Seite 36)*, Kalkalgen *(Seite 286)*, Röhren von serpuliden Würmern *(Seite 40)* oder Schwämmen *(Seite 33)* zu verwechseln.
Reichweite: Ordovizium–Rezent

Kolonie von Colpophyllia

Seiten: 50–55

Kolonie von Favosites

Kelch von Trachyphyllia

Gliedertiere

Arthropoden haben segmentierte Körper, deren Hinterenden je nach Art unterschiedlich ausgebildet sein können.
Sie sind mit einer starren Hülle oder Schale bedeckt, die ein Außen- oder Exoskelett bildet. Häufig ist diese Hülle mit Calciumcarbonat oder -phosphat verstärkt. Arthropoden weisen eine variable Zahl von Anhängen (Beine) auf, die verschiedene Funktionen wie Bewegung, Fühlen oder Fressen übernehmen. Die Häutung erfolgt relativ häufig, da ihr Wachstum durch die äußere Hülle eingeschränkt wird. Zu dieser Gruppe gehören unter anderem Trilobiten, Crustaceen (Krabben, Hummer, Seepocken und Garnelen), Cheliceraten (Königskrabben, Skorpione und Spinnen) und Uniramia (Tausendfüßer und Insekten).

Trilobiten

Abgeflachter, mineralisierter Chitinpanzer; sind als Abdrücke oder dreidimensionale Gebilde erhalten. Augen gepunktet, Körper häufig segmentiert.
Reichweite: Kambrium–Perm

Abdruck von Olenellus

Panzer von Phacops

Seiten: 56–65

Cheliceraten

Verschmolzener Kopf- und Brustteil (Cephalothorax) und Bauchregion (Abdomen). Verwechslung mit Trilobiten und Insekten möglich; sehr selten.
Reichweite: Kambrium–Rezent

Abdruck von Mesolimulus

Körper von Dolomedes

Seiten: 73–75

Krebstiere

Reichverzierter, phosphatisierter Panzer, manchmal Bruchstücke der Beine oder zweiklappige Schalen. Körper (Thorax) ist gegliedert.
Reichw.: Kambrium–Rezent

Abdruck von Hymenocaris

Panzer von Archaeogeryon

Seiten: 66–72

Insekten

In Kopf, Thorax und Abdomen gegliedert. Ausgewachsene Tiere haben sechs Beine und mitunter Flügel.
Reichweite: Devon–Rezent

Panzer von Hydrophilus

Abdruck von Petalura

Seiten: 76–78

Brachiopoden (Armfüsser)

Die Schalen bestehen entweder aus zwei kalkigen, symmetrischen Klappen oder chitinösen, asymmetrischen Klappen. Eine der Klappen weist ein Stielloch auf, durch das der sich am Boden festklammernde Stiel hindurchgeht. Oft in älteren Gesteinen in monospezifischen Nestern anzutreffen.
Reichweite: Kambrium–Rezent

Schale von Lingula

Schale von Goniorhynchia

Seiten: 79–93

Schale von Terebratula

WEICHTIERE

Die Mollusken sind eine vielfältige Gruppe, die Käferschnecken, Kahnfüßer, Muscheln, Schnecken und Kopffüßer einschließt. Fast alle tragen ein Gehäuse aus Calcit, das nur bei wenigen Gattungen der Schnecken, Kopffüßer und Nacktschnecken fehlt. Da Weichteilerhaltung selten ist, bildet die Schalenstruktur die Grundlage zur Fossilisation und systematischen Einteilung. Die meisten sind Meeresbewohner; einige wenige Muschel- und Schneckenfamilien leben im Süßwasser, andere können Luft atmen und leben auf dem Land. Entweder filtern sie ihre Nahrung aus dem Wasserstrom (die meisten Muscheln), verzehren Pflanzen (manche Schnecken) oder Fleisch (Schnecken, Kopffüßer). Die Ammoniten, eine der Hauptgruppen, sind am Ende der Kreide ausnahmslos ausgestorben.

MUSCHELN

Zweiklappig, ähnliche Form, aber ungleichseitig, Ausnahmen sind Austern und Rudisten. Lose im Sediment oder an harte Unterlage zementiert. Mit Korallen *(Seite 50)* oder Brachiopoden *(Seite 79–93)* zu verwechseln.
Reichweite: Kambrium–Rezent

94–113

Schale von Crassatella

KÄFERSCHNECKEN

Mit Grat, Platten ziegelartig.
Reichweite: Kambrium–Rezent

Seite: 114

Platten von Helminthochiton

Gehäuse von Dentalium

KAHNFÜSSER

Gebogen, Schale verjüngend. *Reichweite:* Ordovizium–Rezent

SCHNECKEN

Seiten: 115–133

Einklappige, asymmetrische, spiralförmige, ungekammerte Schalen aus Calcit.
Reichw.: Kambrium–Rezent

Gehäuse von Archimediella

Gehäuse von Ecphora

NAUTILIDEN

Gestreckte, leicht gekrümmte oder offene spiralförmige Gehäuse aus Calcit: Schale unterteilt in gekammerten Phragmokon und Wohnkammer. Die Kammern sind mit einem Hautschlauch (Sipho) verbunden.
Reichweite: Kambrium–Rezent

Steinkern von Orthoceras

Seiten: 134–140

Schnitt durch unbestimmten Nautilus

AMMONITEN

Ähnlich den Nautiliden, aber mit bauchseitigem (ventralem) Sipho. Die Kammern bilden an der Schalenaußenseite komplizierte Nähte (Suturen). Rippen und Knoten häufig.
Reichweite: Devon–Kreide

Steinkern von Mantelliceras

Seiten: 141–160

BELEMNITEN UND TINTENFISCHE

Robustes Rostrum aus Calcit, das teilweise einen gekammerten Phragmokon umschließt.
Reichweite: Jura–Rezent

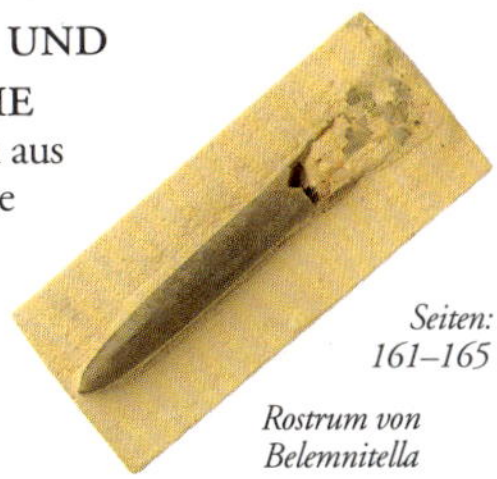

Seiten: 161–165

Rostrum von Belemnitella

Stachelhäuter

Die Gruppe der Echinodermen umfaßt die Seeigel (Echiniden), Seegurken (Holothurien), Seesterne (Asteriden), Seelilien (Crinoiden) und auch die ausgestorbenen Blastoiden, Carpoiden und Cystoiden. Mit Ausnahme weniger Seeigel und Carpoiden weisen sie eine fünfstrahlige Symmetrie auf. Ihr kompliziertes Wassergefäßsystem versorgt ein Netzwerk von Tubenfüßchen, die verschiedene Aufgaben übernehmen. Sie leben nur im Meer und können deshalb als Anzeiger von Meeresablagerungen verwendet werden. Die meisten weisen ein Calcitskelett auf, das aber bald nach ihrem Tod zerfällt. Seelilienreste können so häufig sein, daß sie gesteinsbildend auftreten *(s. Seite 168)*. Einige der irregulären Seeigel entwickelten sich so rasch *(s. Micraster, S. 185)*, daß sie hervorragend als Leitfossilien zu gebrauchen sind.

Crinoiden

Besitzen einen säulenförmigen Stiel, Kopf (oder Kelch) und Arme; einige Arten sind stiellos. Nach ihrem Tod zerfallen sie in einzelne Kelchplatten und runde, fünfeckige oder sternförmige Stielglieder aus Calcit.
Reichweite: Kambrium–Rezent

Kelch von Marsupites

Seiten: 166–174

Kelch von Cyathocrinites

Seeigel

Das Gehäuse besteht aus dünnen, locker miteinander verbundenen Calcitplatten. Es ist entweder nahezu kugelförmig mit fünfstrahliger Symmetrie, herzförmig, oder dorso-ventral abgeflacht mit zweiseitiger Symmetrieebene (irreguläre Formen). Platten tragen kurze, bürstenartige oder lange, keulenförmige Stacheln.
Reichweite: Ordovizium–Rezent

Gehäuse von Hemicidaris

Seiten: 175–185

Gehäuse von Hemiaster

Seesterne

Seiten: 186–188

Sie haben fünf Arme, deren Ränder mit massiven Kalkplatten verstärkt sind. Selten als ganze Fossilien erhalten, häufiger als isolierte Einzelelemente vorkommend.
Reichweite: Ordovizium–Rezent

Steinkern von Tropidaster

Schlangensterne

Seite: 189

Kleine, einzelne Skelettelemente recht häufig, vollständig erhaltene Exemplare selten. Zentrale, aus Calcit bestehende Scheibe trägt fünf schlangenartige Arme. In Sedimenten des tieferen Wassers häufig.
Reichw.: Ordoviz.– Rezent

Skelett von Palaeocoma

Knospenstrahler

Häufig ganze Individuen mit kompaktem Kelch. *Reichweite:* Ordovizium–Perm

Seite: 190

Kelch von Pentremites

Cystoiden

Kurzer Stiel, Kelch aus zahlreichen kleinen, unregelmäßigen Platten aufgebaut. *Reichweite:* Ordovizium–Perm

Seiten: 191–192

Kelch und Stiel von Lepadocrinites

Carpoideen

Kurzer Stiel, zweiseitig symmetrischer Kelch aus vieleckigen Platten, keine Arme.
Reichweite: Kambrium–Devon

Seite: 193

Kelch von Cothurnocystis

Wirbeltiere

Fische

Die Fische sind eine vielfältige Gruppe, die sowohl im Salz- als auch im Süßwasser anzutreffen sind. Diese Gruppe schließt die Kieferlosen, Panzerfische, Haie und Rochen, Chimären, Stachelhaie und die modernen Knochenfische ein. Allen gemeinsam ist eine segmentierte Körpermuskulatur, Gehirn, Wirbelsäule, durchbohrte Wirbel, Mund, hohler Darm, Schlundlöcher (üblicherweise Kiemen). Paarige Sinnesorgane, wie für Geschmack, Sehen, Gleichgewicht und elektrische Felder, sind ebenfalls charakteristische Merkmale. Der Körper ist häufig von Schuppen oder Zähnchen bedeckt, die zu einem Schuppenpanzer verschmelzen können. Alle besitzen paarige Brust- und Beckenflossen, unpaarige Rücken- und Schwanzflossen und einen nach hinten versetzten Schwanz.

Kieferlose

Ohne Kiefer und mit feinen Schuppen bedeckt. Der Kopf befindet sich häufig in einer gepanzerten Schale aus verschmolzenen Platten.
Reichweite: O. Kambrium–O. Devon

Kopfschild von Pteraspis

Seiten: 194–195

Panzerfische

Gepanzerte Formen mit großen Brustflossen und manchmal mit Stacheln auf den Rückenflossen. Einige mit paarigen Knochenplatten im Kiefer.
Reichw.: U. Devon–U. Karbon

Skelett von Bothriolepis

Seiten: 196–197

Knorpelfische

Hai-, Rochen- und Chimärenskelette selten vollständig. Gewöhnlich Zähne, Zahnplatten, Schmelzschuppen, Flossenstachel oder verkalkte Wirbel. Haizähne haben eine Krone mit Zahnschmelz.
Reichweite: O. Silur–Rezent

Seiten: 198–207

Zahn von Ptychodus

Zahn von Striatolamia

Stachelhaie

Häufig als isolierte Schuppen, Zähne und verzierte Flossenstacheln auftretend. Letztere lassen sich leicht mit denen von Haien verwechseln. Zähne ohne Schmelz.
Reichweite: O. Silur–U. Perm

Seite: 208

Skelett von Diplacanthus

Knochenfische

Häufig sind Gehörsteine, Knochen, Zähne, Flossenstachel und Schuppen.
Reichweite: O. Silur–Rezent

Gehörstein von Centroberyx

Schuppen von Lepidotus

Seiten: 209–220

Amphibien

Knochen kräftig oder hohl. Schädel aus verschmolzenen Platten zusammengesetzt. Einfache Zähne ohne Wurzeln. Wirbel einfach oder mehrteilig mit Nervenkanälen. Extremitäten mit unterschiedlicher Zahl an Hand- und Fußknochen.
Reichweite: O. Devon–Rezent

Seiten: 221–224

Skelett von Rana

Reptilien

Anapside Reptilien

Volle Knochen; Schädel ohne Zweitöffnungen.
Reichweite: U. Karbon–Rezent

Seiten: 225–230

Panzer von Trionyx

Diapside Reptilien

Extremitätenknochen meist hohl. Zähne mit Schmelz, mit Wurzel im Sockel sitzend oder im Kiefer verankert. Schädel massiv, z. T. verziert (Krokodile) oder leicht und kaum verziert (Schlangen). Panzerplatten verziert. *Reichw.:* U. Karbon–Rezent

Zähne von Leiodon

Seiten: 231–244

Schädel von Diplocynodon

Diapside Reptilien (Dinosaurier)

Knochen, wenn hohl, dann dicke Wände. Schädel leicht gebaut mit verwachsenen Quadratbeinen. Zähne mit Schmelz in tiefen Gruben. Hüftgelenkgrube perforiert. Schenkelknochen-Kopf weist nach innen.
Reichweite: O. Trias–Kreide

Kiefer von Daspletosaurus

Schädel von Heterodontosaurus

Seiten: 245–254

Zahn von Rebbachisaurus

Synapside Reptilien

Starke Knochen, Wirbelkörper beidseitig konkav, Nervenkanal vorhanden. Schädel oft massig, Zähne verschieden.
Reichweite: O. Karbon–Jura

Seiten: 255–257

Schädel von Cynognathus

Vögel

Leichter Schädel, Zähne häufig fehlend. Extremitätenknochen hohl und dünnwandig, gekieltes Brustbein. Knöchel verschmolzen, reduzierter Schwanz, Wirbelkörper sattelförmig, mit Nervenkanal.
Reichweite: O. Jura–Rezent

Schenkelknochen von Aepyornis

Seiten: 258–262

Säugetiere

Extremitätenknochen hohl (Ausnahme Robben und Manatis), häufig zierlich und dünnwandig; verknöchernde Endstücke der Röhrenknochen vorhanden. Zähne mit Schmelz und vielen Höckern, einige mit Knochenwurzeln; Schneide- und Eckzähne, vordere und hintere Backenzähne. Schädel vereinzelt mit Hörnern oder Geweih.
Reichweite: O. Trias–Rezent

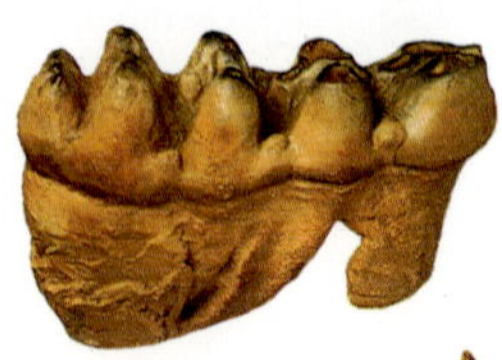

Zahn von Tetralophodon

Seiten: 263–285

Schädeldach von Bison

Pflanzen

Algen
Einzellige mikroskopische Pflanzen, gebänderte Algenmatten, verkalkte Strukturen oder dünne Abdrücke.
Reichw.: Präkambrium–Rezent
Seiten: 286–288

Kolonie von Mastopora

Frühe Landpflanzen u. Lebermoose
Kleine, verzweigte, blätterlose, aufrechtstehende Schößlinge oder niedrige Stengel mit eiförmigen Sporen. Keine Wurzeln.
Reichweite: O. Silur–Rezent
Seiten: 289–290

Stengel von Hexagonocaulon

Schachtelhalme
Senkrechte Stengel wachsen aus Wurzelgeflecht. Stiel unterteilt und mit markartigem Gewebe gefüllt, Blätter vorhanden.
Reichweite: U. Devon–Rezent
Seiten: 290–291

Wedel von Asterophyllites

Farne, Bärlappgewächse und Farnsamer
Wedel von Farnen und Farnsamern in Blättchen aufgeteilt. Bärlappgewächse haben spiralig angeordnete Blätter. Farnsporen an der Blattunterseite; Bärlappgewächse haben kleine Zapfen in der Blattachse. Farnsamer-Wedel haben nur einen Samen. *Reichweite:* O. Silur–Rezent

Stamm von Lepidodendron

Blättchen von Dicroidium

Seiten: 292–299

Stamm von Osmunda

Bennettiteen und Cycadeen
Blätterwerk aus großem Strunk wachsend. Zapfen in der Kronenmitte oder am Blattanfang. Blüten vorhanden.
Reichweite: Trias–Rezent
Seite: 300

Blüte von Williamsonia

Nadelbäume
Holzige Strünke, oft harzreich. Blätter nadelartig, in Spiralen angeordnet. Männliche und weibliche Fortpflanzungsorgane auf einer Pflanze. Samen in Zapfen.
Reichweite: O. Karb.–Rezent

Zapfen von Picea

Seiten: 301–306

Bedecktsamer
Als Holz, Blätter und selten auch Blüten erhalten, letztere mit weiblichen und männlichen Fortpflanzungsorganen. Samen groß. Laubtragend, Blätter breit, mit strahligem Adernetzwerk oder relativ schmal mit parallelen Adern.
Reichweite: Kreide–Rezent

Blatt von Araliopsoides

Seiten: 307–311

Stamm von Palmoxylon

WIRBELLOSE

FORAMINIFEREN

FORAMINIFEREN SIND kleine, einzellige Organismen, die zum Reich der Protisten gehören. Einige Arten bauen sich eine Schale auf, auch Gehäuse genannt, die entweder aus Calciumcarbonat oder seltener aus Chitin besteht. Andere bauen ihr Gehäuse, indem sie kleine Sandkörner oder organische Partikel zusammenkleben. Die meisten Formen leben im Meer. Planktonische Foraminiferen schweben im Oberflächenwasser der Ozeane, ihre toten Schalen sinken später auf den Meeresgrund. Benthonische Foraminiferen leben im oder auf dem Meeresboden. Beide Typen sind sehr häufig und treten manchmal gesteinsbildend auf. Die wenigen großen Arten leben im warmen Flachwasser.

Ordnung	Familie	Allgemeiner Name
FORAMINIFERIDA	Nummulitidae	Nummulit

NUMMULITES

Kreisförmiger Querschnitt und bikonvex. Diese Großforaminifere enthält in ihrem Innern kleine, spiralförmig angeordnete Kammern.

• HABITAT *Nummulites* war im warmen Flachwasser der ehemaligen Tethys sehr verbreitet.

• ANMERKUNG Die ägyptischen Pyramiden sind aus Nummulitenkalken gebaut.

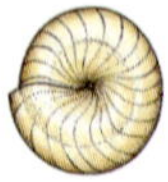

Typischer Durchmesser 1,5 cm

Nummulites ghisensis (Ehrenberg); Nummulitenkalke, Eozän, Ägypten

Reichweite	Verbreitung	Häufigkeit
Paleozän–Oligozän	Europa, Mittl. Osten, Asien	

Ordnung	Familie	Allgemeiner Name
FORAMINIFERIDA	Alveolinidae	Alveoline

ALVEOLINA

Ovale Form und oft sehr groß, Internstruktur aus zahlreichen kleinen Kammern bestehend, die zu Lebzeiten symbiontische Algen beherbergten.

• HABITAT *Alveolina* lebte am Boden im warmen, flachen Wasser.

• ANMERKUNG Wo lokal häufig, tritt *Alveolina* gesteinsbildend auf.

Typischer Durchmesser 4 mm

HANDSTÜCK EINES ALVEOLINENKALKES

Alveolina elliptica; Kithar-Serie, Eozän, Indien

Reichweite	Verbreitung	Häufigkeit
Eozän	Eurasien, Mittl. Osten, Afrika	

SCHWÄMME (PORIFERA)

SCHWÄMME SIND einfache, sessile Organismen, die im Wasser leben. Wasser fließt durch die vielen Poren auf der Außenseite zur Höhle des sackartigen Körpers und verläßt ihn durch größere Poren auf der Innenseite. Wo ein Gerüst ausgebildet ist, besteht es aus spitzen Nadeln und ist entweder kalkig, aus Kieselsäure oder aus Horn. Schwämme erscheinen bereits im Kambrium, sind aber in der Kreide besonders häufig. Stromatoporen werden heute zu den Schwämmen gerechnet, Archaeocyathen hingegen als eigener Stamm angesehen.

Ordnung LYSSAKIDA	Familie Dyctiospongiidae	Allgemeiner Name Glasschwamm

HYDNOCERAS

Der dünnwandige, vasenförmige *Hydnoceras* ist ein gutes Beispiel eines Glasschwamms. Er besitzt eine offene Struktur von Nadeln in Form eines rechteckiges Netzes. Entlang der längsseitigen Rücken erscheinen wulstartige Schwellungen.
• HABITAT Heute lebende Glasschwämme finden wir nur in der Tiefsee, früher waren sie aber in allen Wassertiefen anzutreffen.
• ANMERKUNG Dieses Fossil ist eine Sandsteinausfüllung, die nur einen Abdruck darstellt, das Skelett ist nicht erhalten. Das Maschengitter ist deutlich sichtbar, nicht aber die Nadeln.

Typische Höhe 20 cm

Hydnoceras tuberosum Conrad; Ober-Devon, USA

Reichweite O. Devon–Karbon	Verbreitung Östliche USA, Europa	Häufigkeit ❂❂

Ordnung LITHISTIDA	Familie Kaliapsidae	Allgemeiner Name Kalkschwamm

LAOSCIADIA

Dieser flache, pilzartige Schwamm ist ein Kalkschwamm, der in der Oberen Kreide recht häufig auftritt. Typisch ist seine kompakte, komplizierte Struktur mit vielen Kammern. Sein Skelett besteht aus einem festverzahnten Netz vierstrahliger Nadeln.
• HABITAT Formen, die in Wassertiefen zwischen 100 und 400 m lebten.

Typische Höhe 8 cm

Laosciadia plana (Phillips); Upper Chalk, Oberkreide, England

Reichweite Kreide	Verbreitung Europa	Häufigkeit ❂❂❂❂❂

Ordnung Lychniskida	Familie Ventriculitidae	Allgemeiner Name Glasschwamm

Rhizopoterion

Diese trompetenförmige Gattung ist einer der Glasschwämme oder Hexactinellida, die von anderen fossilen Formen sehr verschieden ist. Ihr Kieselsäureskelett besitzt eine offene Struktur aus Nadeln. Die vier- bis sechsstrahligen Nadeln formen gegenseitig ein rechtwinkliges Maschenwerk. Innerhalb der Glasschwämme bilden die Ventriculitiden, zu denen *Rhizopoterion* gehört, eine wichtige Gruppe. Sie weisen zwar unterschiedliche Formen auf, aber alle besitzen die gleichen Nadeln und haben gelochte Wände, die von schlitzartigen Ein- und Austrittsöffnungen bedeckt sind. An ihrer Unterseite finden wir ein verzweigtes Wurzelsystem. Ihre Gestalt reicht von großen, breiten Vasen hin bis zu flachen, offenen Pilzen.

• Habitat Glasschwämme wie *Rhizopoterion* lebten auf Schlammböden bis in 6000 m Wassertiefe oder mehr.

• Anmerkung Wie durch seinen üblichen, aber unrichtigen Namen *Ventriculites infundibuliformis* angegeben wird, ist diese Art trompetenförmig. Normalerweise tritt sie in der Oberen Kreide (English Chalk) Europas auf.

Typische Höhe 10 cm

Reichweite Kreide	Verbreitung Europa	Häufigkeit

Ordnung Pharentronida	Familie Lelapiidae	Allgemeiner Name Kalkschwamm

Rhaphidonema

Diese Gattung gehört zur Klasse der Kalkschwämme, deren Skelett aus kalkigen und nicht aus kieselsäurehaltigen Nadeln aufgebaut wird. *Rhaphidonema* bildet unregelmäßige Becher von unterschiedlicher Größe. Im allgemeinen ist die Innenseite glatt, die Außenseite ist mit rundlichen, wulstartigen Noppen versehen.

• Habitat Dieser Kalkschwamm lebte in warmem Flachwasser.

• Anmerkung Dies ist die häufigste Schwammart, die in den berühmten „Faringdon Sponge Gravels" in Faringdon, Oxfordshire, in England auftritt.

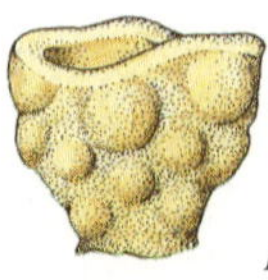

Typische Höhe 8 cm

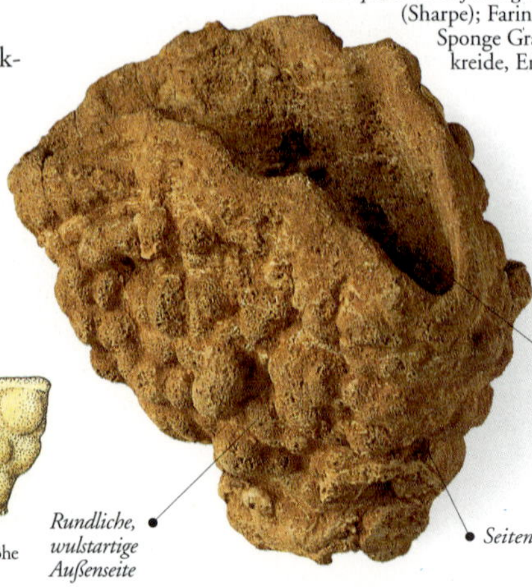

Reichweite Trias–Kreide	Verbreitung Europa	Häufigkeit

Ordnung STROMATOPOROIDEA	Familie Actinostromatidae	Allgemeiner Name Stromatopore

ACTINOSTROMA

Actinostroma ist eine typische, kalkige, riffbildende, blasenartige Stromatopore. Trotzdem bestehen Zweifel, daß diese Form der Vorfahre der heutigen Sklerospongien sein könnte. Im Dünnschliff zeigen sich feine Strukturen aus konzentrischen Lagen und radialen Pfeilern.

• HABITAT Diese Gattung lebte riffbildend.

• ANMERKUNG Im Silur und Devon wichtige Riffbildner.

Actinostroma clathratum Nicholson; Mittleres Devon, England

Typische Höhe 12 cm

Reichweite Kambrium–U. Karbon	Verbreitung Weltweit	Häufigkeit

Ordnung ARCHAEOCYATHIDA	Familie Metacyathidae	Allgemeiner Name Archaeocyathide

METALDETES

Metaldetes ist eine weitverbreitete Form aus der Gruppe der meeresbewohnenden Archaeocyathiden. Obwohl keine Verwandtschaft zu den Schwämmen besteht, besitzen sie ein ähnliches kalkiges Skelett, aber ohne Nadeln. *Metaldetes* gleicht einem ein- oder zweiwandigen Trichter, der von zahlreichen Öffnungen durchbohrt ist. Die zentrale Höhle ist, wie bei den Schwämmen, leer. Die Anordnung der Weichteile ist unbekannt.

• HABITAT Diese kleinen Organismen lebten auf Riffen im flachen, warmen Wasser.

• ANMERKUNG Die meisten Archaeocyathiden werden verkieselt in harten Kalken gefunden. Sie sind aus dem Unteren Kambrium von Südaustralien, Sibirien, Sardinien und der Antarktis bekannt.

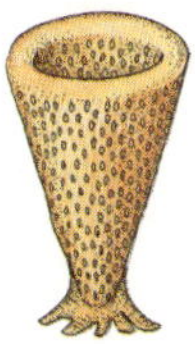
Typische Höhe 5 cm

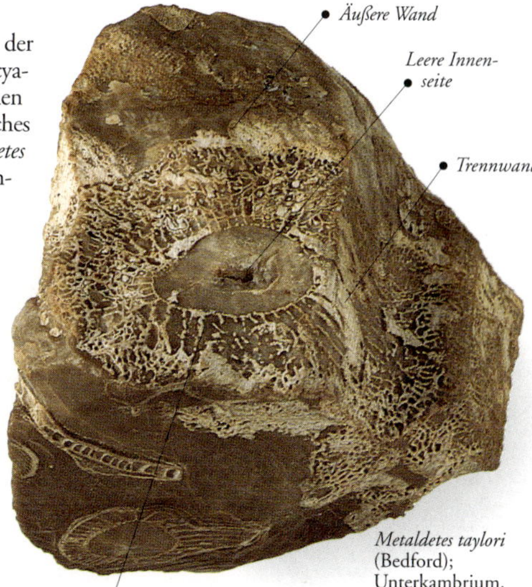

Metaldetes taylori (Bedford); Unterkambrium, Südaustralien

Reichweite Kambrium	Verbreitung Weltweit	Häufigkeit

Moostierchen (Bryozoen)

Bryozoen leben in Kolonien und gleichen winzigen Korallen, obwohl sie näher mit den Armfüßern verwandt sind. Sie erscheinen bereits im Ordovizium und kommen auch heute noch vor. Die meisten leben am Meeresboden und scheiden ein kalkiges Skelett aus. Bryozoenkolonien sind sehr unterschiedlich in ihrer Form, einige bilden Überzüge auf Schalen oder Steinen, andere ähneln Bäumchen oder netzartigen Stengeln. Jede Kolonie besteht aus wenigen bis Tausenden untereinander verbundenen Individuen (Zooide). Jedes dieser Zooide besitzt ein röhren- oder schachtelförmiges Skelett.

Ordnung	Familie	Allgemeiner Name
Cystoporata	Constellariidae	–

Constellaria

Diese Bryozoe bildet buschige Kolonien mit dicken, häufig abgeflachten Zweigen. Die Oberfläche der Zweige ist mit sternförmigen Hügeln überzogen. Die Freßpolypen finden sich entlang der Strahlen der Sterne. Die Erhebungen der einzelnen Kolonien bildeten eine Art Kamin, die zum Ausstoßen der Nahrungsströmung diente.

• Habitat *Constellaria* lebte am Meeresboden.

Typischer Zweigdurchmesser 1 cm

Constellaria antheloidea (Hall); Cincinnati-Gruppe, Oberes Ordovizium, USA

Reichweite	Verbreitung	Häufigkeit
Ordovizium–Silur	Nordamerika, Europa, Asien	֍

Ordnung	Familie	Allgemeiner Name
Cryptostomata	Ptilodictyidae	–

Ptilodictya

Kolonie mit einzelnem Zweig, gerade oder leicht gekrümmt, Querschnitt trapezförmig. In der Mitte besitzt sie eine Trennwand mit knopfartigen, schachtelförmigen Zooiden auf beiden Seiten. Die Zooide sind rechteckig und in Längsreihen auf der Oberfläche angeordnet. Am zugespitzten Ende des Zweiges befindet sich ein konischer Dorn, der in eine Öffnung an der Basis der Kolonie greift, um eine Verankerung zu ermöglichen.

• Habitat *Ptilodictya* war ein Meeresbewohner, ihre inkrustierende Basis war auf Hartböden festgemacht.

Typische Länge 23 cm

Ptilodictya lanceolata (Goldfuss), Wenlockkalke, Oberes Silur, England

Reichweite	Verbreitung	Häufigkeit
Ordovizium–Devon	Weltweit	֍

Ordnung FENESTRATA	Familie Fenestellidae	Allgemeiner Name Spitzenkoralle

FENESTELLA

Diese aufrechtstehende, netzartige Kolonie wird von engen, aber regelmäßigen Zweigen, die mit Stegen verbunden sind, aufgebaut. Die Zooide sind zweireihig entlang der Zweige angeordnet und öffnen sich nur nach einer Seite hin. *Fenestella* ist entweder konisch, eben oder gefaltet. Die Verbindungsstege besitzen keine Zooide. An der Basis der Kolonie finden sich oft dornen- bis bartartige Auswüchse.

• HABITAT *Fenestella* und andere reticulate Bryozoen filtern Nahrung aus den selbsterzeugten Wasserströmungen, die direkt durch die Löcher der Kolonie fließen.

Typische Höhe 5 cm

Fenestella plebeia McCoy; Karbonkalke, Unteres Karbon, England

Reichweite Silur–Perm	Verbreitung Weltweit	Häufigkeit

Ordnung CYCLOSTOMATA	Familie Cavidae	Allgemeiner Name _

CERIOCAVA

Buschartige Kolonie mit verzweigten, zylindrischen Ästen, maximaler Durchmesser bis 5,5 cm. Die Oberfläche der Zweige ist mit sechsseitigen, wabenartigen Zooiden überzogen; einige besitzen einen Deckel. Manchmal treten lange, sackförmige Zooide auf, die zum Ausbrüten von Larven dienen.

• HABITAT Diese Bryozoe bildete niedrige Kolonien am Meeresboden, ihre Nahrung filterte sie aus dem umgebenden Wasser.

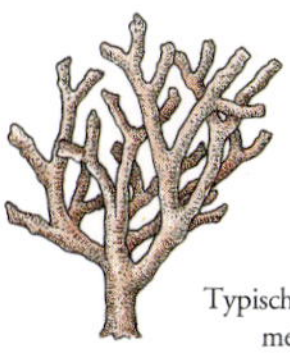

Typischer Zweigdurchmesser 3 mm

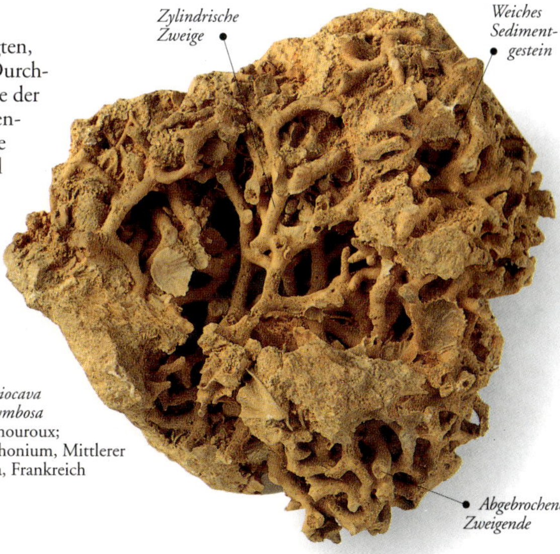

Ceriocava corymbosa Lamouroux; Bathonium, Mittlerer Jura, Frankreich

Reichweite Jura–Kreide	Verbreitung Europa	Häufigkeit

Ordnung Cyclostomata	Familie Multisparsidae	Allgemeiner Name –

Reptoclausa

Diese inkrustierende Kolonie besitzt charakteristische lange Runzeln, die parallel zur Wachstumsrichtung verlaufen. Auf den Flanken und Graten sitzen nahezu kreisförmige Freßzooide; kleinere, vielgestaltige Zooide bedecken die Vertiefungen zwischen den Runzeln, ihnen fehlen aber Öffnungen.

• Habitat Diese widerstandsfähigen Kolonien lebten auf am Meeresboden rollenden Steinen oder Schalen in stärker bewegtem Wasser.

Reptoclausa hagenowi (Sharpe); Faringdon Sponge Gravel, Unterkreide, England

Typischer Durchmesser 4 cm

Reichweite Jura–Kreide	Verbreitung Europa, Asien	Häufigkeit ֍֍

Ordnung Cheilostomata	Familie Sertellidae	Allgemeiner Name Spitzenkoralle

Schizoretepora

Komplizierte Kolonie von gefalteten Stengeln, die von kleinen Fensterchen durchbohrt sind. Die Freßzooide öffnen sich einseitig und sind leicht gekrümmt; Abwehrpolypen sind über die ganze Zweigoberfläche verteilt. *Schizoretepora* ist eine der vielen ähnlichen Gattungen, die sich nur unter dem Mikroskop genau bestimmen lassen.

• Habitat *Schizoretepora* lebte am Meeresboden.

Schizoretepora notopachys (Busk); Coralline Crag, Pliozän, England

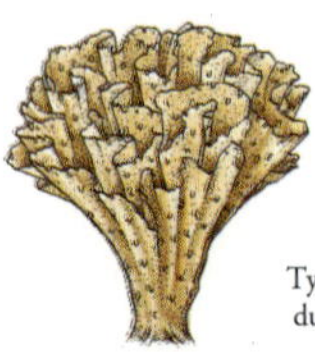

Typischer Koloniedurchmesser 4 cm

Reichweite Miozän–Rezent	Verbreitung Weltweit	Häufigkeit ֍

Ordnung Nicht anwendbar	Familie Nicht anwendbar	Allgemeiner Name Bryozoenkalk

Bryozoenkalk

Einige Kalke bestehen ausschließlich aus Skelettfragmenten von Bryozoen. Viele verschiedene Arten können miteinander auftreten, häufig begleitet von zerbrochenen Muschelschalen und Seepocken.

• Habitat Bryozoenkalke sind besonders in Flachwasserablagerungen des Känozoikums häufig anzutreffen. Heute bilden sich solche Sedimente in subtropischen und Kaltwassermilieus. Im tropischen Bereich sind sie wesentlich seltener, hier finden wir vorwiegend Korallenkalke.

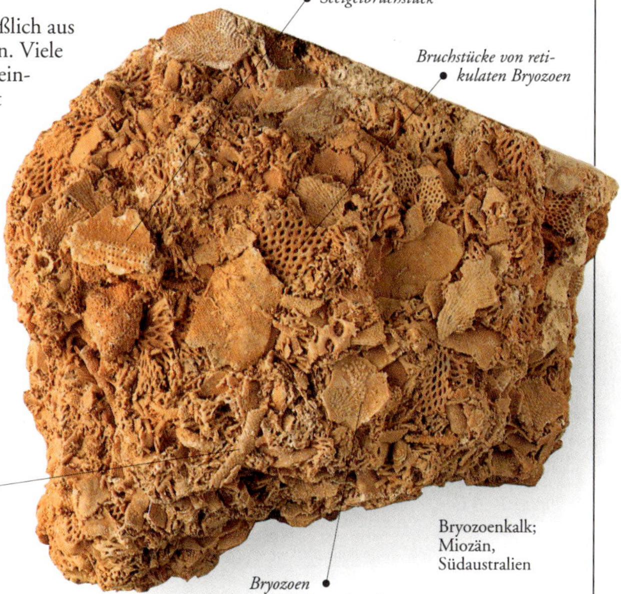

Bryozoenkalk; Miozän, Südaustralien

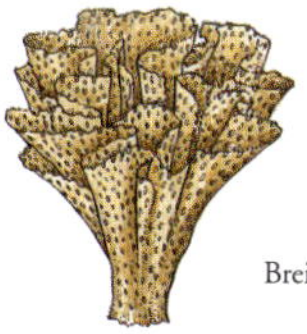

Breite des Handstücks 11 cm

Reichweite Jura–Rezent	Verbreitung Weltweit	Häufigkeit

Ordnung Cheilostomata	Familie Cleidochasmatidae	Allgemeiner Name –

Hippoporidra

Die dicken, vielschichtigen Kolonien überwuchern Schneckengehäuse. Die Freßzooide besitzen endständige, gefaltete Wände, die randlich durchbohrt sind. An der Spitze der Hügelchen befinden sich größere Zooide, und dazwischen sind Zooide mit spitzen Schnäbeln, die als Eibehälter dienen.

• Habitat Heute vorkommende *Hippoporidra* leben symbiontisch mit Einsiedlerkrebsen, denen sie eine ausgezeichnete Tarnung für ihre Schalen liefern. Obwohl die Krebse fossil nicht überliefert sind, glauben Paläontologen, daß diese Bryozoenform anzeigt, daß sie einst vorhanden waren.

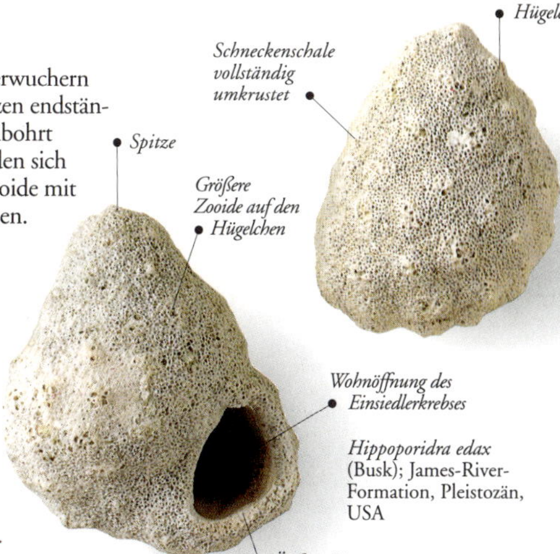

Hippoporidra edax (Busk); James-River-Formation, Pleistozän, USA

Typische Länge 2 cm

Reichweite Miozän–Rezent	Verbreitung Europa, Nordamerika, Afrika	Häufigkeit

WÜRMER

WÜRMER IST EINE eher allgemeine Bezeichnung für verschiedene wirbellose Gruppen ohne Schalen. Sie umfassen die Plattwürmer, Schnurwürmer, Fadenwürmer, Stachelborster, Ringelwürmer und einige Hemichordaten. Die meisten sind als Fossilien extrem selten oder nahezu unbekannt. Einige Würmer aus der Gruppe der Polychaeten bilden eine kalkige Wohnröhre, die, häufig auf Steinen oder Schalen anhaftend, fossil überliefert ist. In meso- und känozoischen Gesteinen sind diese Versteinerungen relativ verbreitet.

Ordnung	Familie	Allgemeiner Name
SEDENTARIA	Serpulidae	Röhrenwurm

PROLISERPULA

Die Röhre dieses Wurms ist oft auf Hartsubstrat, häufig eine Schale oder, wie hier, ein fossiler Seeigel, angeheftet. Sie ist unregelmäßig gewunden und besitzt eine dünne, gratartige Rippe entlang der Mittellinie. Die Öffnung ist kreisförmig, und an den Seiten sind hervorstehende Wachstumslinien vorhanden.

- HABITAT Diese Gattung lebte nur im tieferen Wasser des Kreidemeeres.
- ANMERKUNG Damals herrschte große Konkurrenz, die Hartböden zu besiedeln, daher auch andere Arten auf dieser Schale.

Typische Länge 5 cm

Proliserpula ampullacea (J. Sowerby); Upper Chalk, Obere Kreide, England

Reichweite	Verbreitung	Häufigkeit
Oberkreide	Europa	●●●

Ordnung	Familie	Allgemeiner Name
SEDENTARIA	Serpulidae	Röhrenwurm

ROTULARIA

Die wulstige Röhre von *Rotularia* ist genau in einer Ebene eingerollt, auf der einen Seite leicht konvex, auf der andern leicht konkav. Der am Schluß gebildete Teil der Röhre steht leicht ab.

- HABITAT Diese Art lebte frei im Sand des flachen Wassers. Die dichte Anhäufung von Individuen im vorliegenden Fund ist wahrscheinlich auf Sturmeinfluß zurückzuführen.

Typischer Durchmesser 1,5 cm

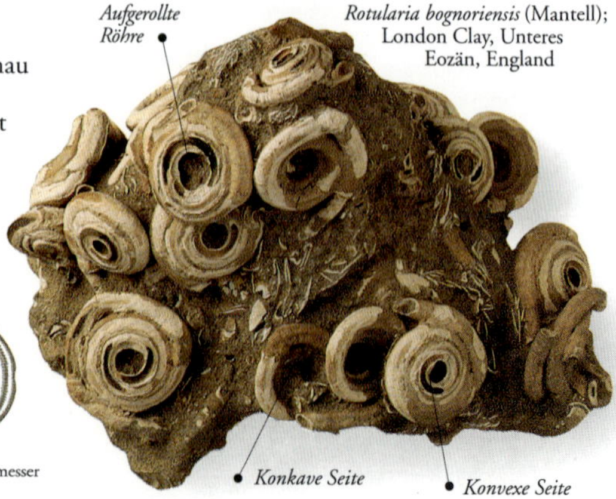

Rotularia bognoriensis (Mantell); London Clay, Unteres Eozän, England

Reichweite	Verbreitung	Häufigkeit
Eozän	Europa	●●●●●

Ordnung SEDENTARIA | Familie Serpulidae | Allgemeiner Name Röhrenwurm

SERPULA

Die Röhre dieses Wurms ist rundlich, gelängt und verjüngt sich langsam zu einer Spitze. Entweder leicht gekrümmt oder scharf gebogen, besitzt sie eine dünne Wand, die mit unregelmäßigen Wachstumsstreifen versehen ist; die Öffnung ist rundlich.
• HABITAT Obwohl nicht am Substrat festgeheftet, war diese Gattung nicht frei beweglich.

Serpula indistincta (Fleming); Karbonkalke, Unterkarbon, Nordirland

Typische Länge 5 cm

Reichweite Paläozoikum–Rezent | Verbreitung Weltweit | Häufigkeit

Ordnung SEDENTARIA | Familie Serpulidae | Allgemeiner Name Röhrenwurm

GLOMERULA

Die dünnen, rundlichen Röhren von *Glomerula* wuchsen in unregelmäßig verfingerter Weise. Die Röhren einzelner Individuen waren so untereinander verwoben, daß die ganze Kolonie einem schlecht aufgerollten Schnurknäuel glich. Die Öffnung ist, verglichen mit den dicken Röhrenwänden, verhältnismäßig klein.
• HABITAT Eine große Zahl von Einzeltieren bildete eine Gruppe, die frei auf dem Meeresboden lebte. Diese Lebensweise erhöhte die Stabilität gegenüber Strömungen.
• ANMERKUNG Wie die meisten serpuliden Würmer filterte *Glomerula* organische Partikel und Plankton aus dem Wasser.

Glomerula plexus (J. Sowerby); Upper Chalk, Oberkreide, England

Typische Länge 10 cm

Reichweite Unterjura–Paleozän | Verbreitung Weltweit | Häufigkeit

Spurenfossilien

SPURENFOSSILIEN SIND im Sedimentgestein erhaltene Reste von Strukturen von Tieren oder Pflanzen, also Fährten, Pfade, Bohrlöcher und Bauten. Da verschiedene Tiere ähnliche Spuren hinterlassen können, werden Spurenfossilien aufgrund ihrer Form, nicht aber nach ihrem Verursacher eingeteilt. Ichnogattungen und -arten (griech. *ichnos* = Spur) sind daher die übliche Art der Klassifikation. Häufig werden sie aber auch gemäß ihres Entstehungsvorgangs eingeteilt. Beispiel dafür sind Fressen, Krabbeln, Wohnen etc., woraus sich Namen wie Fodinichnia, Repichnia oder Dominichnia ergeben.

Ordnung Nicht klassifiziert	Familie Fodinichnia	Allgemeiner Name _

Chondrites

Auf den ersten Blick gleicht dieser kleine Grabgang einer Pflanzenwurzel, da er, von einer zentralen Röhre ausgehend, zahlreiche nach außen reichende, sich verzweigende Äste aufweist. Der Verursacher dieses Baus ist möglicherweise ein Nematode (Rundwurm).

• HABITAT *Chondrites* ist auf Meeresablagerungen des sauerstoffarmen Milieus beschränkt.

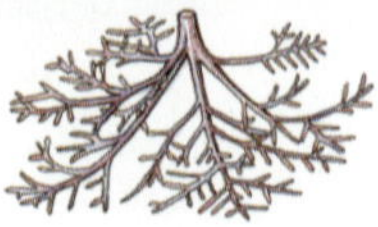

Unterschiedliche Länge

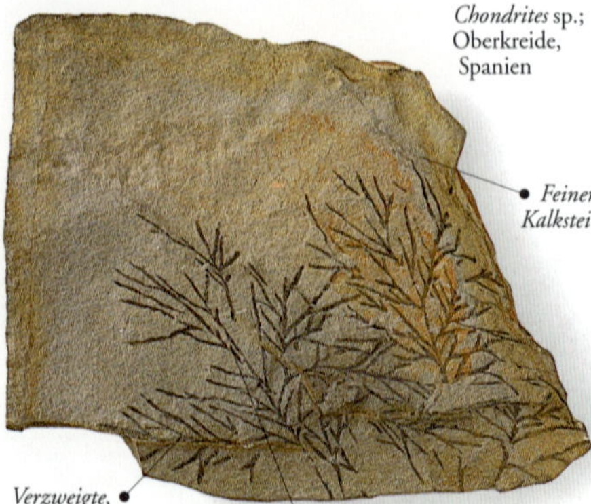

Chondrites sp.; Oberkreide, Spanien

Reichweite Trias–Rezent	Verbreitung Weltweit	Häufigkeit

Ordnung Nicht klassifiziert	Familie Repichnia	Allgemeiner Name _

Cruziana

Diese zweilappige Fährte mit einer zentralen Rille ist eine erhärtete Füllung einer am Meeresboden ausgehobenen doppelten Spur. Die Rillen sind mit Kratzmarken bedeckt, die von den Beinen des einst grabenden Tieres, vermutlich eines Trilobiten, stammen.

• HABITAT *Cruziana* ist in marinen Sedimenten des Paläozoikums besonders häufig.

Unterschiedliche Länge

Cruziana sp.; Nubischer Sandstein, Kambrium, Ägypten

Reichweite Kambrium–Rezent	Verbreitung Weltweit	Häufigkeit

Problematica

Einige Versteinerungen lassen sich nicht mit Gewißheit einer der bekannten Tier- oder Pflanzengruppen zuordnen. Dies rührt häufig daher, weil sie nur bruchstückhaft erhalten sind. Trotzdem sind viele vollständige Formen aus dem späten Kambrium bekannt. Sie wurden verschiedentlich als Würmer, Weichkorallen oder Quallen identifiziert. Die wahre Natur dieser altertümlichen Fossilien ist immer noch Gegenstand heftiger Diskussionen, einige sind vielleicht sogar Spurenfossilien – sie werden deshalb hier als Problematica angeführt.

Ordnung	Familie	Allgemeiner Name
Nicht klassifiziert	Nicht klassifiziert	–

Mawsonites

Diese große Versteinerung ist kreisförmig und weist konzentrisch angeordnete, unregelmäßige Lappen oder schuppenartige Hügel auf. In der Mitte befindet sich eine knopfartige Schwellung. Ursprünglich als Qualle interpretiert, glaubt man heute aber, daß es sich um ein Grabgangsystem, d. h. ein Spurenfossil handelt.

- Habitat Wahrscheinlich hat diese Spur ein im Silt nach Nahrung suchendes Tier hinterlassen.

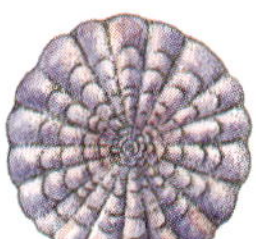

Typische Länge 13 cm

Mawsonites spriggi Glaessner & Wade; Ediacara-Sandstein, Oberes Präkambrium, Südaustralien

Reichweite	Verbreitung	Häufigkeit
O. Präkambrium	Australien	

Ordnung	Familie	Allgemeiner Name
Pennatulacea	Nicht klassifiziert	Seefeder

Charniodiscus

Federförmiges Fossil, das mit einer basalen Scheibe (hier nicht erhalten) am Meeresboden festhaftete. Engständige, abwechselnde Zweige wachsen aus einer zentralen Achse, und jeder Zweig ist in fünfzehn querverlaufende Gruben aufgeteilt.

- Habitat Am Meeresboden festgeheftete Form, die Nahrungspartikel aus dem Wasser herausfilterte.
- Anmerkung Die zoologische Einteilung von *Charniodiscus* ist unsicher, die meisten Paläontologen betrachten es aber als eine Art Weichkoralle. Es gibt den Vorschlag, dieses Fossil in eine neue Organismengruppe, die Vendozoa, zu stellen.

Charniodiscus masoni (Ford); Präkambrium, Woodhouse-Schichten, England

Typische Länge 20 cm

Reichweite	Verbreitung	Häufigkeit
O. Präkambrium	Australien, Europa	

Ordnung Nicht klassifiziert	Familie Nicht klassifiziert	Allgemeiner Name _

Spriggina

Der längliche Körper von *Spriggina* verjüngt sich am Hinterende, ähnlich einem Schwanz. Das breitere Vorderteil ist gerundet und besteht aus einem schmalen, sichelförmigen Bogen. Der Rest des Rumpfes wird längsseitig durch eine Mittellinie halbiert und seitlich von querverlaufenden, kurzen, V-förmigen Segmenten gegliedert.

• Habitat *Spriggina* lebte auf sandigem, flachem Meeresgrund.

• Anmerkung Erst galt diese Form als Wurm, und zuletzt wurde sie zu einer neuen Gruppe, weder Tier noch Pflanze, zugeordnet.

Spriggina floundersi Glaessner; Ediacara-Sandstein, Oberes Präkambrium, Südaustralien

Typische Länge 7 cm

Reichweite O. Präkambrium	Verbreitung Australien, Afrika, Rußland	Häufigkeit

Ordnung Conulariida	Familie Conulariidae	Allgemeiner Name Conularie

Paraconularia

Das konische Gehäuse hat vier Seiten, der Querschnitt ist rautenförmig. Jede der Seiten trägt engstehende, nach oben verlaufende, bogenförmige Wachstumslinien. An allen vier Ecken findet sich eine V-förmige Rille. Die dünne Schale besteht u. a. aus Phosphat- und Proteinverbindungen.

• Habitat Dieser Bodenbewohner war mittels einer Scheibe festgeheftet und war vom flachen bis ins tiefere Wasser anzutreffen.

• Anmerkung Diese Familie wurde einmal den Weichtieren zugeordnet, ein andermal zu den wurmartigen Phoroniden gestellt. In der Regel werden sie aber den Quallen zugerechnet, da manchmal tentakelartige Fortsätze erhalten sind. Diese „Tentakeln“ dienten möglicherweise dazu, kleine Tiere zu fangen – ähnlich den Nesselzellen heutiger Anemonen.

Typische Länge 10 cm

Paraconularia derwentensis (Johnston); Unteres Perm, Australien

Reichweite U. Perm	Verbreitung Australien	Häufigkeit

GRAPTOLITHEN

DIE GRAPTOLITHEN sind eine ausgestorbene Gruppe koloniebildender Organismen, die vom Kambrium bis ins Karbon vorkamen. Ihre Reste werden manchmal mit Pflanzen verwechselt, da sie oft Zweigen gleichen. Sie besaßen einen oder mehrere Zweige (Stamm), der aus einem einzelnen Individuum (Sicula) herauswuchs. Jedes folgende Einzeltier befand sich in einer röhrenförmigen Hülle (Kelch). Geologen schätzen Graptolithen, da sie sich sehr gut zur Altersbestimmung von Gesteinen eignen.

Ordnung GRAPTOLOIDEA	Familie Retiolitidae	Allgemeiner Name _

RETIOLITES

Die Kelche von *Retiolites* stehen in zwei Reihen – Rücken an Rücken – und bilden einen einzigen Stamm, der nach oben langsam dicker wird. Das mit organischen Membranen ausgekleidete Skelett besaß ein offenes Gitternetz, das den Auftrieb im Wasser verstärkte.

• HABITAT *Retiolites* lebte freischwebend im Wasser.

• ANMERKUNG Freischwebende Graptolithen wie *Retiolites* sind gute Leitfossilien.

Typische Länge 3 cm

Unteres Ende der Kolonie

Skelett in Leichtbauweise

Retiolites geinitzianus (Barrande); Graptolithenschiefer, Silur, Tschechische Republik

Reichweite Silur	Verbreitung Weltweit	Häufigkeit

Ordnung GRAPTOLOIDEA	Familie Dichograptidae	Allgemeiner Name _

PHYLLOGRAPTUS

Diese Kolonien bestehen aus vier Kelchreihen, die kreuzartig Rücken an Rücken stehen. In schiefrigen Gesteinen ist gewöhnlich nur ein Kelchpaar sichtbar. Die langen, gekrümmten Kelche besitzen kleine, lippenartige Öffnungen. Der Gattungsname *Phyllograptus* bezieht sich auf die blätterförmige Gestalt dieser abgeflachten Kolonien.

• HABITAT *Phyllograptus* lebte freischwimmend im offenen Wasser.

Typische Länge 3,5 cm

Phyllograptus typus Hall; Levis-Schiefer, Unteres Ordovizium, Kanada

Schiefer

Reichweite U.–M. Ordovizium	Verbreitung Weltweit	Häufigkeit

Ordnung GRAPTOLOIDEA	Familie Dichograptidae	Allgemeiner Name _

EXPANSOGRAPTUS

Kleine bis große Graptolithen mit ungefähr zwanzig bis mehreren hundert Kelchen. Zwei Stämme sprießen aus einer Sicula, die an der Verzweigung eine fadenartige Verlängerung (Nema) aufweist. Die Kelche sind einfach gebaut, entweder röhrenförmig oder mit einer kleinen, lippenförmigen Öffnung. Die einzelnen Arten werden nach der Anzahl der Kelche pro cm und der Form und Breite der Stämme unterschieden.

• HABITAT *Expansograptus* lebte freischwebend im offenen Meer.

Expansograptus cf. *nitidus* (Hall); Mytton-Formation, Unteres Ordovizium, England

Typische Länge 5 cm

Reichweite U.–M. Ordovizium	Verbreitung Weltweit	Häufigkeit

Ordnung GRAPTOLOIDEA	Familie Dichograptidae	Allgemeiner Name _

LOGANOGRAPTUS

Große Graptolithen. Die Gabelung in der Nähe dei Individuen bringt eine Kolonie von sechzehn Stämmen hervor. Zu Lebzeiten bestanden gleichmäßige Abstände zwischen den Stämmen, im fossilen Zustand sind sie häufig gekrümmt. Die einzelnen Kelche sind klein (1 mm) und einfach gebaut.

• HABITAT Lebte in tieferen Teilen der ordovizischen Meere.

Loganograptus logani (Hall); Skiddaw-Gruppe, Unteres Ordovizium, England

Typische Länge 20 cm

Reichweite Ordovizium	Verbreitung Weltweit	Häufigkeit

Ordnung GRAPTOLOIDEA	Familie Dichograptidae	Allgemeiner Name _

TETRAGRAPTUS

Diese Form besaß vier Stämme, die entweder leicht gebogen oder horizontal ausgestreckt waren. Bei einigen Arten waren die Stämme mit einer netzartigen Struktur verbunden. Die Kelche waren einfach, röhrenförmig und in flachem oder spitzem Winkel am Stamm befestigt. Die Stämme variieren zwischen 1 und 10 mm Dicke.
• HABITAT *Tetragraptus* schwebte frei im Wasser.

Tetragraptus quadribrachiatus Hall; Skiddaw-Gruppe, Unteres Ordovizium, England

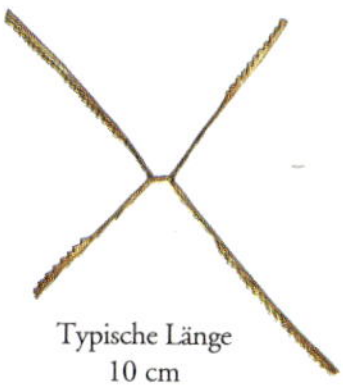

Typische Länge 10 cm

Reichweite U. Ordovizium	Verbreitung Weltweit	Häufigkeit

Ordnung GRAPTOLOIDEA	Familie Diplograptidae	Allgemeiner Name _

ORTHOGRAPTUS

Orthograptus bestand aus zwei dicht an dicht stehenden Reihen, die eine robuste, zweiseitige Kolonie bildeten. Im frühen Wachstumsstadium sind die Kolonien nur schwer bestimmbar. *Orthograptus* besaß einen stark entwickelten Stachel, und die Kelchöffnungen waren mehr oder weniger gerade. Größe und Breite der Kolonie sowie Kelchform unterscheiden die einzelnen Arten.
• HABITAT Dieser Graptolith war möglicherweise epiplanktonisch, d. h. er schwebte an Fremdobjekten angeheftet frei im Wasser.

Orthograptus intermedius (Elles); Bifidus-Schichten, Unteres Ordovizium, England

Typische Länge 8 cm

Reichweite U.–M. Ordovizium	Verbreitung Weltweit	Häufigkeit

Ordnung GRAPTOLOIDEA	Familie Monograptidae	Allgemeiner Name _

MONOGRAPTUS

Graptolithen dieser Gattung besaßen einen Hauptstamm und sehr unterschiedliche Formen: ganz gestreckt, leicht gekrümmt oder spiralig aufgerollt. Die Form der Kelche ist für die Bestimmung sehr wichtig. So läßt sich eine Tendenz zur Separation der Kelche beobachten. Einige Arten lassen sich leicht unterscheiden und eignen sich sehr gut als Leitfossilien.

• HABITAT Diese Form schwebte im offenen Meer.

Monograptus convolutus Hisinger; Silurian Flags, Silur, England

Typischer Durchmesser 20 cm

Reichweite Silur–U. Devon	Verbreitung Weltweit	Häufigkeit

Ordnung GRAPTOLOIDEA	Familie Dichograptidae	Allgemeiner Name _

DIDYMOGRAPTUS

Diese Form ähnelt einer Pinzette. Die Kolonien waren oft robust und schwankten zwischen 1 bis 10 cm Länge. Die Kelche sind lang und haben einfache Röhren. Die Stämme werden entlang der Wachstumsrichtung dicker.

• HABITAT Lebte in den nördlicheren Teilen der damaligen Ozeane.

Didymograptus murchisoni (Beck); Llanvirn-Serien, Unteres Ordovizium, England

Typische Länge 10 cm

Reichweite U.–M. Ordovizium	Verbreitung Weltweit	Häufigkeit

Ordnung GRAPTOLOIDEA	Familie Rhabdinoporidae	Allgemeiner Name _

RHABDINOPORA

Die Gattung *Rhabdinopora,* früher auch unter *Dictyonema* bekannt, besitzt kleine Kelche und eine konische Form. Viele Zweige wachsen aus einer Sicula hervor. Diese sind mit Zwischenwänden verbunden, was der ganzen Kolonie ein maschenartiges Aussehen verleiht (solche Wände fehlen bei den späteren Graptolithen).

• HABITAT Diese Gattung tritt in Massen auf. Es wird angenommen, daß es sich hier um die ersten planktonischen, also freischwebenden Formen handelte.

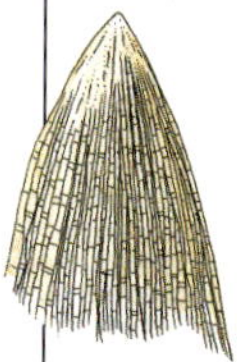

Typische Länge 6 cm

Rhabdinopora socialis (Salter); Dictyonema-Schiefer, Unteres Ordovizium, Norwegen

Reichweite U. Ordovizium	Verbreitung Weltweit, außer Antarktis	Häufigkeit

Ordnung GRAPTOLOIDEA	Familie Monograptidae	Allgemeiner Name _

RASTRITES

Dünne, filigrane Kolonie mit wenig Kelchen. Diese Form besaß einen elegant gekrümmten Stamm. Die engen Kelche erscheinen als lange, einzeln stehende Röhren mit kleiner Öffnung. Solche Formen konnten starken Strömungen nicht standhalten.

• HABITAT *Rastrites* lebte im offenen Ozean; in Schwarzschiefern häufig.

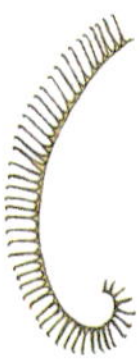

Typische Länge 4 cm

Rastrites magnus (Mattock); Tiefwasser-Schiefer, Silur, England

Reichweite Silur	Verbreitung Weltweit	Häufigkeit

KORALLEN

KORALLEN HABEN einen sackartigen Körper (Polyp), einen Mund, Tentakeln und ein Außenskelett. Das lebende Tier, der Polyp, sitzt in einer Höhle (Kelch), die von einer Wand umgeben ist. Kelche sind durch sternförmige Platten (Septen), die manchmal eine zentrale Struktur aufweisen, aufgeteilt. Die Kelchwand bildet eine horn- oder röhrenartige Struktur, den Korallit; er wird durch einfache Wände (Tabulae) oder durch eine Serie von Zwischenböden (Dissepimente) getrennt. Polypen können sich teilen und Kolonien bilden, dabei sind die Koralliten häufig durch Zwischenstrukturen (Interkoralliten) verbunden. Wir unterscheiden drei Hauptgruppen bei den Korallen: Die ersten beiden sind die ausgestorbenen, nur fossil vorliegenden Rugosa bzw. Tabulata, während die Scleractinia auch heute noch in tropischen Meeren vorkommen.

Ordnung	Familie	Allgemeiner Name
CYSTIPHYLLIDA	Goniophyllidae	Rugose Koralle

GONIOPHYLLUM

Diese Form lebt solitär. Sie besitzt einen rechteckigen Querschnitt und eine deckelartige Struktur aus vier Platten, die jedoch manchmal fehlt. Der Kelch ist tief, und die kurzen Septen weisen Flansche auf. Im Innern finden sich zahllose Dissepimente.

• HABITAT *Goniophyllum* kommt in fein- und grobkörnigen Flachwasserkalken vor.

Typischer Kelchdurchmesser 1,5 cm

Goniophyllum pyramidale Hisinger; Silur, Schweden

Reichweite	Verbreitung	Häufigkeit
U.–M. Silur	Europa, Nordamerika	

Ordnung	Familie	Allgemeiner Name
STAURIIDA	Zaphrentidae	Rugose Koralle

HELIOPHYLLUM

Solitäre Koralle, manchmal in Kolonien auftretend, mit offen verzweigten oder aneinandergrenzenden Koralliten. Flacher Kelch mit langen Septen, die ab und zu bis zum Zentrum des Koralliten reichen. Die vielen kleinen und gut gerundeten Dissepimente sind auf den äußeren Teil des Koralliten beschränkt. Der zentrale Teil weist flache bis leicht gekrümmte Tabulae auf. Die dünnen Außenwände zeigen feine Wachstumslinien.

• HABITAT Lebte im Flachwasser.

Heliophyllum sp.; Hamilton-Formation, Mittleres Devon, Kanada

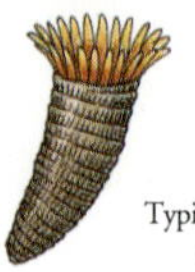

Typischer Kelchdurchmesser 2 cm

Reichweite	Verbreitung	Häufigkeit
Devon	Weltweit, außer Asien	

Ordnung STAURIIDA	Familie Lithostrotionidae	Allgemeiner Name Rugose Koralle

SIPHONODENDRON

Diese koloniebildende Koralle hat getrennte Zweige, jeder besitzt seinen zentralen Koralliten. Die buschigen Kolonien wachsen zuerst strahlenförmig nach außen, später verlaufen sie meist parallel zueinander. Die axiale Struktur gleicht einer deutlich abgeplatteten Stange.

- HABITAT Diese Gattung kommt in fein- und grobkörnigen Flachwasserkalken vor.
- ANMERKUNG Der Name *Siphonodendron* wird bei verzweigten Kolonien gebraucht, früher hieß er *Lithostrotion.* Dieser gilt heute noch für Formen mit engstehenden Koralliten.

POLIERTES EXEMPLAR

Siphonodendron junceum Fleming; Karbonkalke, Unteres Karbon, England

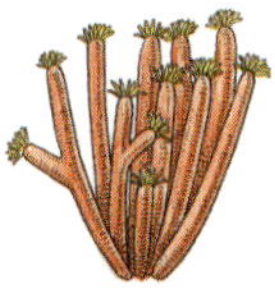

Typischer Kelchdurchmesser 2,5 cm

Reichweite Karbon	Verbreitung Weltweit	Häufigkeit

Ordnung FAVOSITIDA	Familie Favositidae	Allgemeiner Name Tabulate Koralle

FAVOSITES

Favosites besitzt abgeflachte, halbkugelförmige Kolonien. Die engstehenden, unterschiedlich großen Koralliten sind vieleckig bis leicht gerundet, was der Kolonie ein honigwabenartiges Aussehen verleiht. Die konkaven Kelche besitzen weniger als zwölf gleich lange Septen. Die dünnen Wände sind perforiert, die vier kleinen Poren stehen in Längsreihen. Die unzähligen Tabulae sind mehr oder weniger flach und stehen horizontal.

- HABITAT *Favosites* lebte im flachen Wasser, sie ist vor allem in Riffsedimenten und kalkigen Schiefern anzutreffen.

Favosites sp.; Wenlockkalke, Oberes Silur, England

Typischer Kelchdurchmesser 2 mm

Reichweite Ordovizium–Devon	Verbreitung Weltweit	Häufigkeit

Ordnung Stauriida	Familie Axophyllidae	Allgemeiner Name Rugose Koralle

Actinocyathus

Diese koloniebildende Koralle zeichnet sich durch rundliche, abgeflachte Kolonien aus. Ihre engstehenden, mehreckigen Koralliten bilden eine grobes Wabenmuster. Die Kelche sind konkav und weisen in der Mitte einen Buckel auf. Die dünnen Septen sind abwechslungsweise kurz und lang. Der axiale Hügel zeigt einen komplizierten Aufbau und besteht aus einer steilstehenden Reihe blasenförmiger Platten, die hügelartig um eine Zentralplatte angeordnet sind; das Ganze wird von Septen angeschnitten. Im Querschnitt scheinen die Septen im dissepimentalen Bereich zu fehlen, beim genaueren Betrachten bilden sie aber feine Falten, die über das obere Ende der Dissepimente verlaufen. Die Tabulae sind entweder flach oder konkav. Die Koralliten besitzen dünne Außenwände mit Wachstumsstreifen. Diese sind aber nur in gut erhaltenen Stücken sichtbar, wo die Verbindung zwischen den Koralliten aufgebrochen ist.

• Habitat *Actinocyathus* ist in fein- und grobkörnigen Flachwasserkalken zu finden.

• Anmerkung Der Name *Actinocyathus* gilt heute für Formen mit engstehenden Koralliten, früher *Lonsdaleia* genannt. Diese Bezeichnung wird nur noch für weitverzweigte Formen verwendet.

Polierter Querschnitt

Actinocyathus crassiconus (McCoy); Karbonkalke, Unteres Karbon, England

Verwitterte Oberfläche der Kolonie

Typischer Kelchdurchmesser 6 mm

Reichweite U. Karbon	Verbreitung Europa, Asien	Häufigkeit

Ordnung FAVOSITIDA	Familie Halysitidae	Allgemeiner Name Tabulate Koralle

HALYSITES

Die Koralliten dieser Kolonie stehen panflötenartig in einzelnen Reihen. Zwischen den einzelnen Koralliten befindet sich eine winzige Röhre. Im Querschnitt sind sie kettenförmig; diese Ketten sind gerade bis gekrümmt, teilen sich auf oder vereinigen sich wieder und bilden so zellenförmige Waben. Die einzelnen Koralliten sind rund bis elliptisch, Septen fehlen oder erscheinen nur als unauffällige Dornen. Die dicken Wände tragen unzählige flache Tabulae.

• HABITAT *Halysites* lebte im warmen, flachen Wasser und in Riffen.

Halysites catenularius (Linné); Niagara-Gruppe, Silur, USA

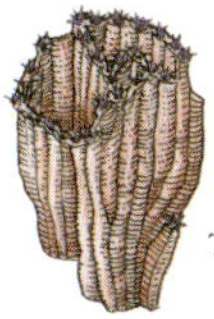

Typischer Kelchdurchmesser 2 mm

Reichweite M. Ordov.–U. Silur	Verbreitung Weltweit	Häufigkeit ●●●●●

Ordnung SCLERACTINIA	Familie Andemantastreidae	Allgemeiner Name _

AMPAKABASTRAEA

Die Kolonien dieser Korallen sind entweder flach oder leicht gewölbt; die einzelnen Koralliten stehen eng aneinander, die Kelche sind flach mit dünnen Wänden. Zwischen den benachbarten Koralliten stehen zahlreiche Septen. Die Seiten der Septen haben feine Runzeln, und das obere Ende weist eine feine Zähnelung auf. Im Innern der Koralliten herrschen viele Dissepimente vor, und gelegentlich finden sich kleine Streifen, die benachbarte Septen verbinden.

• HABITAT *Ampakabastraea* lebte im warmen Flachwasser.

Ampakabastraea exserta (Gregory); Putchum-Schichten, Mittlerer Jura, Indien

Typischer Kelchdurchmesser 7 mm

Reichweite Jura	Verbreitung Weltweit	Häufigkeit ●●●

Ordnung SCLERACTINIA	Familie Montlivaltiidae	Allgemeiner Name _

THECOSMILIA

Thecosmilia ist eine koloniebildende Koralle mit weitstehenden Zweigen. Sie besitzt ein oder zwei große Korallitenzentren pro Zweig. Die Koralliten der buschigen Kolonien wachsen strahlenförmig nach außen, in einem späteren Stadium verlaufen sie meist parallel zueinander. Die tiefen Kelche sind konkav gewölbt. Die in seitlicher Ansicht verschieden groß erscheinenden zahlreichen Septen werden zunehmend kürzer. Die Außenseiten werden von zahnartigen Leisten, die mit den Septen zusammenhängen, gebildet.

• HABITAT *Thecosmilia* lebte im warmen Flachwasser und auf Riffen.

Typischer Kelchdurchmesser 1,2 cm

Thecosmilia trichotoma (Goldfuss); Oberes Oxfordium, Oberjura, Deutschland

Reichweite Jura–Kreide	Verbreitung Weltweit	Häufigkeit ●●●●●

Ordnung SCLERACTINIA	Familie Faviidae	Allgemeiner Name Hirnkoralle

COLPOPHYLLIA

Domförmige, abgeflachte Kolonie, Koralliten engstehend, mit gemeinsamen Wänden. In Seitenansicht erscheinen sie gelängt, die längeren Koralliten bilden mäanderartige Linien. Die Kelche sind konkav, talartig und ziemlich tief; dazwischen liegen scharfe, rückenartige Wände. Die Septen verlaufen hangabwärts in die „Täler". Innerhalb der Koralliten finden sich zahlreiche blasenartige Dissepimente.

• HABITAT *Colpophyllia* lebte im warmen Flachwasser und auf Riffen.

Typischer Kelchdurchmesser 1 cm

Colpophyllia stellata (Catullo); Kalke von Castelgomberto, Oberes Oligozän, Italien

Reichweite Eozän–Rezent	Verbreitung Europa, Nord- und Südamerika	Häufigkeit ●●●●

Ordnung SCLERACTINIA	Familie Faviidae	Allgemeiner Name Solitäre Koralle

TRACHYPHYLLIA

Trachyphyllia ist eine spitz zulaufende Koralle, die einen elliptisch-länglichen Querschnitt aufweist. Die tiefen Kelche sind leicht konkav. Die vielen Septen sind unterschiedlich groß. Im Querschnitt sind sie so angeordnet, daß die kürzeren in Paaren zwischen den nächst längeren erscheinen. Die Septen enden mit einem Besatz feiner Zähne. Die äußere Wand ist dünn, manchmal unterbrochen und mit feinen Wachstumsstreifen bedeckt. Bogenförmige Dissepimente stützen die Innenwände.

• HABITAT *Trachyphyllia* lebt unangeheftet auf geschützten Arealen, im weichen Sand bei und auf Riffen

Typischer Kelchdurchmesser 4 cm

Trachyphyllia chipolana Vaughan; Chipola-Formation, Miozän, USA

Reichweite Miozän–Rezent	Verbreitung Weltweit	Häufigkeit

Ordnung SCLERACTINIA	Familie Rhizangiidae	Allgemeiner Name Hornkoralle

SEPTASTRAEA

Diese Koralle verfügt über einen großen Formenschatz. Die Kolonien bilden knotenartige Formen, bisweilen verzweigt, und in jedem Zweig sitzen zahlreiche Koralliten. Letztere stehen dicht beieinander, besitzen gemeinsame Wände und geben der ganzen Kolonie eine wabenartige Struktur. Alle zwölf Septen verlaufen bis ins Zentrum der Koralliten. In ihrem Innern finden sich wenige dünne Dissepimente.

• HABITAT Diese Hornkoralle bewohnte Riffe des warmen, flachen Wassers.

• ANMERKUNG Ab und zu findet man ein Stück, das auf einem Schneckengehäuse siedelt, das früher von Einsiedlerkrebsen bewohnt war. Die Koralle wuchs derart, daß das Gehäusevolumen vergrößert wurde und die Wohnhöhle des Krebses an Raum zunahm. Vielleicht handelt es sich hier um eine Symbiose zwischen Krebs und Koralle.

Typischer Kelchdurchmesser 4 mm

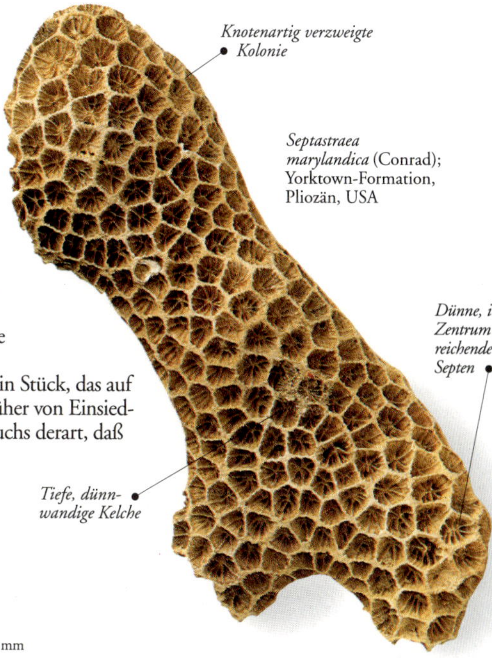

Septastraea marylandica (Conrad); Yorktown-Formation, Pliozän, USA

Reichweite Miozän–Pliozän	Verbreitung Nordamerika, Europa	Häufigkeit

Trilobiten

Diese heute ausgestorbenen Gliederfüßer waren in den Weltmeeren vom Kambrium bis ins Perm weit verbreitet. Ihre Größe schwankte zwischen 1 mm und 1 m. Der Name Trilobit oder Dreilappkrebs rührt von der Aufteilung des Körpers in drei Lappen her: in einen leicht gewölbten Zentrallappen (Achse) sowie in zwei flachere Flankenlappen auf beiden Seiten. Sie lassen sich auch in einen Kopfschild (Cephalon), Rumpfschild (Thorax) mit bis zu dreißig Segmenten und einen Schwanzschild (Pygidium) gliedern. Der zentrale Teil des Kopfschildes (Glabella) weist beidseitige Wangen und häufig auch gut entwickelte Augen auf. Jedem Segment des Rumpfschildes entsprangen Füße, die jedoch nur selten erhalten sind. Trilobiten konnten ihr Außenskelett zur passiven Verteidigung einrollen.

Ordnung Agnostida	Familie Agnostidae	Allgemeiner Name _

Acadagnostus

Kleiner, augenloser Trilobit mit nur zwei Segmenten, der sich gleichwohl ganz einrollen konnte. Er besitzt eine Furche, die den Bereich vor der Glabella unterteilt; eine ähnliche läßt sich auch am Schwanzschild beobachten. Kopf und Schwanz sind von gleicher Größe.

• Habitat Diese Gattung lebte im tiefen Wasser.

Typische Länge 8 mm

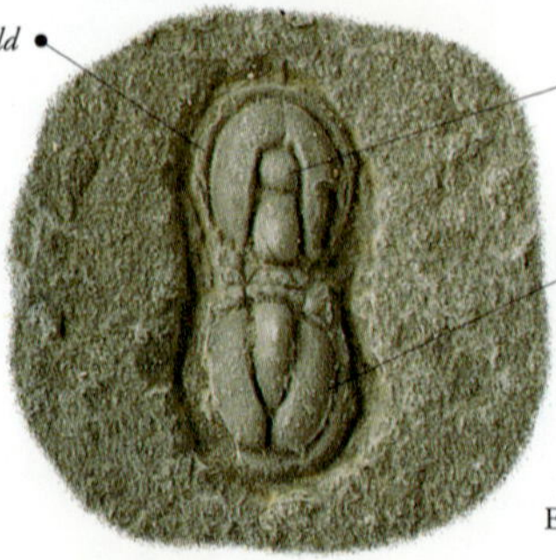

Acadagnostus exaratus (Grönwall); Menevian-Serie, Mittelkambrium, England

Reichweite M. Kambrium	Verbreitung NO-Amerika, Europa, Australien	Häufigkeit

Ordnung Redlichiida	Familie Olenellidae	Allgemeiner Name _

Olenellus

Dieser Trilobit besitzt einen kleinen Schwanz, einen großen Kopf und zahlreiche dornartige Rumpfsegmente, eines davon ist breiter als die anderen. Die Körperbreite verjüngt sich schrittweise nach hinten. Seitliche Gesichtsnähte, ein Merkmal der meisten Trilobiten, waren bei *Olenellus* noch nicht ausgebildet. Der Kopfschild wird von einem engen, bis zu den Wangenstacheln weiterziehenden Rand umgeben. Die Haut des Außenskeletts ist sehr dünn.

• Habitat Dieser eher träge Schwimmer lebte in der Nähe des Meeresbodens.

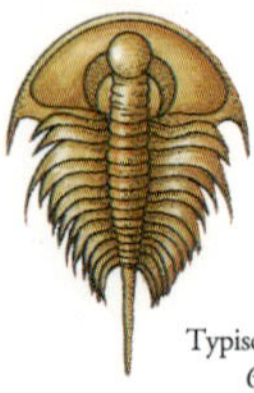

Typische Länge 6 cm

Olenellus thomsoni Hall; Olenellus-Serien, Unterkambrium, USA

Reichweite Unterkambrium	Verbreitung Schottland, Nordamerika	Häufigkeit

Ordnung PTYCHOPARIIDA	Familie Olenidae	Allgemeiner Name _

TRIARTHRUS

Das Außenskelett dieser Form ist doppelt so lang wie breit. Dieser Trilobit besitzt einen großen Kopfschild und einen kleinen Schwanz. Wangenstacheln fehlen, die Glabella wird aber von zwei Paar Furchen geteilt.

• HABITAT *Triarthrus* lebte auf oder nahe dem Meeresboden.

• ANMERKUNG Eines der seltenen Stücke, an dem noch Abdrücke der Beine erhalten sind. Sie sind deshalb sichtbar, weil sie im frühen Stadium der Einbettung durch eine hauchdünne Lage Pyrit ersetzt wurden, der nach dem Zerfall der Weichteile erhalten geblieben ist.

Typische Länge 3 cm

Triarthrus eatoni (Hall); Utica-Schieferton, Ordovizium, USA

Reichweite U. Kambrium	Verbreitung Weltweit	Häufigkeit

Ordnung REDLICHIIDA	Familie Paradoxididae	Allgemeiner Name _

PARADOXIDES

Dieser Trilobit war größer als jede andere Art des Kambriums, die größten Individuen erreichten wohl 1 m Länge. *Paradoxides* hat einen breiten Kopf, einen schmalen Schwanz und einen langen, sich langsam verjüngenden Rumpf, dem während des Wachstums zahlreiche Segmente angefügt wurden. Die Augen sind gut entwickelt, der Frontallappen der Glabella ist aufgebläht, und die Spitzen der seitlichen Wangen sind zu langen Stacheln ausgezogen.

• HABITAT Dieser Trilobit lebte auf Schlammböden des Schelfbereichs.

Typische Länge 20 cm

Paradoxides bohemicus (Barrande); Skryje-Schichten, Mittelkambrium, Tschechische Republik

Reichweite M. Kambrium	Verbreitung Europa, USA, Nordafrika	Häufigkeit

Ordnung REDLICHIIDA	Familie Xystriduridae	Allgemeiner Name –

XYSTRIDURA

Dieser Trilobit hat eine ovale Körperform. Der Kopf ist doppelt so breit wie lang und trägt große Augen und eine stark gefurchte Glabella. Der Winkel zwischen den Wangen ist deutlich, kurze Wangenstacheln sind vorhanden. Der Rumpf ist in dreizehn Segmente geteilt, die Achse ist schmaler als die tiefgefurchten Seitenlappen. Der Schwanzschild zeigt ebenfalls Furchen, und am Hinterende sitzen Dornen.
• HABITAT *Xystridura* lebte auf oder nahe dem Meeresboden.

Xystridura saint-smithii (Chapman); Mittelkambrium, Australien

Typische Länge 6 cm

Reichweite M. Kambrium	Verbreitung Australien	Häufigkeit

Ordnung ASAPHIDA	Familie Trinucleidae	Allgemeiner Name –

ONNIA

Diese Form ist breiter als lang. Die konvexe Kopfregion ist von einem grubenbesetzten Rand umgeben; die regelmäßige Anordnung der Grübchen ist für diese Gattung typisch. Der Rumpf wird von sechs engen Segmenten gebildet, gefolgt von einem furchenlosen, dreieckigen Schwanzschild. Die enge Zentralachse verläuft fast bis an den Rand.
• HABITAT *Onnia* lebte eingegraben im Meeresbodensediment.

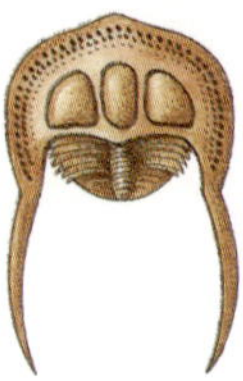

Typische Länge 3 cm

Onnia superba (Bancroft); Caradoc-Serien, Ordovizium, England

Reichweite M.–O. Ordovizium	Verbreitung Europa, Nordafrika	Häufigkeit

Ordnung PHACOPIDA	Familie Cheiruridae	Allgemeiner Name _

KTENOURA

Diese Form hat einen länglichen Körper mit elf Rumpfsegmenten. Die Gesichtsnähte sind in den seitlichen Rand des Kopfes eingetieft. Wangen und Seitenlappen sind eher schmal, die Augen liegen seitlich hinter der Glabella; letztere ist konvex und nach vorne hin verbreitert. Die kompliziert ineinandergeschachtelten Segmente erlaubten eine vollständige Einrollung. Der Schwanzschild ist ziemlich groß und trägt drei Paar lange, rückwärts gebogene Randstacheln.

• HABITAT Diese Form war ein typischer Bewohner des Schelfs.

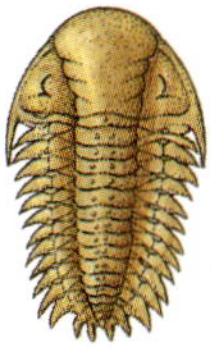

Typische Länge 5 cm

Ktenoura retrospinosa Lane; Wenlock-Serien, Silur, England

Reichweite U. Ordovizium–Silur	Verbreitung Weltweit	Häufigkeit ◉

Ordnung PHACOPIDA	Familie Cheiruridae	Allgemeiner Name _

SPHAEREXOCHUS

Das konvexe und längliche Außenskelett dieser Form weist eine dicke, calcitische Haut auf. Der erhabene zentrale Lappen ist stark konvex, die aufgeblähte Glabella nimmt den Hauptteil des Kopfes ein. Die Wangenstacheln sind reduziert. Der Thorax besitzt elf Segmente mit stacheligen Seitenspitzen, die nach unten gebogen sind. Der kurze Schwanzschild ist ebenfalls stachelig.

• HABITAT *Sphaerexochus* lebte wahrscheinlich in ziemlich flachem Wasser in der Umgebung von Riffen.

• ANMERKUNG Diese Gattung ist häufig in oberordovizischen und silurischen Kalken zu finden.

Typische Länge 3 cm

Sphaerexochus mirus Beyrich; Wenlockkalke, Silur, England

Reichweite Ordovizium–Silur	Verbreitung Weltweit	Häufigkeit ◉◉◉

Ordnung ODONTOPLEURIDA	Familie Odontopleuridae	Allgemeiner Name _

SELENOPELTIS

Diese Gattung besitzt ein im Verhältnis zu Schwanz und Kopf breites Außenskelett. Die breite Glabella weist komplizierte Furchen und ein aufgeblähtes Zentrum auf. Die Wangenstacheln sind lang, und die Seitenlappen sind in verlängerte, nach hinten gebogene Stacheln ausgezogen. Am Schwanzende befinden sich ebenfalls leicht gekrümmte Stacheln.
• HABITAT *Selenopeltis* lebte möglicherweise freischwebend im Ozean.

Selenopeltis buchi Barrande; Sarká-Formation, Ordovizium, Tschechische Republik

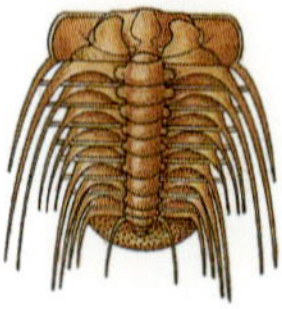

Typische Länge 3,5 cm

Reichweite U.–M. Ordovizium	Verbreitung Europa, Nordafrika	Häufigkeit ●●

Ordnung PHACOPIDA	Familie Phacopidae	Allgemeiner Name _

PHACOPS

Dieser Trilobit trägt eine konvexe, nach vorne verlängerte Glabella. Die großen Augen weisen weniger Linsen auf als sonst, was möglicherweise zu einer verbesserten Sicht führte. Der Thorax besitzt zwölf Segmente, die seitlich angebrachten Facetten erlaubten ein vollständiges Einrollen. Der tiefgefurchte Schwanz ist kleiner als der Kopf. Das dicke Außenskelett trägt eine Skulptur mit Noppen.
• HABITAT *Phacops* lebte im warmen Flachwasser.

EINGEROLLTES EXEMPLAR

Phacops africanus Burton & Eldregde; Schelfkalke, Devon, Westsahara

Typische Länge 4,5 cm

Reichweite Devon	Verbreitung Weltweit	Häufigkeit ●●●●●

Ordnung PHACOPIDA	Familie Calymenidae	Allgemeiner Name _

CALYMENE

Konvexes Außenskelett, Seitenlappen sind nach unten gebogen, der Schwanzschild ist wesentlich kleiner als der Kopfschild. Die kleinen Augen sitzen in der Nähe der tief gefurchten Glabella.

• HABITAT War ein träger Schwimmer und krabbelte wahrscheinlich am Meeresboden umher.

• ANMERKUNG Im 19. Jahrhundert wurde diese Form von britischen Minenarbeitern „Dudley-Heuschrecke" genannt.

Calymene blumenbachii (Brongniart); Wenlockkalke, Silur, England

Typische Länge 7 cm

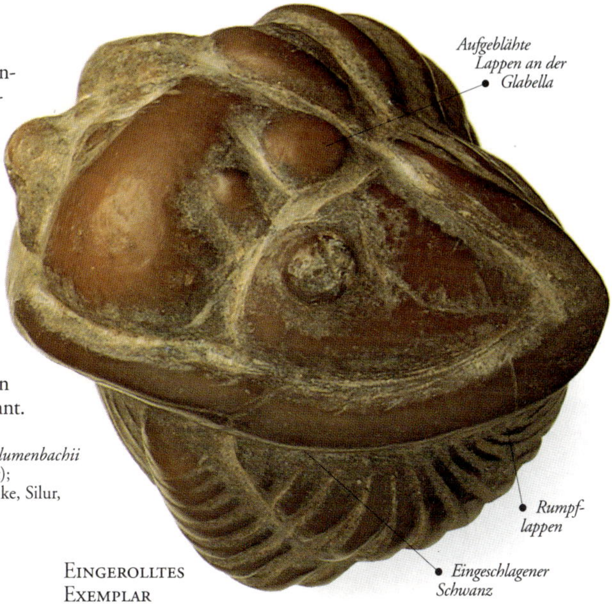

EINGEROLLTES EXEMPLAR

Reichweite U. Ordovizium–Silur	Verbreitung Weltweit	Häufigkeit ●●●●

Ordnung ODONTOPLEURIDA	Familie Odontopleuridae	Allgemeiner Name _

LEONASPIS

Leonaspis hat einen nach hinten gezogenen, breiten Kopf mit außergewöhnlich dicken Stacheln. Die Augen sind klein und leicht erhöht. Die zehn Rumpfsegmente besitzen gerade Furchen, die breiten Seitenlappen tragen dicke Stacheln. Der Schwanzschild ist klein und stachelig.

• HABITAT Am Boden lebend; die Stacheln schützten vor Feinden.

• ANMERKUNG Dieser Trilobit besitzt eine außerordentliche stratigraphische Reichweite.

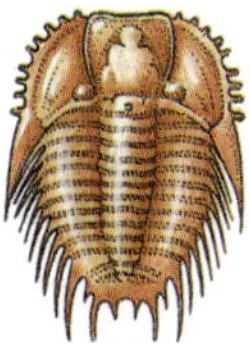

Typische Länge 1,5 cm

Leonaspis coronata (Salter); Wenlockkalke, Silur, England

Reichweite Silur–Devon	Verbreitung Weltweit	Häufigkeit ●●●

Ordnung PHACOPIDA	Familie Dalmanitidae	Allgemeiner Name _

HUNTONIA

Das Außenskelett von *Huntonia* ist zwei Drittel so breit wie lang. Am Vorderende des Kopfschildes befindet sich eine für diese Gattung typische Schnauze, während sein Ende kräftig entwickelte Wangenstacheln zieren. Die sehr großen Augen sind leicht gekrümmt und weisen große Linsen auf. Die Glabella ist nach vorne gezogen und zeigt drei tiefe Furchen, wobei das vorderste Paar nach hinten weist. Der große, dreieckige Schwanzschild besitzt zahlreiche Segmente und eine scharfe Spitze.

• HABITAT Dieser am Boden lebende Trilobit war wohl sehr aktiv, besaß gut entwickelte Augen und lebte wahrscheinlich räuberisch.

Typische Länge 3 cm

Huntonia huntoni Campbell; Haragan-Formation, Devon, USA

Reichweite Devon	Verbreitung Nordamerika	Häufigkeit ֍֍֍֍

Ordnung PHACOPIDA	Familie Encrinuridae	Allgemeiner Name _

ENCRINURUS

Kopfschild mit großen Noppen, besitzt kurze Wangenstacheln und trägt gestielte Augen. Der relative lange Schwanzschild weist in der Achse mehr Segmente auf als der Rumpf.

• HABITAT Lebte im flachen Wasser des silurischen Ozeans.

• ANMERKUNG *Encrinurus* wird auch als der Trilobit mit dem „Erdbeerenkopf" bezeichnet, da er gut sichtbare Noppen auf dem Kopfschild trägt.

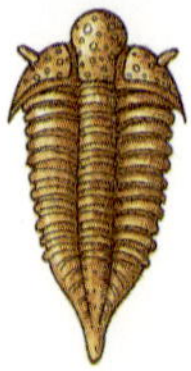

Typische Länge 6 cm

Encrinurus variolaris Brongniart; Wenlockkalke, Silur, England

Reichweite U. Ordovizium–Silur	Verbreitung Weltweit	Häufigkeit ֍֍֍

Ordnung Odontopleurida	Familie Acidaspidae	Allgemeiner Name _

Acidaspis

Acidaspis hat ein breites Außenskelett mit außergewöhnlich langen Wangenstacheln. Die Glabellarfurchen heben die geschwollenen Seitenlappen hervor. Die kleinen Augen sitzen am hinteren Ende, der Kopf ist mit feinen Knötchen besetzt, und den Schildrand zieren feine Dornen. Die neun Rumpfsegmente sind schmal und tragen Stacheln, die nach unten länger werden. Das Schwanzende ist ebenfalls mit Stacheln besetzt.

• Habitat Lebte im offenen Schelf und in der Nähe von Riffen.

• Anmerkung Die verlängerten Stacheln dienten wohl zum Schutz.

Typische Länge
1 cm

Acidaspis roemeri Barrande; Silurische Tonschiefer, Tschechische Republik

Reichweite Ordovizium–Devon	Verbreitung Weltweit	Häufigkeit

Ordnung Phacopida	Familie Phacopidae	Allgemeiner Name _

Trimerocephalus

Als Arthropoden mußten sich Trilobiten während der Wachstumsphase immer wieder häuten. Leere Hüllen (Exuvien) von *Trimerocephalus* sind recht häufig erhalten. Sie lassen sich als Häutungsreste erkennen, wenn alle Teile des Außenskeletts zwar vorhanden sind, aber nur als einzelne Teile eingebettet sind; häufig liegt dabei der Kopfschild verkehrt herum. Diese Gattung besitzt einen kurzen Kopfschild, Wangenstacheln und Augen fehlen; die Spitzen der breiten Seitenlappen sind nach unten gebogen.

• Habitat Lebte am Meeresboden.

• Anmerkung Diese Gattung ist typisch für devonische Tonschiefer.

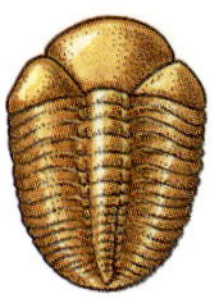

Typische Länge
3 cm

Trimerocephalus laevis Münster; Devonische Tonschiefer, Devon, England

Reichweite Devon	Verbreitung Weltweit	Häufigkeit

Ordnung PTYCHOPARIIDA	Familie Ptychopariidae	Allgemeiner Name _

ELRATHIA

Elrathia hat einen zum Rumpf vergleichsweise kleinen Kopf. Die kleine Glabella ist blumentopfförmig, trägt kleine, zentrale Augen und kurze, dreieckige Wangenstacheln. Der schmalen Zentralspindel entlang sind dreizehn Segmente mit breiten Lappen angeordnet, die kurze, dornige Enden aufweisen. Der Schwanzschild ist doppelt so breit wie lang und hat eine deutliche Mittelachse.

• HABITAT Diese Form lebte in Schwärmen im äußeren Schelfbereich.

• ANMERKUNG Eine der wenigen Arten, die kommerziell geschürft und häufig zum Kauf angeboten werden.

Typische Länge 2 cm

Elrathia kingii (Meek); Wheeler-Tonschiefer, Mittelkambrium, USA

Reichweite M. Kambrium	Verbreitung Nordamerika	Häufigkeit

Ordnung CORYNEXOCHIDA	Familie Ogygopsidae	Allgemeiner Name _

OGYGOPSIS

Der Umriß dieser Gattung ist oval und leicht konvex, die Spindel verjüngt sich nach hinten. Die nahezu rechteckige Glabella reicht nahe an den Rand des Kopfes, trägt zentrale, mittelgroße Augen und dreieckige Wangen. Der Rumpf ist in acht Segmente gegliedert, die Seitenlappen sind tief gefurcht. Der Schwanzschild ist für einen kambrischen Trilobiten ungewöhnlich groß, er ist sogar länger als der Kopfschild. Die Seitenlappen des Schwanzes tragen ebenfalls tiefe Furchen.

• HABITAT *Ogygopsis* lebte am Boden der Schelfmeere.

Typische Länge 8 cm

Ogygopsis klotzi; Stephen-Gruppe, Mittleres Kambrium, Kanada

Reichweite M. Kambrium	Verbreitung Nordamerika, Sibirien	Häufigkeit

Ordnung Corynexochida	Familie Scutelluidae	Allgemeiner Name _

Paralejurus

Paralejurus weist einen stark konvexen und nahezu halbkreisförmigen Kopfschild auf. Die schwachen Rumpffurchen lassen Glabella und Glabellarfurchen kaum in Erscheinung treten. Wangenstacheln fehlen, und die Augen sitzen am hinteren Ende des Kopfes. Der Rumpf ist in zehn Segmente gegliedert, die Spindel ist kaum von den Seitenlappen abgehoben. Der große, fächerartige Schwanzschild trägt nur eine kurze Spindel.

- Habitat Dieser Trilobit lebte in warmen Schelfmeeren.
- Anmerkung Eine Gattung, die ab und zu in Flachwasserkalken anzutreffen ist.

Paralejurus sp.; Taburight, Devon, Marokko

Typische Länge 10 cm

Teilweise eingerolltes Exemplar

Reichweite Devon	Verbreitung Weltweit	Häufigkeit

Ordnung Proetida	Familie Cummingellidae	Allgemeiner Name _

Eocyphinium

Der größte Teil des konvexen Kopfschildes wird bei diesem Trilobiten durch die Glabella ausgefüllt; nur das erste Paar der Glabellarfurchen ist gut entwickelt. Der Rumpf ist in neun konvexe Segmente geteilt, und der Schwanzschild weist zahlreiche Spindel- und Seitenlappensegmente auf.

- Habitat Dieser relativ spät auftretende Trilobit lebte im flachen Wasser.

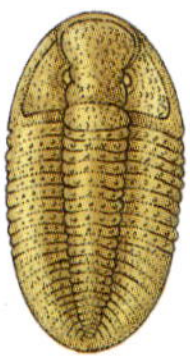

Eocyphinium seminiferum (Phillips); Rotten Stone, Unteres Karbon, England

Typische Länge 3 cm

Reichweite Karbon	Verbreitung Europa, Nordamerika	Häufigkeit

Krebstiere (Crustaceen)

Krebstiere sind mehrheitlich wasserbewohnende, räuberische Gliedertiere. Körper und Beine sind von einem chitinösen Stützpanzer umschlossen. Der Körper läßt sich in Kopf, Brust und Hinterleib gliedern, wobei Kopf und Brust zu einem sogenannten „Cephalothorax" verschmolzen sein können. Der Kopf besitzt zwei Paar Tastantennen und drei Beinpaare, die als Freßwerkzeuge dienen. Die Schreitbeine sind zweigeteilt und können teilweise zu atmungsfähigen Kiemen umgebildet sein. Das letzte Bauchsegment kann als stacheltragender, abgeflachter Schwanzfächer ausgebildet sein.

Ordnung Hymenostraca | Familie Hymenocarididae | Allgemeiner Name Garnele

Hymenocaris

Der ovale, glatte, zweiklappige Panzer umschließt die Brustregion, ist aber nicht mit ihr verwachsen. Der Thorax besitzt acht Segmente (Somite), wovon jedes ein Paar abgeflachte „Beine" birgt. Die Bauchregion ist in sieben Segmente aufgeteilt. Die Schwanzregion trägt drei Paar Stacheln, von denen das mittlere das längste ist und die äußersten seitwärts gekrümmt sind.

• Habitat *Hymenocaris* lebte im Flachmeer.

Typische Länge 6 cm

Hymenocaris vermicauda Salter; Tremadoc-Serien, Oberkambrium, England

Reichweite Kambrium–Ordov. | Verbreitung Europa, N.-Amerika, Australasien | Häufigkeit

Ordnung Thoracica | Familie Balanidae | Allgemeiner Name Seepocke

Balanus

Diese Seepocke mit der Form eines Kegelstumpfs besteht aus sechs kalkigen Platten und solidem Sockel. Die Platten sind hohlwandig, die Außenwände solide. Der Deckel (Operculum) besteht aus vier Platten und bildet die Öffnung für sechs Beinpaare (Zirren), die schwebende Nahrung sammeln.

• Habitat Seepocken leben an Felsküsten oder heften sich an Gegenstände, die im offenen Meer treiben.

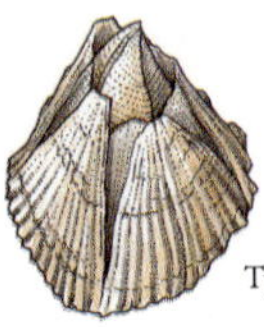
Typische Länge 1 cm

Balanus concavus Bronn; Coralline Crag, Pliozän, England

Reichweite Eozän–Rezent | Verbreitung Weltweit | Häufigkeit

Ordnung DECAPODA	Familie Carpiliidae	Allgemeiner Name Schlammkrabbe

PALAEOCARPILIUS

Der Rumpfpanzer von *Palaeocarpilius* ist eiförmig, besitzt eine langgezogene Vorderseite, ist längsseitig stark gerundet und erscheint im Querschnitt stark gebogen. Vorder- und Seitenränder sind mit Dornen besetzt, die Scheren sind kräftig, die rechte ist größer. Die Beine sind lang und kräftig. Bauchseitig ist das Vorderende gebogen, um sich mit der Platte vor dem Mundstück zu treffen.

• HABITAT Diese Gattung ist auf tropische Strände beschränkt.

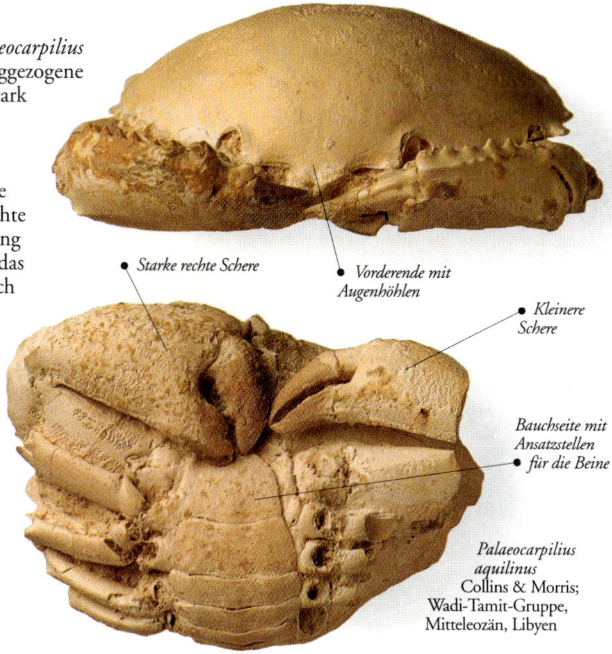

Palaeocarpilius aquilinus Collins & Morris; Wadi-Tamit-Gruppe, Mitteleozän, Libyen

Typische Länge 6 cm

Reichweite Eozän–Miozän	Verbreitung Europa, Afrika	Häufigkeit

Ordnung THORACICA	Familie Stramentidae	Allgemeiner Name (Gänse-)Seepocke

STRAMENTUM

Die gestielte *Stramentum* blieb, wie die meisten Rankenfüßer im Erwachsenenstadium, angeheftet. Sie ist aufgeteilt in ein „Capitulum", das den Körper, Mundwerkzeuge und die Brust mit Anhängen enthält, und den Stiel, der die Eierstöcke birgt. Das Capitulum, eigentlich Köpfchen, wird durch zehn Kalkplatten geschützt. Der Stiel wird von acht regelmäßig sich überlappenden Platten geschützt; jede besitzt ihre entsprechende Platte im Capitulum.

• HABITAT Diese Tiere waren häufig an leeren Gehäusen von Ammoniten, Muschelschalen oder Schnecken, die am Meeresboden lagen, angeheftet.

• ANMERKUNG Früher glaubte man, daß sich aus diesen Fossilien Gänse entwickeln würden.

Typische Länge 2 cm

Stramentum pulchellum (G. B. Sowerby); Middle Chalk, Oberkreide, England

Reichweite Kreide	Verbreitung Europa, Nordafrika, Nordamerika	Häufigkeit

Ordnung Podocopida	Familie Ilyocyprididae	Allgemeiner Name Muschelkrebs

Cyamocypris

Die zweiklappige Schale ist dünn, nahezu oval und besitzt einen verlängerten Rand. Der obere Rand ist fast gerade und die Unterseite leicht gekrümmt; auf der Hinterseite läuft sie mit dem oberen Rand zusammen. Die linke Klappe ist größer als die rechte und umgreift sie auf allen Seiten. Jede Klappe weist eine Kerbe an der Vorderseite auf; typisch auch der Vorsprung, auch Schnabel genannt, auf der Bauchseite. Die Oberfläche der Schalen kann Blasen oder Grübchen tragen, glatt oder auch gefurcht sein.

• Habitat *Cyamocypris* lebte im Süßwasser.

Typische Länge 0,5 mm

Cyamocypris valdensis (Fitton); Wealden-Schiefer, Unterkreide, England

Handstück mit zahlreichen Exemplaren

Gehäuse von Cyamocypris

Nahaufnahme

Reichweite U. Kreide	Verbreitung Europa	Häufigkeit

Ordnung Isopoda	Familie Nicht klassifiziert	Allgemeiner Name _

Cyclosphaeroma

Dieses Tier besitzt einen breitseitig gebogenen Körper mit einem schmalen, dreilappigen Kopf, der am seitlichen Rand große Augen trägt. Die Brustregion weist acht Segmente mit je einem Beinpaar auf. Fünf Segmente der Bauchregion sind zu einem großen, dreieckigen Schwanzstachel verschmolzen, der der Länge nach durch einen Kamm zweigeteilt wird. Kleine Einbuchtungen auf beiden Seiten dieses Schwanzfächers zeigen die Ansatzstelle für ein weiteres Beinpaar (Uropoden).

• Habitat *Cyclosphaeroma* lebte als Aasfresser und gelegentlicher Räuber vom Gezeitenbereich bis in gemäßigte Tiefen.

Typische Länge 5 mm

Negativer Abdruck

Brustsegmente

Dreieckiger Schwanzfächer

Positiver Abdruck

Cyclosphaeroma woodwardi Van Straelen; Purbeck-Schichten, Oberjura, England

Reichweite Jura	Verbreitung Europa	Häufigkeit

Ordnung Decapoda	Familie Eryonidae	Allgemeiner Name Stachelhummer

Eryon

Der Rumpfpanzer ist sechseckig, leicht gedrungen und mit scharfkantigen Seitenrändern versehen. Die eingebuchtete Vorderseite ist scharfrandig mit gut entwickelten Stielaugen. Die ersten vier Brustbeinpaare sind mit Scheren bestückt, das fünfte trägt eine Art Zange. Die längliche Bauchregion ist schmal und weist einen in der Mitte entlanglaufenden Kamm auf. Der Telson bildet mit den Uropoden zusammen einen Schwanzfächer.

• Habitat *Eryon* lebte im klaren Wasser ruhiger Küstenlagunen. Heute finden sich Vertreter dieser Familie nur noch in der Tiefsee.

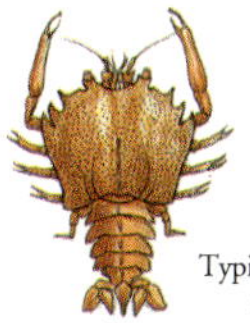

Typische Länge 12 cm

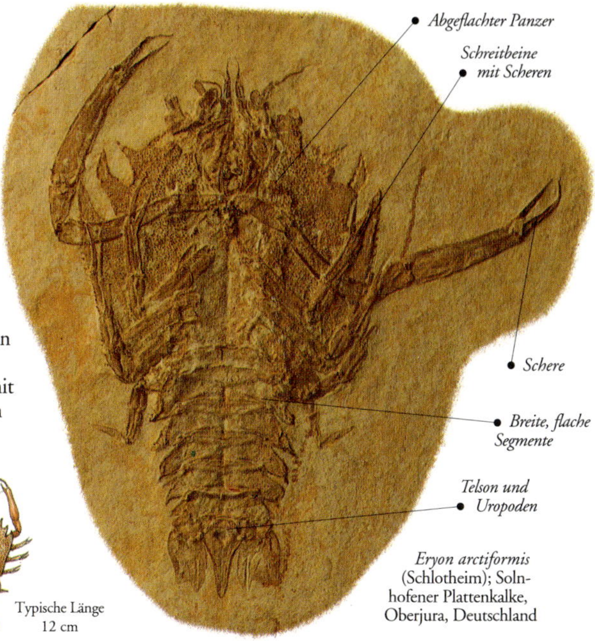

Eryon arctiformis (Schlotheim); Solnhofener Plattenkalke, Oberjura, Deutschland

Reichweite Jura–O. Kreide	Verbreitung Europa	Häufigkeit ֍

Ordnung Waterstonellidea	Familie Tealliocariidae	Allgemeiner Name Garnele

Tealliocaris

Der Panzer dieses Tieres ist längsseitig gefurcht und trägt deutliche Kiele auf beiden Seiten. Die Brustbeine sind verzweigt, das erste Paar weist nur ein Segment auf. Der Cephalothorax und der Bauchpanzer sind gleich lang; die Uropoden sind vom übrigen Schwanzteil getrennt.

• Habitat *Tealliocaris* lebte in Süßwassertümpeln nahe am Meer.

Tealliocaris woodwardi (Etheridge); Ölschiefer-Serien, Unterkarbon, England

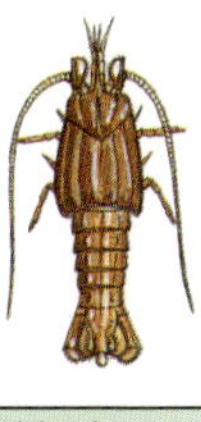

Typische Länge 5 cm

Reichweite U. Karbon	Verbreitung Europa	Häufigkeit ֍֍֍

Ordnung	Familie	Allgemeiner Name
DECAPODA	Penaeidae	Garnele

CARPOPENAEUS

Diese Garnele trägt einen kurzen, zylindrischen Panzer, der eine längsseitige Furche aufweist. Das Rostrum ragt über den Panzer hinaus und hat sieben bis acht Zähne auf der Oberseite, während die Unterseite mit einer fadenartigen Geißel versehen ist. Die Bauchsegmente überlappen sich, und der Schwanzstachel ist spindelförmig.

• HABITAT Diese Gattung lebte im Meer, wenngleich einige Arten aus dieser Familie auch im Brack- und Süßwasser gelebt haben dürften.

Carpopenaeus callirostris Glaessner; Oberkreide, Libanon

Typischer Durchmesser 3,5 cm

Reichweite	Verbreitung	Häufigkeit
O. Kreide	Libanon	

Ordnung	Familie	Allgemeiner Name
DECAPODA	Thalassinidae	Gespensterkrebs

THALASSINA

Thalassina weist einen zylindrischen Carapax mit einem langen Rostrum auf. Die ersten und zweiten Brustanhänge befinden sich unterhalb den Scheren. Der paarige Anhang des letzten Körpersegments ist ungeteilt.

• HABITAT *Thalassina* verbringt die meiste Zeit in ihrem Bau, daher werden diese Fossilien oft in verhärteten Grabgangfüllungen entdeckt.

ANSICHT VON UNTEN

Thalassina sauamifera De Man; Pleistozän, Australien

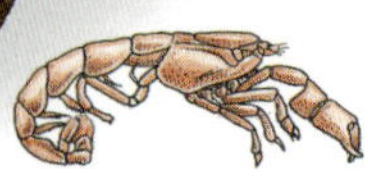

Typische Länge 12 cm

Reichweite	Verbreitung	Häufigkeit
Pleistozän–Rezent	Indopazifik	

Ordnung DECAPODA	Familie Palinuridae	Allgemeiner Name Bärenkrebs

LINUPARUS

Linuparus, der mit der Languste nahe verwandt ist, hat einen flachen Panzer ohne Rostrum, dafür aber drei längsseitige Kiele. Abgeflachte Stacheln finden sich bei den Augengruben und nahe der Mitte. Die Ansatzstelle der Antennen ist mit dem Mundfeld und dem Seitenrand verschmolzen. Scheren fehlen an den ersten vier Beinpaaren, nur Weibchen tragen am fünften eine Schere. Die Uropoden und die übrigen Schwanzsegmente bilden einen breiten Fächer.

• HABITAT Diese Gattung lebte im Flachwasser.

SEITENANSICHT

RÜCKENANSICHT

Linuparus eocenicus Woods; Londoner Ton, Untereozän, England

Typische Länge 20 cm

Reichweite U. Kreide–Rezent	Verbreitung Weltweit	Häufigkeit ⊛⊛

Ordnung DECAPODA	Familie Paguridae	Allgemeiner Name Einsiedlerkrebs

PAGURUS

Pagurus besitzt einen langen, leicht kalkigen Brustpanzer. Der Hinterleib, dem ein schützender Schild fehlt, ist entsprechend der äußeren Schale, worin er lebt (z. B. ein Schneckenhaus), spiralig gewunden. Der jeweils rechte Scherenfinger ist wesentlich stärker ausgebildet als der linke. Die Scheren können so eingezogen werden, daß sie die Gehäuseöffnung vollständig verschließen.

• HABITAT Diese Formen leben im flachen Wasser.

• ANMERKUNG Vollständige Exemplare sind selten, da ihr Panzer kaum Kalk enthält.

Typische Länge 3 cm

Pagurus sp.; Nga-Pari-Formation, Miozän, Neuseeland

Reichweite Jura–Rezent	Verbreitung Weltweit	Häufigkeit ⊛

Ordnung DECAPODA	Familie Portunidae	Allgemeiner Name Schwimmkrabbe

PORTUNITES

Der sechseckige Panzer ist etwas breiter als lang, am Vorderende weist er vier und am Seitenrand vier oder fünf Zähne auf. Die Schreitbeine sind so lang wie die vorderen Scheren, das fünfte Beinpaar ist nicht abgeflacht.

• HABITAT *Portunites* lebte im warmen Flachwasser.

Typische Länge 2 cm

Portunites stintoni Quayle; Londoner Ton, Untereozän, England

Reichweite Eozän–Miozän	Verbreitung Amerika, Europa, Australasien	Häufigkeit ֍֍

Ordnung DECAPODA	Familie Geryonidae	Allgemeiner Name Schlammkrabbe

ARCHAEOGERYON

Archaeogeryon hat einen sechseckigen Panzer. Die Augengruben sind von einem geraden Rand begrenzt und tragen drei bis fünf Dornfortsätze. Nach hinten ist der Panzerrand lange und gerade. Die massiven Zangen sind von unterschiedlicher Größe, die Schreitbeine stark entwickelt und das fünfte Paar stark abgeflacht, so daß man vermutet, daß diese Tiere schwimmen konnten. Der Bauchpanzer ist in sieben Segmente geteilt. Das Männchen weist einen dreieckigen Bauchpanzer auf.

• HABITAT Vermutlich eine räuberische Form im tieferen Wasser.

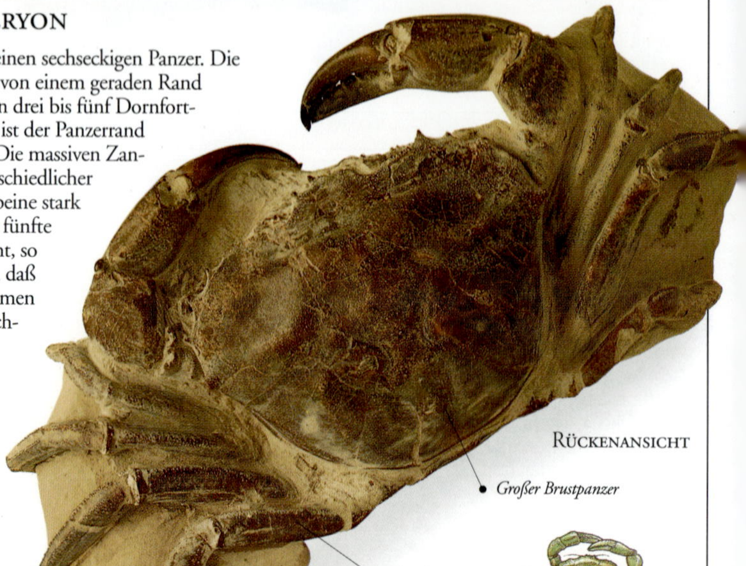

Archaeogeryon peruvianus (d'Orbigny); Santa-Cruz-Schichten, Miozän, Argentinien

Typische Länge 16 cm

Reichweite Miozän	Verbreitung Südamerika	Häufigkeit ֍

Chelicerata

Die Chelicerata oder „Klauenhörner“ schließen die Königskrabben, Spinnen und Skorpione ein. Ihre Körper lassen sich in Kopf, Brustschild und Hinterleib gliedern. Im Gegensatz zu den übrigen Arthropoden fehlen ihnen Antennen. Von den insgesamt sechs paarigen Fortsätzen ist das erste Paar als Freßscheren und das zweite Paar für verschiedene Funktionen (z. B. Fühler) ausgebildet. Die restlichen vier sind Schreitbeine.

Ordnung	Familie	Allgemeiner Name
Xiphosurida	Euproopidae	Meeresskorpion

Euproops

Ein schildförmiger Panzer bedeckt die Vorderseite dieses Meeresskorpions. Die Oberseite wird durch einen Kiel, der nahe bei den einfachen Augen liegt, in einen mittleren und zwei Seitenbereiche aufgeteilt. Der Bauchpanzer trägt sieben verschmolzene Segmente, die lange Dornen tragen. Das letzte Segment endet in einem Schwanzstachel (Telson).

• Habitat
Euproops lebte vermutlich im Brack- oder Süßwasser.

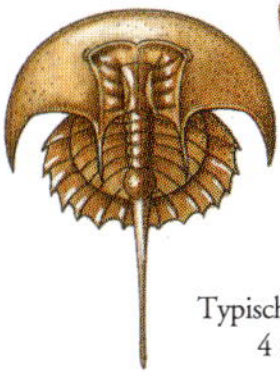

Typische Länge
4 cm

Euproops rotundatus (Prestwich); Middle Coal Measures, Oberkarbon, England

Reichweite	Verbreitung	Häufigkeit
Devon–Karbon	Nordamerika, Europa	

Ordnung	Familie	Allgemeiner Name
Eurypterida	Eurypteridae	Meeresskorpion

Paracarcinosoma

Der Körper dieser skorpionartigen Form, der aus einem quadratischen Kopf und sechs paarigen Körperanhängen besteht, steckt in einem chitinösen Außenskelett. Zwölf weitere Segmente und ein Schwanzstachel sind mit dem Kopf und untereinander verbunden. Unter dem Kopfschild sind sechs paarige Anhänge angebracht: das erste Paar mit Klauen, das zweite bis fünfte sind Schreitbeine; das sechste ist als Paddel ausgebildet.

• Habitat
Ursprünglich im Meer auftretend, später im Brack- und Süßwasser.

Paracarcinosoma obesa (Woodward); Ludlow-Serien, Silur, England

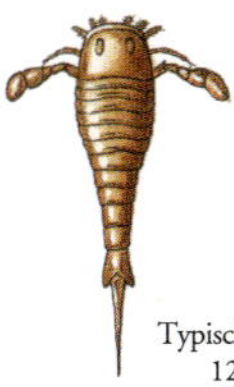

Typische Länge
12 cm

Reichweite	Verbreitung	Häufigkeit
Silur	Europa, Nordamerika, Asien	

Ordnung LIMULIDA	Familie Mesolimulidae	Allgemeiner Name Pfeilschwanzkrebs

MESOLIMULUS

Dieser Chelicerat ist Vorfahre der heutigen Pfeilschwanzkrebse. Die Panzeroberseite ist glatt mit Ausnahme eines zentralen Kamms und zwei längsverlaufenden Kielen. Die Augen sind klein und stehen weit auseinander und liegen knapp außerhalb der Längskiele. Der Bauchpanzer ist segmentlos, hat dafür aber sechs kurze, randständige Stacheln. Er ist mit dem Brustpanzer und dem Schwanzteil, der einen langen Stachel trägt, über Gelenke verbunden.

• HABITAT Rezente Pfeilschwanzkrebse sind heute entlang der Ostküste der USA, im Indischen Ozean und in Südostasien recht häufig. Sie vertragen starke Salinitätsschwankungen und unternehmen große Wanderungen, um ihre Eier in untiefen Gezeitengebiete abzulegen. Sie sind Allesfresser, die sich von Seegras, toten Fischen und kleinen Krebsen ernähren.

Typische Länge 12 cm

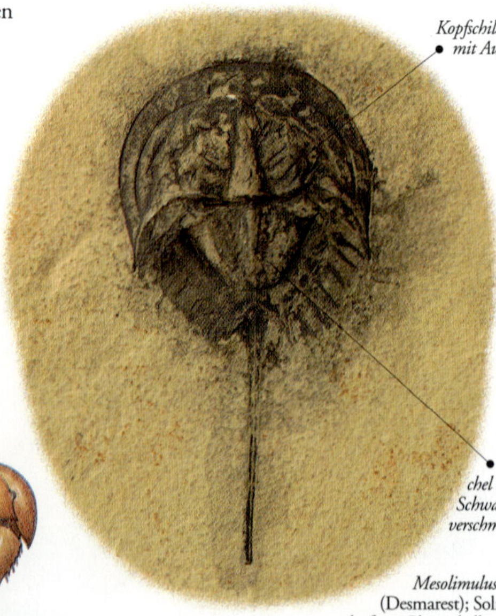

Mesolimulus walchii (Desmarest); Solnhofener Plattenkalk, Oberjura, Deutschland

Reichweite Jura–Kreide	Verbreitung Europa, Mittlerer Osten	Häufigkeit ✺✺

Ordnung SCORPIONIDA	Familie Paraisobuthidae	Allgemeiner Name Wasserskorpion

PARAISOBUTHUS

Dieser im Wasser lebende Skorpion besitzt einen in zwei Lappen aufgeteilten Bauchpanzer. Die ersten beiden Glieder der Beine sind bei den ersten zwei Beinpaaren als breite Kiefer, die der Nahrungszerkleinerung dienen, ausgebildet. Der Panzer ist leicht rechteckig und wird von einer tiefen Rinne in zwei Wangen geteilt. Der endständige Stachel ist dem der heutigen landlebenden Skorpione sehr ähnlich.

• HABITAT *Paraisobuthus* lebte zwar die meiste Zeit im Wasser, konnte sich aber auch für kurze Zeit an Land aufhalten. Sie waren wohl, wie ihre modernen Verwandten, fleischfressend. Der Stachel diente sowohl zum Angriff wie auch zur Verteidigung.

Paraisobuthus prantli Kjellesvig-Waering; Radnice-Gruppe, Oberkarbon, Tschechische Republik

Typische Länge 7 cm

Reichweite O. Karbon	Verbreitung Nordamerika, Europa	Häufigkeit ✺

Ordnung	Familie	Allgemeiner Name
Phrynichida	Phrynichidae	Spinne

Graeophonus

Diese Gattung, die den Spinnen nahe steht, besitzt einen ungeteilten Panzer mit einem deutlichen Frontalfortsatz. Ein Augenpaar sitzt auf klar abgesetzten, knopfartigen Vorsprüngen. Am Vorderende befinden sich ein Paar tastende Freßzangen und ein erstes Schreitbeinpaar, das zum Greifen der Beute umgebildet ist. Der Bauchpanzer weist zwölf Segmente auf, die gegliederten Beine gleichen denen moderner Spinnen.

• Habitat *Graeophonus* lebte im flachen Wasser von Sümpfen, Deltas und Lagunen.

Ansicht von oben

Graeophonus analicus Pocock; Coal Measures, Oberkarbon, England

Typische Länge 1,5 cm

Reichweite	Verbreitung	Häufigkeit
Oberkarbon	Europa, Nordamerika	

Ordnung	Familie	Allgemeiner Name
Araneida	Pisauridae	Spinne

Dolomedes

Der Cephalothorax dieser echten Spinne ist etwas länger als breit und in der Nähe der Augen konvex hochgezogen. In zwei Reihen stehend, fallen die Augen der hinteren Reihe etwas größer aus. Die gut ausgebildeten Beine sind alle, mit Ausnahme des etwas kürzeren dritten Paares, gleich lang.

• Habitat Lebte an stehenden Gewässern und huschte über die Wasseroberfläche, um Beute zu fangen.

Dolomedes sp.; Kauri Gum, Pleistozän, Neuseeland

In Bernstein eingeschlossene Spinne

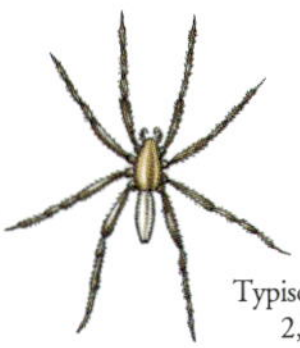

Typische Länge 2,5 cm

Reichweite	Verbreitung	Häufigkeit
Pleistozän–Rezent	Weltweit	

INSEKTEN

INSEKTEN SIND auf dem Land und im Süßwasser lebende Gliedertiere mit dem größten Artenreichtum aller Tierstämme. Der Körper ist in Kopf, Brust und Hinterleib geteilt, wobei der Brustteil drei Paar Schreitbeine trägt. Nur die ersten im Devon auftretenden Insekten waren flügellos, die meisten anderen besitzen Flügel. Im späten Karbon eroberte diese Gruppe als erste den Luftraum. Viele Insektenarten durchleben eine Metamorphose mit einer Puppe als Ruhestadium.

Ordnung ODONATA	Familie Petaluridae	Allgemeiner Name Libelle

PETALURA

Diese Libelle trägt vier stark geäderte Flügel. Der Körper ist lang und schlank.

• HABITAT Die Larvenform (Nymphen) lebte im Süßwasser, ernährte sich von anderen Wassertieren, während die erwachsenen Fluginsekten in der Nähe von Gewässern jagten.

• ANMERKUNG Die rechts gezeigte, rekonstruierte Art ist eine echte Libelle, ihre Verwandtschaft mit der heutigen Gattung *Petalura* ist jedoch unklar.

Petalura sp.; Solnhofener Plattenkalke, Oberjura, Deutschland

Typische Länge 2 cm

Reichweite Jura–Rezent	Verbreitung Europa, Australasien	Häufigkeit ❂❂

Ordnung BLATTODEA	Familie Archimylachridae	Allgemeiner Name Schabe

ARCHIMYLACRIS

Archimylacris war eine frühe, landlebende Schabe mit gefalteten Flügeln, einem großen Kopfschild und verstärkten Vorderflügeln.

• HABITAT *Archimylacris* lebte in warmen, feuchten Wäldern und war ein Allesfresser mit Vorliebe für Aas.

• ANMERKUNG Im vorliegenden Stück sind die Flügel erhalten. Diese hervorragende Erhaltung läßt erkennen, daß es sich um ein erwachsenes Tier handelt; Jugendstadien besitzen noch nicht voll entwickelte Flügel.

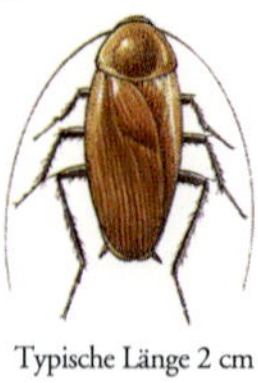

Typische Länge 2 cm

Archimylacris eggintoni (Bolton); Coal Measures, Oberkarbon, England

Reichweite O. Karbon	Verbreitung Europa, Nordamerika	Häufigkeit ❂❂❂

Ordnung Plecoptera	Familie Mesoleuctridae	Allgemeiner Name Steinfliege

Mesoleuctra

Mesoleuctra war eine schlanke, wasserlebende Nymphe, die ausgewachsenen Tiere lebten auf dem Land und besaßen gefaltete Flügel. Sie hatte zwei Schwanzspitzen und vier Flügelpolster.

- Habitat Diese Insekten lebten zwischen Steinen und Blätterwerk bei Bächen, Flüssen und Seen. Ihre Nahrung bestand aus kleinen Pflanzen (z. B. Flechten und winzige Algen). Heute sind Steinfliegenlarven Nahrung für Süßwasserfische.
- Anmerkung Dieses Exemplar wurde wahrscheinlich schnell von Seeablagerungen begraben, nur so konnten die feinen Beinstrukturen erhalten bleiben. Versteinerte Wasserinsekten sind selten. Häufiger sind Seeablagerungen, die vom Wind eingewehte Landinsekten enthalten.

Typische Länge 2 cm

Mesoleuctra gracilis Brauer, Redtenbacher & Ganglbauer; Seeton, Jura, Rußland

Reichweite U. Jura–Rezent	Verbreitung Asien	Häufigkeit ●●●

Ordnung Coleoptera	Familie Hydrophilidae	Allgemeiner Name Wasserkäfer

Hydrophilus

Im Erwachsenenstadium sind bei *Hydrophilus* die Vorderflügel in Hinterflügeltaschen (Elytra) umgebildet. Zusammen mit den Bauchhaaren speichern diese Luft und dienen als Sauerstofftank unter Wasser.

- Habitat Junge und alte Tiere lebten im Süßwasser. Letztere fraßen pflanzliche und tierische Nahrung, die Larven hingegen waren räuberisch.
- Anmerkung Dieses Exemplar ist in Naturasphalt eingebettet, der in einen See eines sandigen Feuchtgebiets eindrang. Solche Teergruben haben eine Vielzahl pleistozäner Tiere, z. B. Mammuts und Säbelzahntiger, überliefert.

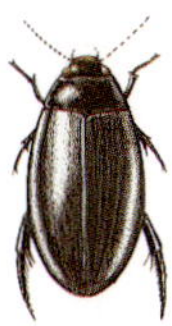

Typische Länge 2 cm

Hydrophilus sp.; Pleistozän, Teersande, USA

Reichweite Pliozän–Rezent	Verbreitung Nordamerika, Europa	Häufigkeit ●●●●●

Ordnung Coleoptera	Familie Tenebrionidae	Allgemeiner Name Käfer

Blapsium

Dieser Käfer hat gefaltete Flügel mit grobskulpturierten Hinterflügeltaschen (s. *Hydrophilus* Seite 77). Die ersten Segmente der hinteren Beine unterteilen die erste Bauchplatte nicht. Die Coxae, die ersten Beinsegmente, die mit Muskeln an der Brust ansetzen, fielen heraus und haben kleine Höhlen hinterlassen.

- Habitat *Blapsium,* ein Aasfresser, ernährte sich von allem möglichen und lebte in Meeresnähe. Häufig wird er zusammen mit Schalen von Meerestieren gefunden.
- Anmerkung Der Stonesfield-Schiefer ist für seine Fossilien berühmt: Er enthält Meerestiere, Landbewohner und Pflanzen, die ins Meer gespült wurden.

Blapsium egertoni Westwood; Stonesfield-Schiefer, Mittlerer Jura, England

Typische Länge 2 cm

Reichweite Jura	Verbreitung Europa	Häufigkeit

Ordnung Diptera	Familie Bibionidae	Allgemeiner Name Märzfliege

Bibio

Dieses Insekt besitzt nur ein (vorderes) Flügelpaar, die Hinterflügel sind als Gleichgewichtsorgane ausgebildet – ein charakteristisches Merkmal der Fliegen. Die Vorderflügel zeigen ein reduziertes Flügelnetz und weisen weniger Pigmentflecken auf.

- Habitat Märzfliegen bevölkern das Grasland, wo sie im Frühling (daher der Name) auf Pflanzen anzutreffen sind.

Bibio maculatus Heer; Miozän, Kroatien

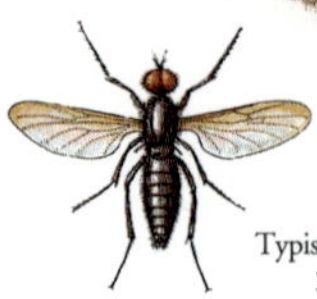

Typische Länge 2 cm

Reichweite Pliozän–Rezent	Verbreitung Europa	Häufigkeit

Armfüsser (Brachiopoden)

Von den Brachiopoden, einer einst sehr artenreichen Gruppe, sind heute nur noch wenige Gattungen übriggeblieben. Fossil liegt allerdings ein Fundus von mehr als 3000 Gattungen vor, und in vielen paläozoischen Sedimenten bilden sie den Hauptanteil der Fauna. Der Weichkörper wird von zwei kalkigen Klappen geschützt: Die Stielklappe liegt auf der Bauchseite, die kleinere Armklappe bildet die Rückenseite. Am hinteren Ende der Stielklappe befindet sich häufig ein fleischiger Stiel, mit dem sich das Tier im Meeresboden verankert. Armfüßer werden in zwei Hauptgruppen, in die scharniertragenden Articulata und die scharnierlosen Inarticulata untergliedert.

Ordnung Lingulida	Familie Lingulidae	Allgemeiner Name _

Lingula

Diese inartikulate Brachiopode besitzt zwei konvexe, zungenförmige Schalen. Der Schnabel der Stielklappe enthält eine dreieckige Grube für den Stiel. Im Innern der Schale finden wir weder Zähne noch Grübchen. Die Schale ist lediglich mit feinen Wachstumslinien verziert.

• Habitat Ähnlich den heutigen Linguliden lebte *Lingula* in senkrechten Bauten im Sand der Gezeitenzone eingegraben.

• Anmerkung Dieses „lebende Fossil“ hat sich während 400 Millionen Jahren kaum verändert.

Typische Länge 1,5 cm

Lingula gredneri Greinitz; Marl-Slate-Formation, Perm, England

Reichweite Ordovizium–Rezent	Verbreitung Weltweit	Häufigkeit ❂❂❂❂❂

Ordnung Orthida	Familie Plectorthidae	Allgemeiner Name _

Platystrophia

Die Schale von *Platystrophia* ist nahezu rechteckig und besteht aus stark konvexen mittelgroßen Klappen. Die größte Schalendicke liegt entlang der Schloßlinie, welche manchmal leicht ausgezogen ist und scharfe Ohren (Aurikel) bildet. Auf der Stielklappe findet sich eine deutliche Furche (Sulcus), die auf der Armklappe als Falte in Erscheinung tritt. Am Vorderende, wo die beiden Klappen aufeinandertreffen, ist die Schale stark gefaltet. Zahlreiche scharfkantige Rippen verlaufen strahlenförmig zum Schalenrand.

• Habitat *Platystrophia* war mit einem kurzen Stiel an Kalkschlamm und sandigen Böden angeheftet.

Platystrophia biforata (Schlotheim); Hudson-River-Gruppe, Ordovizium, USA

Typische Länge 4 cm

Reichweite Ordovizium	Verbreitung Weltweit	Häufigkeit ❂❂❂❂

Ordnung ORTHIDA	Familie Dicoelosiidae	Allgemeiner Name _

DICOELOSIA

Die Schale dieses Armfüßers besitzt einen typischen, nahezu dreieckigen Umriß. Die Stielklappe ist stark konvex, die Armklappe etwas weniger stark. Beide Klappen weisen einen tiefen Sulcus auf, während die Stielklappe einen stark einwärts verlaufenden Schnabel zeigt. Der Schloßrand ist unterschiedlich breit, gesamthaft aber schmal. Die Fläche zwischen den Klappen ist mittelgroß und weist eine offene Rille für die Aufnahme des Stiels auf. Viele Rippen verlaufen bis an den Schalenrand.
• HABITAT Lebte auf Bryozoen und anderen Schalenfragmenten im flacheren bis mitteltiefen Wasser.

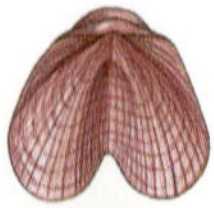

Typische Länge 1,5 cm

Dicoelosia bilobata (Linné); Wenlockkalke, Silur, England

Reichweite Ordovizium–Devon	Verbreitung Weltweit	Häufigkeit

Ordnung STROPHOMENIDA	Familie Leptanidae	Allgemeiner Name _

LEPTAENA

Diese schloßtragende Brachiopode hat einen halbkreisförmigen Umriß, abgesetzte Ohren und einen nahezu geraden Schloßrand. Die Armklappe ist flach, die Stielklappe hingegen leicht konvex, mit Ausnahme des Vorderrandes, an dem beide Klappen fast rechtwinklig abstehen. Ihre Oberfläche besteht aus zahlreichen feinen, gebündelten Rippen und konzentrisch verlaufenden Runzeln (Rugae).
• HABITAT *Leptaena* lag am Meeresboden, die Stielklappe bodenwärts gerichtet. Der nach oben zeigende vordere Rand ragte aus dem Sediment heraus, wobei die Armklappe fast vollständig eingegraben war.
• ANMERKUNG Man nimmt an, daß die konzentrischen Rugae zur Stabilisierung der Schale im weichen Untergrund diente. Leptaena kommt häufig in feinkörnigen Kalkschiefern vor, wobei die beiden Schalen aber selten im Verband erhalten sind.

Typische Länge 4 cm

Leptaena sp.; Longhope-Formation, Silur, USA

Reichweite Ordovizium	Verbreitung Weltweit	Häufigkeit

Ordnung STROPHOMENIDA	Familie Productidae	Allgemeiner Name _

PRODUCTUS

Die Armklappe dieser Brachiopode ist flach bis leicht konkav und nahezu kreisrund. Die dicke Stielklappe ist stark gebogen und weist einen kurzen Schloßrand und einen langen, vorgezogenen Rand (die Verlängerung der Schale über die Mantelhöhle hinaus) auf. Sie ist mit zahlreichen Rippen und Runzeln versehen. Auf der Armklappe finden sich verstreut einzelne Stacheln, häufig ist aber nur der Ansatz erhalten. Die Stielklappe besitzt keine Stacheln.

• HABITAT Lebte in weichen, schlammigen Sedimenten, die dicke Stielklappe teilweise eingegraben.

• ANMERKUNG Die Stacheln verhinderten ein zu weites Einsinken ins Substrat. Der lange, vorgezogene Rand zeigte möglicherweise nach oben, um die Klappenränder frei von Sediment zu halten.

Productus productus (Martin); Karbonkalke, Unterkarbon, England

Typische Länge 4,5 cm

Reichweite U. Karbon	Verbreitung Europa, Asien	Häufigkeit ⊛⊛⊛⊛⊛

Ordnung STROPHOMENIDA	Familie Buxtoniidae	Allgemeiner Name _

PARAJURESANIA

Diese mittelgroße Brachiopode besitzt eine flache bis leicht konkave Armklappe. Die Stielklappe ist stark gebogen und hat einen kurz vorgezogenen Rand und in der Mitte seichte Einbuchtungen. Beide Klappen sind mit konzentrisch verlaufenden, sich überlappenden Stachelreihen verziert. Gegen den Rand hin sind konzentrische Rippen ausgebildet.

• HABITAT *Parajuresania* lebte auf weichem Sediment.

Typische Länge 3 cm

Parajuresania symmetrica (McChesney); Finis-Formation, Oberkarbon, USA

Reichweite U. Karbon	Verbreitung Europa, Asien, Nordamerika	Häufigkeit ⊛⊛⊛

Ordnung PENTAMERIDA	Familie Pentameridae	Allgemeiner Name _

PENTAMERUS

Dieser große Armfüßer weist konvexe zungenförmige Arm- und Stielklappen auf. Der Wirbelbereich der Stielklappe ist kräftig entwickelt, stark zurückgebogen und trägt eine auffallende Mittellinie (Septum); zwei nahezu parallel verlaufende Septen finden sich auf der Armklappe. Die Schalenaußenseite ist glatt mit feinen Wachstumslinien.

• HABITAT *Pentamerus* ist in Flachwasserkalken recht häufig und bildet mitunter ganze Schalenbänke. Bei ausgewachsenen Tieren fehlt bei der Stielklappe der Stiel – ein Hinweis, daß diese Formen mit dem Wirbel nach unten auf siltigen bis schlammigen Böden lebten.

Typische Länge 4,5 cm

Pentamerus oblongus (J. de C. Sowerby); Jupiter-Formation, Silur, Kanada

Reichweite Silur	Verbreitung Weltweit	Häufigkeit ●●●●●

Ordnung RHYNCHONELLIDA	Familie Pugnacidae	Allgemeiner Name _

PUGNAX

Die Schale dieser unterschiedlich großen Brachiopode zeigt einen typischen vierseitigen Querschnitt. Die Armklappe ist kugelförmig mit einer betonten Falte am Vorderende. Junge Exemplare zeigen eine konvexe Stielklappe, große Stücke sind am Schalenrand konkav und bilden einen tiefen, nahezu gerundeten Sulcus. Von wenigen schwachen Rippen abgesehen, läßt sich weder auf der Stiel- noch auf der Armklappe eine Verzierung beobachten.

• HABITAT *Pugnax* war mit einem Stiel an Schalenfragmenten oder hartem Untergrund festgemacht. Häufig in großen Pflastern vorkommend, vor allem in Schlammhügeln karbonischen Alters und auch in Riffen des Flachwassers.

Typische Länge 4,5 cm

Pugnax acuminatus (J. Sowerby); Karbonkalke, Unterkarbon, England

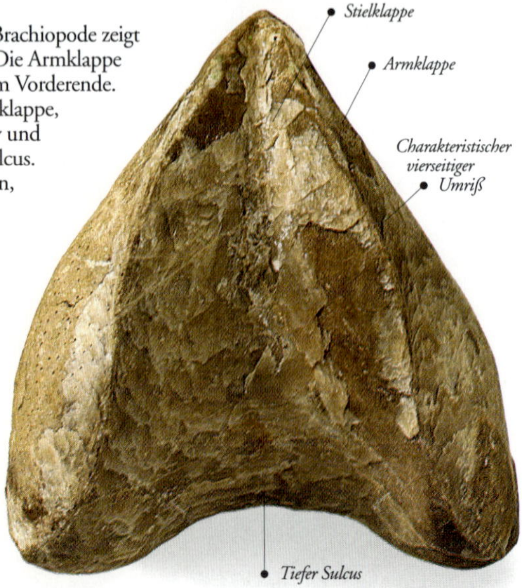

Reichweite Devon–O. Karbon	Verbreitung Europa	Häufigkeit ●●●●

Ordnung Rhynchonellida	Familie Pugnacidae	Allgemeiner Name _

Pleuropugnoides

Eine kleine, aber gut erkennbare Form mit leicht dreieckigem Querschnitt. Am Hinterende ist die Stielklappe konvex, am Vorderende konkav mit einem breiten Sulcus. Die Armklappe ist kugelförmig mit einer breiten frontalen Falte. Die Nahtstelle zwischen den Klappen (Kommissur) ist stark gewellt. Scharfe, auseinanderlaufende Rippen verzieren die Schalenoberfläche.

• Habitat *Pleuropugnoides* lebte in Riffen des Karbon.

Pleuropugnoides pleurodon (J. Phillips); Karbonkalke, Unterkarbon, England

Typische Länge 1,5 cm

Reichweite U.–O. Karbon	Verbreitung Europa	Häufigkeit

Ordnung Strophomenida	Familie Chonetidae	Allgemeiner Name _

Chonetes

Diese kleine Form der Chonetiden ist halbkreisförmig. Der lange Schloßrand verlängert sich zu Ohren. Die Stielklappe ist konvex, die Armklappe flach bis schwach konkav. Im Innern sind Zähne und Grübchen vorhanden. Auf der Stielklappe findet sich in der Mitte ein schwaches Septum und gut sichtbare, zweilappige Muskelansatzstellen; die gleichen Merkmale sind auch auf der Armklappe entwickelt. Beide Klappen weisen Grübchen auf, Rippen und kurze Stacheln treten entlang des Hinterendes der Interarea auf.

• Habitat *Chonetes* lebte auf weichen Kalkschlammböden.

Chonetes sp.; Untere Garrison-Schiefer, Unterkarbon, USA

Stielklappe

Armklappe

Typische Länge 2 cm

Reichweite Perm	Verbreitung USA	Häufigkeit

Ordnung RHYNCHONELLIDA | Familie Rhynchonellidae | Allgemeiner Name –

CYCLOTHYRIS

Die Schale dieser auffälligen rhynchonelliden Brachiopode besitzt einen breiten, dreieckigen Umriß. Der Schnabel steht leicht auf und weist ein großes Stielloch auf. Beide Klappen sind konvex, die Stielklappe zeigt einen deutlichen Sulcus, die Armklappe eine entsprechende Falte. Die vordere Naht verläuft gezackt, und zahlreiche kleine, scharfkantige Rippen verzieren beide Klappen.

• HABITAT *Cyclothyris* tritt gewöhnlich in Sedimenten auf, die unter schwachen bis mäßig starken Strömungen abgelagert worden sind.

Cyclothyris difformis (Valenciennes); Lower Chalk, Oberkreide, England

Typische Länge
3 cm

Reichweite Kreide | Verbreitung Europa, Nordamerika | Häufigkeit

Ordnung ATRYPIDA | Familie Atrypidae | Allgemeiner Name –

ATRYPA

Die Armklappe dieser Gattung ist stärker konvex als die Stielklappe und besitzt eine breite, flache Falte. Die Stielklappe weist eine kleine Einbuchtung auf und trägt einen leicht einwärts gedrehten Schnabel. Die vordere Nahtstelle ist häufig leicht gegen die Armklappe gebogen. Die Verzierung besteht aus zahlreichen feinen, rundlichen Rippen und deutlichen, konzentrischen Wachstumslinien, die auf beiden Klappen rüschenartige Fransen bilden.

• HABITAT *Atrypa* lebte auf weichen Böden im flachen Wasser.

Atrypa sp.; Eke-Schichten, Silur, Schweden

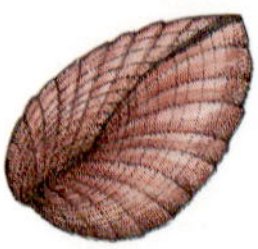

Typische Länge
1,2 cm

Reichweite Silur | Verbreitung Europa, Asien, Nordamerika | Häufigkeit

Ordnung SPIRIFERIDA	Familie Athyrididae	Allgemeiner Name _

ACTINOCONCHUS

Dieser auffällige Armfüßer trägt zwei gleichmäßig konvexe Klappen und ist fast kreisförmig im Umriß. Meist fehlt eine gut entwickelte Falte oder Einbuchung. Breite, dünne Lagen von Fortsätzen sitzen auf den Wachstumslinien, die von einer Reihe feiner Rippen gekreuzt werden, die gegen das Vorderende der Schale auseinanderlaufen.

• HABITAT *Actinoconchus* war mit einem kurzen Stiel am harten Untergrund angeheftet. Die Form der Armklappe widerspiegelt normalerweise den Verlauf des Untergrunds.

• ANMERKUNG Die dünnlagigen Fortsätze von *Actinoconchus* dienten als Tarnung und verhinderten ein Einsinken in den Schlamm.

Typische Länge 4,5 cm

Actinoconchus paradoxus McCoy; Karbonkalke, Unterkarbon, Irland

Reichweite U. Karbon	Verbreitung Europa	Häufigkeit ❀❀❀

Ordnung SPIRIFERIDA	Familie Meristellidae	Allgemeiner Name _

MERISTINA

Die Gehäuse dieser relativ großen Brachiopoden sind dreieckig bis rundlich und häufig länger als breit. Die Armklappe besitzt eine breite Falte und einen entsprechenden Sulcus auf der Stielklappe. Der Wirbelbereich ist bei beiden Klappen stark eingebogen und verbirgt bei größeren Exemplaren das Stielloch. Beiden Klappen fehlt eine Verzierung.

• HABITAT *Meristina* findet sich in kleinen Pflastern in feinkörnigen, schlammigen Kalken. Wahrscheinlich lebte diese Form im Flachwasser.

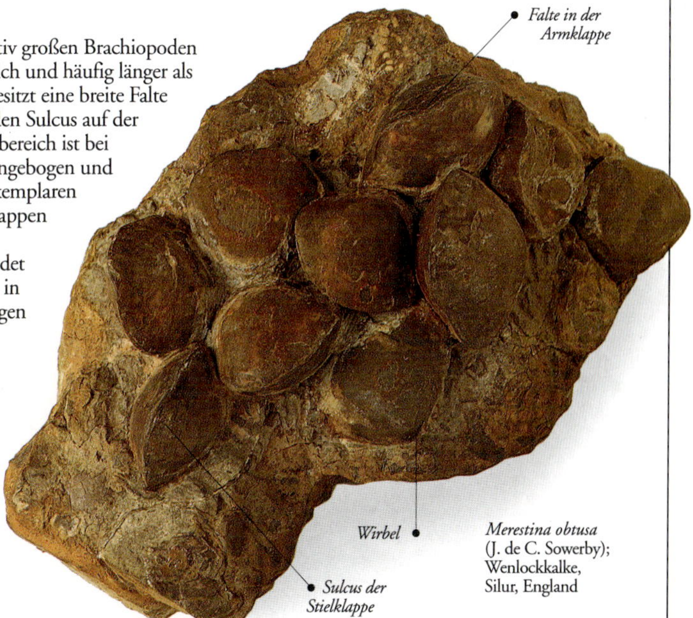

Merestina obtusa (J. de C. Sowerby); Wenlockkalke, Silur, England

Typische Länge 4,5 cm

Reichweite Silur–Devon	Verbreitung Weltweit	Häufigkeit ❀❀❀❀

Ordnung Spiriferida	Familie Mucrospiriferida	Allgemeiner Name _

Mucrospirifer

Die größte Breite erreicht diese große Form entlang des Schloßrands, der zu scharfen Spitzen ausgezogen ist. Die Armklappe besitzt eine deutliche Falte, der ein Sulcus auf der Stielklappe entspricht. Die Wirbelregion birgt ein kleines Loch für den Stiel.

• Habitat *Mucrospirifer* lebte auf weichen, schlammigen Böden.

Mucrospirifer mucronata (Conrad); Hamilton Group, Devon, Kanada

Typische Länge 2,5 cm

Reichweite Devon	Verbreitung Weltweit	Häufigkeit ֍֍֍

Ordnung Orthida	Familie Enteletidae	Allgemeiner Name _

Aulacophoria

Im Umriß erscheint diese mittelgroße orthide Brachiopode rechteckig mit runden Ecken. Die Armklappe ist stärker konvex als die Stielklappe und besitzt eine breite frontale Falte, die einer Einbuchtung auf der Armklappe entspricht. Der Stiel ist deutlich abgesetzt und die Interarea relativ schmal. Beide Klappen sind mit vielen feinen Rippen versehen.

• Habitat *Aulacophoria* lebte in schlammigen Kalksedimenten.

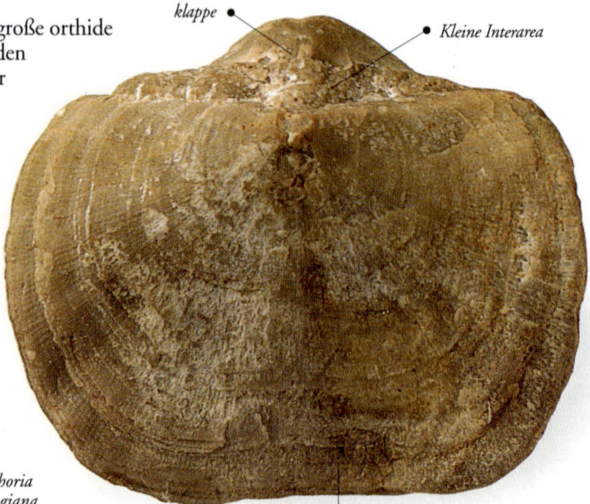

Typische Länge 3 cm

Aulacophoria keyserlingiana (de Koninck); Yoredales, Unterkarbon, England

Reichweite U. Karbon	Verbreitung Europa	Häufigkeit ֍֍֍

Ordnung TEREBRATULIDA	Familie Terebratulidae	Allgemeiner Name _

EPITHYRIS

Diese mittelgroße terebratulide Brachiopode hat einen nahezu kreisrunden Querschnitt. Die konvexe Stielklappe bildet einen einwärts gerichteten Schnabel, der ein großes Stielloch mit einem gut entwickelten Kragen aufweist. Der vordere Schalenrand ist wellenförmig, zwei Falten auf der Stielklappe entsprechen zwei Einbuchtungen auf der Armklappe. Die Oberfläche weist außer feinen, eingeschnittenen Wachstumslinien, die gegen den vorderen Rand hin verschwinden, kaum Verzierungen auf.

- HABITAT Wahrscheinlich lebte *Epithyris* in relativ ruhigen Lagunengewässern.
- ANMERKUNG Diese Armfüßer bildeten manchmal richtige Nester, die sich über mehrere Meter erstrecken können.

Epithyris maxillata (J. de C. Sowerby); Bradford-Ton, Mittlerer Jura, England

Typische Länge 4,5 cm

Reichweite Jura	Verbreitung Europa	Häufigkeit

Ordnung TEREBRATULIDA	Familie Dictyothyridida	Allgemeiner Name _

DICTYOTHYRIS

Das Gehäuse dieses kleinen bis mittelgroßen Armfüßers ist im Umriß fünfeckig. Arm- und Stielklappe, beide konvex, tragen einen aufgerichteten Schnabel mit einem großen Stielloch. Zwei zentrale Falten auf der Armklappe und die spiegelbildlichen Strukturen auf der Stielklappe erzeugen eine vordere W-förmige Schalenfront. Beide Klappen sind mit fünf Längs- und Querrippen, die kleine Stacheln aufweisen, versehen.

- HABITAT *Dictyothyris* bevorzugte weichen, schlammigen Boden und heftete sich auf Schalen fest.

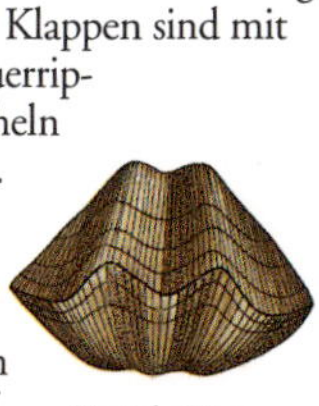

Typische Länge 2 cm

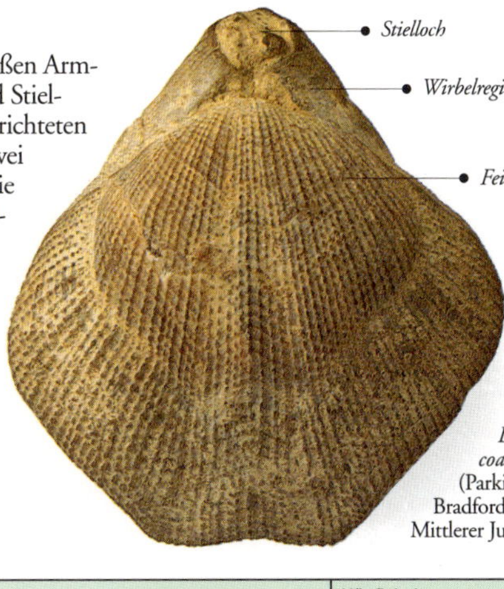

Dictyothyris coarctata (Parkinson); Bradford-Ton, Mittlerer Jura, England

Reichweite Jura	Verbreitung Europa	Häufigkeit

Ordnung STROPHOMENIDA | Familie Strophomenidae | Allgemeiner Name –

STROPHOMENA

Diese mittelgroße Brachiopode hat eine konvexe Armklappe und eine konkave Stielklappe, die größte Breite ist entlang des Schloßrands. Im Innern besitzt die Armklappe gut entwickelte Grübchen und einen deutlichen Kardinalfortsatz (= Fortsatz am Schloßrand, wo die Ansatzstellen der Öffnermuskeln liegen). Das Stielloch ist ziemlich klein und wird teilweise von einer Platte bedeckt. Beide Klappen weisen feine Streifen auf, die gegen den Schalenrand auseinanderlaufen.

• HABITAT Das kleine Stielloch weist daraufhin, daß *Strophomena* eine freiliegende Form war, ihre Armklappe lag unbefestigt auf verschiedenen Weichsubstraten.

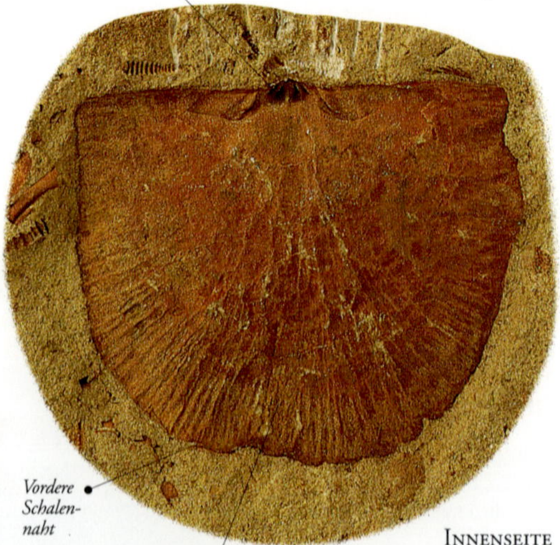

Strophomena grandis (J. de C. Sowerby); Cheney-Longville-Formation, Ordovizium, England

INNENSEITE DER ARMKLAPPE

Typische Länge 3 cm

Reichweite Ordovizium | Verbreitung Weltweit | Häufigkeit

Ordnung SPIRIFERIDA | Familie Cyrtinidae | Allgemeiner Name –

CYRTINA

Diese kleine bis mittelgroße spiriferide Brachiopode ist durch einen kappenartigen Umriß charakterisiert und ist am Schloßrand am breitesten. Die Stielklappe weist ein dreieckiges Zwischenfeld (Interarea) mit einem großen, nahe dem Wirbel liegenden Loch für den Stiel auf sowie einem deutlichen Sulcus, der sich nach vorne verbreitert. Die Armklappe ist nur leicht konvex mit einer glatten Falte und Furche. Mehrere gut erkennbare Rippen auf beiden Klappen erzeugen eine wellenartige Schalennaht. Die Wachstumslinien verstärken sich in Richtung des vorderen Schalenrandes.

• HABITAT *Cyrtina* lebte in weichen Böden.

Cyrtina hamiltonensis Hall; Hamilton Group, Devon, USA

Typische Länge 5 cm

Reichweite Devon–Perm | Verbreitung Weltweit | Häufigkeit

Ordnung Strophomenida	Familie Orthotetidae	Allgemeiner Name _

Derbyia

Diese mittelgroße strophomenide Brachiopode hat konvexe Schalen, die einen halbkreisförmigen Umriß bilden. Manchmal erscheint eine flache Einbuchtung auf der Stielklappe, deren Größe je nach Lage schwankt. Der kurze, stumpfe Wirbel ist manchmal etwas abgesetzt. Zahlreiche feine Radialrippen und erhabene Wachstumslinien zieren die Schalenoberfläche.
• Habitat Wahrscheinlich lebte *Derbyia* nicht sessil.

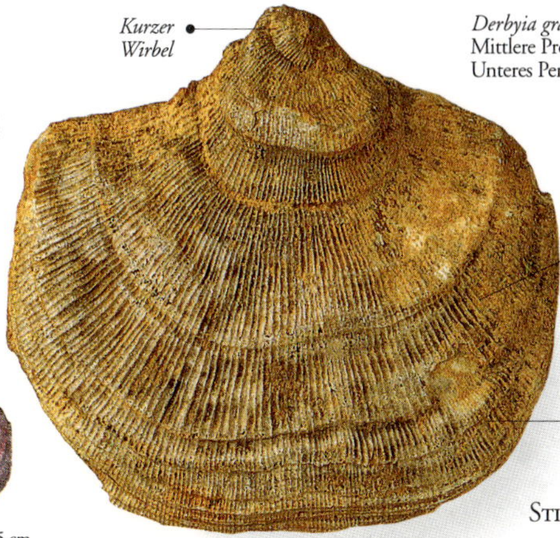

Derbyia grandis (Waagen); Mittlere Productus-Kalke, Unteres Perm, Indien

Typische Länge 3,5 cm

Reichweite U. Karbon–O. Perm	Verbreitung Weltweit	Häufigkeit ⊛⊛⊛⊛

Ordnung Spiriferida	Familie Spiriferinidae	Allgemeiner Name _

Spiriferina

Der Schalenumriß von *Spiriferina* ist drei- bis fünfeckig, die Klappen sind konvex. Der Wirbel ist stark nach innen gebogen und weist ein deutliches Stielloch sowie eine ausgeprägte Interarea auf. Eine tiefe Falte durchzieht die Armklappe, eine tiefe Furche (Sulcus) die Stielklappe. Die Schalennaht ist stark gewellt. Beide Klappen sind mit großen, abgerundeten Rippen verziert. Gut erhaltene Exemplare zeigen oft eine Mikroornamentierung feiner Stacheln.
• Habitat *Spiriferina* lebte mit dem Wirbel nach unten gerichtet auf weichen, schlammigen Böden.

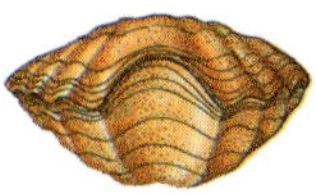

Typische Länge 1,5 cm

Spiriferina walcotti (J. Sowerby); Unterer Lias, England

Reichweite Trias–U. Jura	Verbreitung Weltweit	Häufigkeit ⊛⊛⊛⊛⊛

Ordnung	Familie	Allgemeiner Name
Rhynchonellida	Rhynchonellidae	–

Goniorhynchia

Diese mittelgroße Form hat einen nahezu dreieckigen Querschnitt. Die konvexe Stielklappe besitzt einen deutlichen Schnabel und einen gut entwickelten Sulcus. Die Falte der Armklappe am vordersten Rand ist sehr ausgeprägt. Der stark wellenförmige vordere Schalenrand wird durch kräftige Wachstumslinien betont. Beide Klappen sind mit zahlreichen scharfkantigen Rippen verziert.

- Habitat Diese Form lebte einzeln mit dem Wirbel nach unten gerichtet auf harter Unterlage, der Stiel diente zur Befestigung.
- Anmerkung Die dickschalige *Goniorhynchia,* eine typische rhynchonellide Brachiopode, war regional sehr häufig.

Goniorhynchia boueti (Davidson); Boueti-Schichten, Forest Marble, Mittlerer Jura, England

Typische Länge 2 cm

Reichweite	Verbreitung	Häufigkeit
M. Jura	Europa	

Ordnung	Familie	Allgemeiner Name
Terebratulida	Zeilleriidae	–

Digonella

Die Schale dieser relativ kleinen bis mittelgroßen terebratuliden Brachiopode ist länglich-oval und sackförmig im Umriß. Beide Klappen sind konvex, die größte Breite erreichen sie nahe des Vorderrandes. Der abgeflachte Wirbelbereich enthält ein großes Stielloch, durch das ein kurzer, gekrümmter Stiel ragte. Die vordere Schalennaht verläuft gerade, und außer sehr feinen Wachstumslinien lassen sich keine Verzierungen beobachten.

- Habitat *Digonella* hielt sich mit einem kurzen Stiel an Schalenfragmenten fest und lebte in weichen Kalkschlammböden. Ihre Fossilreste sind in feinkörnigen Flachwasserkalken recht häufig.

Digonella digona (J. Sowerby); Bradford-Ton, Mittlerer Jura, England

Typische Länge 2,5 cm

Reichweite	Verbreitung	Häufigkeit
M. Jura	Weltweit	

Ordnung TEREBRATULIDA	Familie Terebratellidae	Allgemeiner Name _

TEREBRIROSTRA

Diese Gattung zeichnet sich durch einen langen, gekrümmten Wirbel aus, der weit über den hinteren Schalenrand hinausragt. Die Armklappe ist oval bis dreieckig. Am vorderen Schalenrand befinden sich zahlreiche Wellen und Furchen. Beide Klappen weisen radiale Rippen und feine, konzentrische Wachstumslinien auf.

• HABITAT *Terebrirostra* war möglicherweise eine solitäre Brachiopode, die sich mit einem kurzen Stiel am Hartboden festhielt. Der schnabelartige Wirbelfortsatz hielt das Tier vermutlich über dem Boden, damit kein Schlamm in die Mantelhöhle eindringen konnte. Diese Gattung ist in Flachwasserkalken, besonders in glaukonitischen Kalken, recht häufig anzutreffen.

Typische Länge 4 cm

Terebrirostra bargensa (d'Orbigny); Lower Chalk, Oberkreide, Frankreich

Reichweite O. Kreide	Verbreitung Europa	Häufigkeit ❁❁

Ordnung TEREBRATULIDA	Familie Dallinidae	Allgemeiner Name _

KINGENA

Beide Klappen dieses Armfüßers sind konvex. Die Schale besitzt einen rundlichen bis fünfeckigen Umriß mit einer breiten Falte auf der Armklappe und einer schwachen Falte auf der Stielklappe. Der Stiel ist kurz und nach hinten gekrümmt. Die Armklappe zeigt gewöhnlich eine deutliche Naht in der Mitte. Feine Wachstumslinien und winzige Knötchen verzieren die Schale.

• HABITAT *Kingena* war mit einem kurzen, dicken und fleischigen Stiel am Boden angeheftet – eine typische Form in Flachwasserkalken.

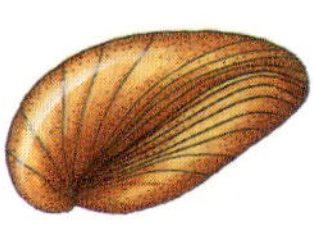

Typische Länge 3 cm

Kingena lemaniensis (Pictet & Le Roux); Shenley-Kalk, Unterkreide, England

Reichweite Kreide	Verbreitung Weltweit	Häufigkeit ❁❁❁❁

Ordnung ACROTRETIDA	Familie Craniidae	Allgemeiner Name _

ANCISTROCRANIA

Die Schale ist nahezu rund und zeichnet sich durch einen gerade verlaufenden hinteren Rand aus. Die Form der Stielklappe ist dem Boden, dem sie aufliegt, angepaßt. Beide Klappen besitzen gut entwickelte rundliche und paarige Muskelansatzstellen, die von kleineren begleitet werden; sie verdicken sich gegen den vorderen Rand hin. Abgesehen von einigen Pusteln auf der Oberfläche besteht die Verzierung aus konzentrischen Wachstumslinien, die wahrscheinlich der Tarnung dienten.

• HABITAT Die meisten Gattungen dieser Familie hefteten sich mit der Stielklappe am Boden fest.

• ANMERKUNG Diese Familie erscheint bereits im frühen Mesozoikum und findet sich heute noch in den Weltmeeren. Ihre Gattungen sind einzigartig, da sie keinen Stiel besitzen.

Ancistrocrania tuberculata (Nilsson); Danien-Kalk, Paleozän, Dänemark

Typische Länge 1 cm

Reichweite U. Paleozän	Verbreitung Weltweit	Häufigkeit

Ordnung ACROTRETIDA	Familie Discinidae	Allgemeiner Name _

DISCINISCA

Diese Gattung weist eine leicht konische Stielklappe und eine flache, schwach konvexe Armklappe auf. Die glänzende Schale ist rundlich bis spatelförmig mit einer schlitzartigen Öffnung für den Stiel; diese ist bei erwachsenen Tieren geschlossen, bei jugendlichen Formen hingegen noch offen. Die Verzierung besteht aus konzentrischen Wachstumslinien, die gegen das vordere Ende hin betont sind.

• HABITAT Diese Gattung heftet sich auf verschiedenste Bodentypen: Häufig wird sie in Lebendstellung auf andern Schalen angeheftet gefunden.

• ANMERKUNG Einige Gattungen werden als „lebende Fossilien" bezeichnet.

Discinisca lugubris (Conrad); Choptank-Formation, Miozän, USA

Typische Länge 8 mm

Reichweite Perm–Rezent	Verbreitung Weltweit	Häufigkeit

Ordnung TEREBRATULIDA	Familie Cancellothyrididae	Allgemeiner Name –

CANCELLOTHYRIS

Eine mittelgroße bis ziemlich große Form mit eiförmigem Umriß, konvexen Klappen und einem kurzen, robusten Wirbel, der ein markantes Stielloch trägt. Die größten Exemplare zeigen manchmal eine leichte Falte auf der Stielklappe, während die Armklappe eine entsprechende Einbuchtung aufweist. Die Schale von *Cancellothyris* ist mit Wachstumslinien und zahlreichen feinen Rippen verziert.

• HABITAT *Cancellothyris* war mit einem kurzen Stiel an harten Oberflächen festgemacht. Häufig in Nestern auftretend, findet sich diese Form in flachen, turbulenten Gewässern, z. B. an felsigen Strandabschnitten. Diese Art bewohnte auch Spalten und Ritzen.

Typische Länge 2 cm

Cancellothyris platys Brunton & Hillier; Alexander-Bay-Formation, Oberes Pliozän, Südafrika

Reichweite Miozän–Rezent	Verbreitung Südafrika, Australien	Häufigkeit ⊛⊛

Ordnung TEREBRATULIDA	Familie Terebratulidae	Allgemeiner Name –

TEREBRATULA

Die Schale dieser terebratuliden Brachiopode ist länglich bis elliptisch im Umriß und besitzt konvexe Klappen. Sie hat einen kurzen, aber kräftigen und leicht einwärts gekrümmten Wirbel mit einem gut sichtbaren Stielloch. Innen sind kräftige Zähne und Gruben vorhanden, und die Außenseite der Stielklappe trägt eine gut entwickelte Mittellinie. Die Naht am vorderen Schalenende ist gerade, Falten und Einbuchtungen fehlen. Beide Klappen sind mit Wachstumslinien verziert, die gegen vorne hin verstärkt sind.

• HABITAT Dieser Armfüßer besaß einen dicken, fleischigen Stiel, der in kleinen Würzelchen endete; damit konnte sich *Terebratula* an Schalen, die im losen Sand lagen, anheften.

Typische Länge 6 cm

Terebratula maxima Charlesworth; Coralline Crag, Oberes Pliozän, England

Reichweite Miozän–Pliozän	Verbreitung Europa	Häufigkeit ⊛⊛

MUSCHELN (BIVALVEN)

MUSCHELN GEHÖREN zu den Weichtieren (Mollusken) und besitzen zwei Klappen, die mit einem Ligament aus organischem Material verbunden sind, das jedoch selten fossil überliefert ist. Die Schalen sind mit einem Schloß verbunden, häufig durch ineinandergreifende Zähne. Meist werden die Klappen durch zwei Hauptmuskeln betätigt, deren Ansätze als Narben im Innern der Schale sichtbar sind. Muscheln filtern ihre Nahrung mit einem Hautschlauch (Sipho) aus dem Wasserstrom. Obwohl sie einen Fuß besitzen, sind sie nicht allzu beweglich. Sie wühlen sich ins Sediment oder bohren sich in Holz oder Steine hinein. Andere wiederum zementieren sich unter Wasser an Gegenständen fest oder heften sich mit einem Byssus aus organischen Fäden an. Muscheln lassen sich aufgrund ihrer Schloßmerkmale klassifizieren.

Ordnung NUCULOIDA	Familie Nuculanidae	Allgemeiner Name Nußmuschel

NUCULANA

Wirbel nahe dem gerundeten Hinterrand. Das Vorderende mündet in einen langgestreckten Schnabel (Rostrum). Die Klappen sind mit konzentrischen Rippen verziert. Zwei Reihen ineinandergreifender Schloßzähne werden von einer unterhalb des Wirbels liegenden Ligamentgrube getrennt.

• HABITAT Wühlt sich in Schlamm und Sand ein und akzeptiert unterschiedlichste Wassertiefen und -temperaturen.

• ANMERKUNG Im Gegensatz zu anderen Muscheln fehlen dieser Art Perlmuttlagen in der Schale.

BEIDE KLAPPEN

SCHALENINNENSEITE

AUSSENSEITE

Nuculana marieana (Aldrich); Woods-Bluff-Schichten, Unteres Eozän, USA

Typische Länge 2 cm

Reichweite Trias–Rezent	Verbreitung Weltweit	Häufigkeit

Ordnung PRAECARDIOIDA	Familie Praecardiidae	Allgemeiner Name Hundemuschel

CARDIOLA

Die mittelgroße Schale ist dünn und konvex. Unterhalb des Wirbels tragen beide Klappen ein dreieckiges Band mit auseinanderlaufenden Furchen, Schloßzähne fehlen aber. Die Klappen sind mit radialen Rippen und auseinanderstehenden konzentrischen Wülsten überzogen.

• HABITAT Vermutlich lebte *Cardiola* halb eingegraben in mäßig tiefem Wasser.

Cardiola interrupta J. de C. Sowerby; Silur, Tschechische Republik

Typische Länge 1,5 cm

Reichweite U. Silur–Devon	Verbreitung Europa, Nordamerika	Häufigkeit

Ordnung ARCOIDA | Familie Cucullaeidae | Allgemeiner Name _

CUCULLAEA

Die stark gewölbte Schale hat einen geraden Schloßrand und einen vorstehenden Wirbel. Die Außenseite der Klappen zieren schwache radiale Steifen. Im Innern ist beidseitig eine Reihe von kleinen, senkrecht stehenden Zähnen angebracht, die gegen den Rand hin länglich sind und horizontal umbiegen.

• HABITAT Diese Muschel gräbt im weichen Sand. Häufig tritt sie zusammen mit Kaltwasserfaunen auf.

• ANMERKUNG War in der O. Kreide bis ins Paleozän verbreitet. Eine Reliktform überlebte im Westpazifik.

Cucullaea vulgaris Morton; Ripley-Formation, Oberkreide, USA

Typische Länge 4 cm

Reichweite U. Jura–Rezent | Verbreitung Weltweit | Häufigkeit

Ordnung ARCOIDA | Familie Glycymerididae | Allgemeiner Name Samtmuschel

GLYCYMERIS

Innerhalb dieser Gattung finden wir mittlere bis große, dickschalige Formen. Die Verzierung besteht aus radialen Rippen und ausgeprägten Wachstumsstreifen, die sich jedoch im Alter abschwächen. Die Zähne sind vom Wirbel schräg nach außen gerichtet und bündeln sich beidseitig in linsenförmigen Reihen. Der Ligamentbereich ist dreieckig und trägt eine Furche.

• HABITAT Gräbt sich im Sand und Schlamm des flachen Wassers ein.

Glycymeris brevirostris (J. de C. Sowerby); London-Ton, Unteres Eozän, England

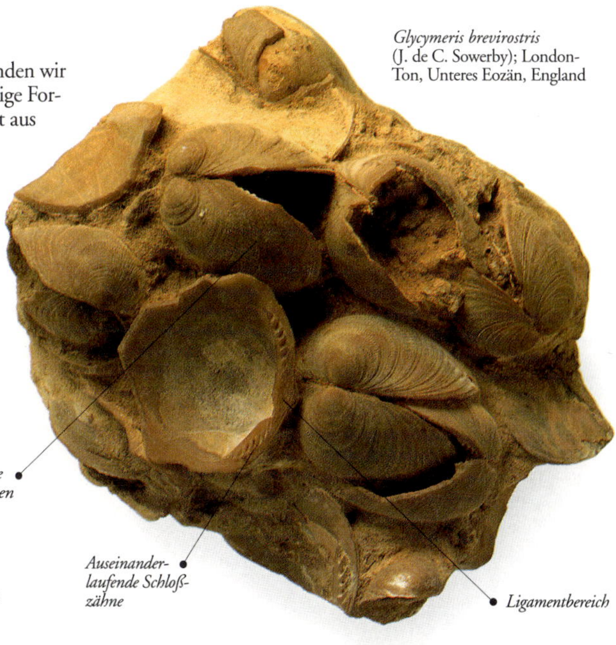

Typische Länge 3 cm

Reichweite U. Kreide–Rezent | Verbreitung Weltweit | Häufigkeit

Ordnung MYTILOIDA	Familie Mytilidae	Allgemeiner Name Miesmuschel

MODIOLUS

Diese dünne, längliche Schale wirkt aufgebläht. Der Wirbel sitzt in der Nähe des hinteren Endes. Der gerade Schloßrand hat ein kurzes Ligament, während der vordere Rand abgewinkelt ist. Die Rippen sind üblicherweise glatt, oft verlaufen aber fadenartige Rippen über die Oberfläche. Die Außenseite erscheint uneben, die Innenseite ist mit einer Lage Perlmutt bedeckt.
• HABITAT Diese Muschel lebt gesellig und hält sich am harten Untergrund im flachen Wasser fest.

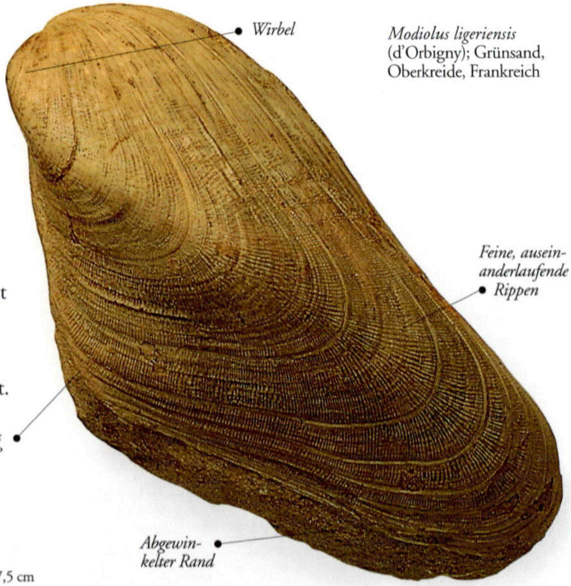

Modiolus ligeriensis (d'Orbigny); Grünsand, Oberkreide, Frankreich

Typische Länge 7,5 cm

Reichweite Jura–Rezent	Verbreitung Weltweit	Häufigkeit

Ordnung PTERIOIDA	Familie Bakevelliidae	Allgemeiner Name Flügelmuschel

GERVILLARIA

Die Schale zeichnet sich durch ein kleines, endständiges Ohr und einen großen, dreieckigen Flügel aus. Die linke Klappe ist halbzylindrisch und erscheint aufgebläht; die rechte Klappe ist flach und mitunter konkav. Entlang des Schloßrandes liegen mehrere rechteckige Ligamentgruben, und unterhalb befindet sich eine Reihe schrägstehender Zähne.
• HABITAT Dieses Tier lebte im warmen Flachwasser, wo es sich an Gerölle oder Schalenreste festheftete.

LINKE KLAPPE

Gervillaria alaeformis (J. Sowerby), Unterer Grünsand, Unterkreide, England

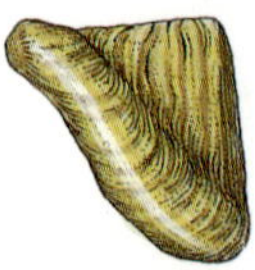

Typische Länge 8 cm

Reichweite Jura–Kreide	Verbreitung Europa	Häufigkeit

Ordnung MYTILOIDA	Familie Pinnidae	Allgemeiner Name Steckmuschel

PINNA

Diese keilförmige Muschel trägt auf der ganzen Klappenlänge schwache radiale Rippen. Beim lebenden Tier verläuft das Ligament entlang beider Schalen; diese sind calcitisch und erscheinen stumpf glänzend. Im Innern beider Klappen befindet sich ein geperlter Bereich, der von einer deutlichen Furche in zwei Lappen geteilt wird und sich auf der Außenseite als kleiner Rücken zeigt.

• HABITAT *Pinna* lebte in Gruppen, mit ihrem spitzen Ende im Sediment.

• ANMERKUNG Wenn Sediment den Raum zwischen den Schalen ausfüllt, kann es leicht zu einer Siltsteinknolle verhärten und die Muschel als Fossil mit Schale überliefern.

Pinna hartmanni Zieten; Unterer Lias, England

REZENTE PINNA

Typische Länge 20 cm

Reichweite U. Karbon–Rezent	Verbreitung Weltweit	Häufigkeit ❀❀❀

Ordnung PTERIOIDA	Familie Inoceramidae	Allgemeiner Name Flügelmuschel

VOLVICERAMUS

Die Schale von *Volviceramus* hat eine äußere calcitische Lage, während das Schaleninnere irisiert. Der gerade Schloßrand weist nur kleine Ligamentgruben auf. Die linke Klappe ist groß und spiralig eingerollt, die rechte Klappe paßt genau in die linke. Konzentrische Rippen finden sich auf beiden Klappen, auf der rechten sind sie stärker betont.

• HABITAT Wachstum und Lebensweise dieser Auster scheinen ähnlich der von *Gryphaea (s. Seite 101)* gewesen zu sein.

Typische Länge 30 cm

Volviceramus involutus (J. de C. Sowerby); Obere Schreibkreide, Oberkreide, England

Reichweite O. Kreide	Verbreitung Europa, Nordamerika	Häufigkeit ●●●●●

Ordnung PTERIOIDA	Familie Aviculopectinidae	Allgemeiner Name Pilgermuschel

AVICULOPECTEN

Diese schräg fächerartige Muschel hat ein kurzes Schloß. Beide Klappen tragen hinten einen ohrförmigen Flügel; das hintere Ende wirkt durch den Byssusausschnitt, der in der rechte Klappe etwas tiefer eingeschnitten ist, leicht abgesetzt. Die Schale zieren radiale Rippen. Auf der einen Klappe nehmen die Rippen, da sie sich teilen, zu, auf der anderen schalten sich Zwischenrippen ein.

• HABITAT *Aviculopecten* heftete sich mit Byssusfäden an anderen Objekten fest.

Aviculopecten tenuicollis Dana; Karbon, Westaustralien

Typische Länge 2,5 cm

Reichweite Karbon–Perm	Verbreitung Weltweit	Häufigkeit ●●●●

Ordnung PTERIOIDA	Familie Posidoniidae	Allgemeiner Name Papiermuschel

POSIDONIA

Die nahezu runde Schale weist konzentrische Wellen auf, besitzt einen kurzen Schloßrand und schwach entwickelte Öhrchen.

• HABITAT Das Fehlen eines deutlichen Byssusausschnitts deutet auf eine freischwimmende Lebensweise. Wahrscheinlich lebten sie aber in Kolonien, die sich mit ihren Byssusfäden an organische Objekte hefteten.

• ANMERKUNG Die Beziehungen von *Posidonia* zu anderen Gattungen ist noch nicht geklärt.

Posidonia radiata Goldfuss; Oberer Lias, England

FLACHGEDRÜCKTE SCHALEN

Typische Länge 3 cm

Reichweite U. Karbon–U. Jura	Verbreitung Weltweit	Häufigkeit

Ordnung PTERIOIDA	Familie Oxytomidae	Allgemeiner Name Pilgermuschel

OXYTOMA

Das hintere Ohr ist scharfwinklig abgebogen, während das vordere in seiner Größe stark reduziert ist. Die linke Klappe trägt scharfe Rippen, die am Rand in einer Spitze münden, die rechte Klappe ist rundlicher, flacher und nur mit einem feinen Ornament überzogen. Der lange Schloßrand ist gerade und weist eine zentral gelegene Ligamentgrube auf.

• HABITAT Lebte als Suspensionsfresser in verschiedenen Meeresbereichen und heftete sich mit ihrem Byssus an Gerölle des Meeresbodens.

Oxytoma longicostata (Stuchbury); Unterer Lias, England

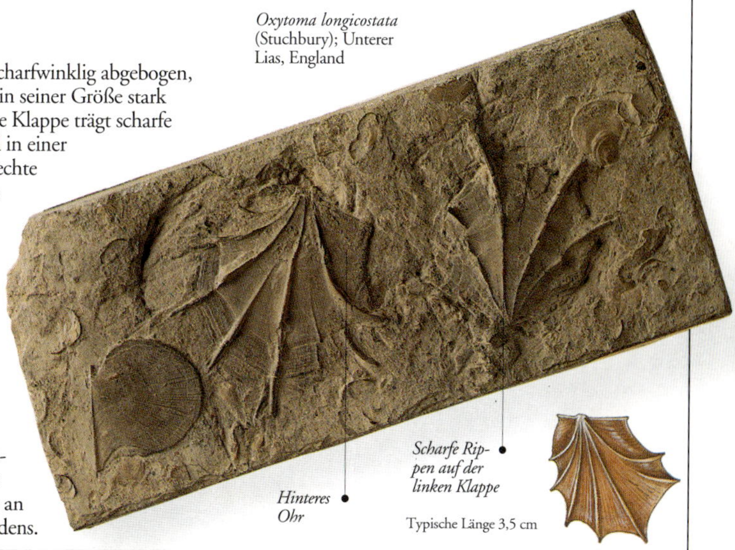

Typische Länge 3,5 cm

Reichweite U. Trias–O. Kreide	Verbreitung Weltweit	Häufigkeit

Ordnung Pterioida	Familie Pectinidae	Allgemeiner Name Jakobsmuschel

Pecten

Die große, rundliche Schale besteht aus einer konvexen rechten und einer abgeflachten linken Klappe. Beide Klappen sind mit breiten Radialrippen versehen. Der gerade verlaufende Schloßrand verfügt über eine zentrale Ligamentgrube mit beidseitig auseinanderlaufenden Wülsten.
• Habitat Jakobsmuscheln bevorzugen saubere Sandflächen im flachen Wasser, wo sie in selbstausgehobenen Gruben liegen. Falls nötig, können sie sich schwimmend, mit beiden Klappen schlagend, fortbewegen.

Pecten beudanti Basterot; Miozän, Frankreich

Typische Länge 8 cm

Reichweite U. Eozän–Rezent	Verbreitung Weltweit	Häufigkeit

Ordnung Pterioida	Familie Pectinidae	Allgemeiner Name Pilgermuschel

Neithea

Schmale, ovale Schale mit abgeschwächten Zwischenrippen. Die rechte Klappe ist konvex und umgreift die abgeflachte linke Klappe. Entlang des Schloßrandes sind Zähnchen.
• Habitat *Neithea* lebte auf Sand, möglicherweise konnte sie auch schwimmen.

Typische Länge 4 cm

Neithea coquandi (Peron); Oberkreide, Tunesien

Reichweite O. Kreide	Verbreitung Weltweit	Häufigkeit

Ordnung PTERIOIDA	Familie Gryphaeidae	Allgemeiner Name Auster

GRYPHAEA

Die Schale besteht meist aus Calcit. Die konkave rechte Klappe paßt in die größere linke Klappe, die einen schmalen, eingerollten Wirbel besitzt. Im Innern befindet sich eine runde Muskelansatzstelle. Das Schloß der erwachsenen Tiere besitzt keine Zähne.

• HABITAT Lebte auf schlammigen Böden, anfänglich mit ihrer Spitze an ein kleines Gesteinsfragment geheftet.

• ANMERKUNG Die gedrehte Schale, die an ein Leben auf Weichböden angepaßt war, wird im Volksmund „des Teufels Fingernagel“ genannt.

Gryphaea arcuata (Lamarck); Unterer Lias, England

Typische Länge 7 cm

Reichweite U. Trias–U. Jura	Verbreitung Weltweit	Häufigkeit

Ordnung PTERIOIDA	Familie Gryphaeidae	Allgemeiner Name Auster

EXOGYRA

Beide Klappen wachsen in einer Spirale. Die linke wirkt aufgebläht und eher schwach berippt, der Wirbel seitwärts gedreht. Die abgeflachte rechte Klappe ist mit konzentrischen Fransen bedeckt. Das linke Schloß trägt unterhalb des Wirbels zwei Gruppen von Wülsten.

• HABITAT *Exogyra* lebte auf hartem Substrat im warmen Wasser.

Exogyra africana (Lamarck); Oberkreide, Algerien

Typische Länge 5 cm

Reichweite O. Kreide	Verbreitung Weltweit	Häufigkeit

Ordnung	Familie	Allgemeiner Name
Pterioida	Ostreidae	Auster

Ostrea

Ostrea ist von rundlicher Gestalt und weist eine große Ligamentgrube unterhalb des Wirbels auf. Die einzige Muskelansatzstelle ist nierenförmig.
• Habitat Diese Auster lebt im Brackwasser großer Flußmündungen. Die Jugendformen heften sich an ältere Tiere und bilden eine Art Riff aus vielgestaltigen Schalenformen.

Ostrea compressirostra Say; Miozän, USA

Typische Länge 12 cm

Reichweite	Verbreitung	Häufigkeit
Kreide–Rezent	Weltweit	

Ordnung	Familie	Allgemeiner Name
Pterioida	Ostreidae	Auster

Rastellum

Die schmalen Klappen werden von vielen kantigen Rippen, die von tiefen, scharfen Furchen unterbrochen werden, gebildet.
• Habitat Dieses Tier lebte, mit dem schmalen Wirbel an Schalen oder Korallen angeheftet, im warmen Wasser.
• Anmerkung Die verletzlichste Stelle, wo die Klappen aufeinanderstoßen, ist gut verborgen, was möglicherweise dem Schutz vor Räubern diente.

Paarige Klappen

Seitenansicht

Rastellum (Arctostrea) carinatum (Lamarck); Untere Schreibkreide, Unterkreide, England

Typische Länge 10 cm

Reichweite	Verbreitung	Häufigkeit
M. Jura–U. Kreide	Weltweit	

Ordnung MODIOMORPHOIDA	Familie Modiomorphidae	Allgemeiner Name Muschel

WHITEAVESIA

Die dreieckig-ovale Schale nimmt gegen den Wirbel hin an Größe ab. Die innere Oberfläche weist Streifen auf, die auf Steinkernen sichtbar sind und möglicherweise eine feine externe Ornamentierung darstellen.

- HABITAT Ein lebender Suspensionsfresser, der wahrscheinlich mit dem Byssus am Meeresboden angeheftet war.
- ANMERKUNG Diese frühe Gattung ist möglicherweise der Vorläufer der Mytilaceae *(s. Seite 96)* und der Unionidae *(s. Seite 104)*, wenngleich eine irisierende Lage wie bei dieser Gruppe fehlt.

STEINKERN

Whiteavesia pholadiformis (Hall); Ordovizium, Kanada

Typische Länge 7 cm

Reichweite M.–O. Ordovizium	Verbreitung Nordamerika	Häufigkeit

Ordnung UNIONOIDA	Familie Anthracosiidae	Allgemeiner Name Sumpfmuschel

CARBONICOLA

Außer schwachen konzentrischen Wachstumsstreifen fehlt dieser dreieckigen Muschel jegliche Verzierung. Der Schloßrand ist mehr oder weniger gewellt, und die ein oder zwei Zähne sind sehr variabel, selbst innerhalb der eigenen Art.

- HABITAT *Carbonicola* lebte im Süßwasser, im organischen Schlamm von Waldsümpfen.

Carbonicola pseudorobusta Trueman; Coal Measures, Oberkarbon, England

Typische Länge 7 cm

Reichweite U. Karbon	Verbreitung Westeuropa	Häufigkeit

Ordnung UNIONOIDA	Familie Unionidae	Allgemeiner Name Teichmuschel

UNIO

Die längliche bis ovale Schale ist glatt mit einer bläulichen oder violetten perlartigen Innenseite. Die mittlere Schalenlage besteht aus prismatischen Kristallen und wird von einer organischen Haut bedeckt. Zwei Schloßzähne liegen vor und zwei lange Zähne hinter dem Wirbel.
• HABITAT Diese Tiere leben aufrecht zum Teil eingebettet in Sand, Silt oder Geröllen von Seen oder Flüssen. Ihre Larven bohren sich unter die Schuppen von Fischen, lassen sich an geeigneter Stelle fallen und ermöglichen so eine weite Verbreitung.

BEIDE KLAPPEN VERBUNDEN

Unio menki (Koch & Dunker); Wealden-Schichten, Unterkreide, England

Typische Länge 8 cm

Reichweite Trias–Rezent	Verbreitung Weltweit	Häufigkeit

Ordnung TRIGONIOIDA	Familie Trigoniidae	Allgemeiner Name Dreiecksmuschel

MYOPHORELLA

Die dicken Klappen von *Myophorella* sind halbkreisförmig und jeweils in zwei Bereiche aufgeteilt: in den Hauptteil mit schräg konzentrischen Knotenreihen und den hinteren, abfallenden Teil, der verhältnismäßig glatt ist. Auf der Innenseite sind die Klappen irisierend. Zwei geriefte und auseinanderlaufende Zähne sind unterhalb des rechten Klappenwirbels angeordnet und passen genau in zwei Gruben der linken Klappe.
• HABITAT Diese Muschel existierte in tieferen Meeresbereichen des Mesozoikums.

SCHALEN IN SANDSTEIN

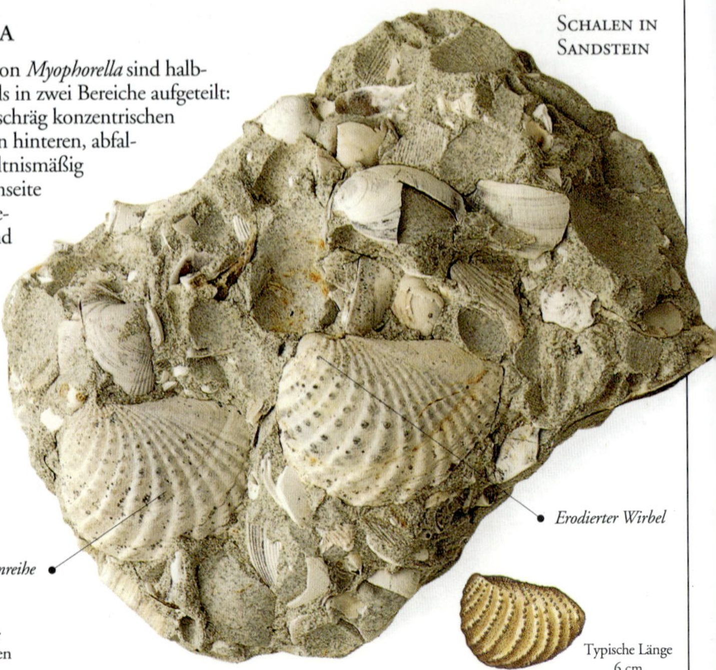

Myophorella elisae; Unterkreide, Belgien

Typische Länge 6 cm

Reichweite U. Jura–U. Kreide	Verbreitung Weltweit	Häufigkeit

Ordnung VENEROIDA	Familie Fimbriidae	Allgemeiner Name Korbmuschel

FIMBRIA

Fimbria besitzt eine aufgeblähte, eiförmige Schale. Die anfangs stärkeren konzentrischen Rippen wirken wie geflochtene Schnüre. Die radialen Rippen verdicken sich zum Schalenende hin. Der ganze Schalenrand ist auf der Innenseite fein gezähnelt. Zwei Hauptzähne finden sich unterhalb des Wirbels und zwei seitliche Zähne auf beiden Klappen.

• HABITAT Dieser Suspensionsfresser lebte in warmen Flachmeeren.

Typische Länge 8 cm

Fimbria subpectunculus (d'Orbigny); Pariser Grobkalk, Mitteleozän, Frankreich

Reichweite Paleozän–Rezent	Verbreitung Weltweit	Häufigkeit

Ordnung VENEROIDA	Familie Chamidae	Allgemeiner Name Hufmuschel

CHAMA

Die linke Klappe ist dick und konvex und mit dem Wirbel am Festkörper zementiert. Die rechte Klappe zeigt eine feine Mikroverzierung. Beide weisen konzentrische Fransen auf, die gefurchte Stacheln tragen. Das Schloß ist zurückgebildet und mit ein oder zwei großen, groben Zähnen versehen, die ineinandergreifen.

• HABITAT *Chama* lebt im Sand warmer Meere auf Steinen, Korallen oder Schalen.

• ANMERKUNG Die Stacheln wirken auf Algen und andere Organismen anziehend, die dadurch der Muschel eine Tarnung verleihen.

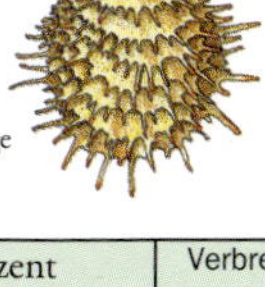

Typische Länge 3,5 cm

Chama calcarata Lamarck; Pariser Grobkalk, Mitteleozän, Frankreich

Reichweite Paleozän–Rezent	Verbreitung Tropen, Europa, Nordamerika	Häufigkeit

Ordnung VENEROIDA	Familie Carditidae	Allg. Name Falsche Herzmuschel

VENERICOR

Die dicke, ovale bis dreieckige Schale besitzt einen hervorstehenden Wirbel. Im Jugendstadium weist diese Form schmale Radialrippen auf, die mit kleinen Stacheln versehen sein können. Bald werden sie aber zu glatten Bändern, die von Furchen getrennt sind. In beiden Klappen trägt das dreieckige Schloß drei kräftige Zähne. Den inneren Schalenrand ziert eine Reihe von Zähnchen.

• HABITAT Lebte im Flachwasser, wo sie sich in Sand oder Silt eingrub.

• ANMERKUNG Doppelklappige Exemplare in Lebendstellung treten in bestimmten Schichten in großer Zahl auf.

Venericor planicosta (Lamarck); Earnley-Formation, Mitteleozän, England

Typische Länge 7,5 cm

Reichweite Paleozän–Eozän	Verbreitung Europa, Nordamerika	Häufigkeit

Ordnung VENEROIDA	Familie Astartidae	Allgemeiner Name Astarte-Muschel

ASTARTE

Die dicke Schale trägt gleichmäßig konzentrische Rippen. Das dicke Schloß ist mit drei Hauptzähnen in der rechten und zwei in der linken Klappe ausgestattet.

• HABITAT Gräbt sich weit ab vom Ufer in Schlamm, Sand oder Kies ein und dringt bis in beträchtliche Tiefen vor. Diese Form ist für boreale oder arktische Regionen typisch.

• ANMERKUNG Diese Form ist ein guter Anzeiger für kühleres Klima.

Typische Länge 2 cm

SCHALEN VON ASTARTE IN KALKSTEIN

Astarte elegans J. de C. Sowerby; Inferior Oolite, Mittlerer Jura, England

Reichweite Jura–Rezent	Verbreitung Weltweit	Häufigkeit

Ordnung VENEROIDA	Familie Crassatellidae	Allgemeiner Name _

CRASSATELLA

Die kräftige, rechteckige Schale besitzt zwei V-förmige Kardinalzähne in der linken und rechten Klappe, die von seitlichen länglichen Zähnen flankiert werden. Die zwei Muskelansatzstellen werden von einer geschwungenen Mantellinie begleitet. Die Schalenränder sind fein gerunzelt. Die jugendliche Schale weist kräftige konzentrische Rippen auf. Bei einigen Arten verschwinden sie später, bei anderen bleiben sie.

• HABITAT Diese Muscheln waren im warmen Flachwasser recht häufig, wo sie sich in Weichsubstrate einwühlten.

• ANMERKUNG Einige Arten dieser Gattung haben sich recht schnell entwickelt.

Crassatella lamellosa Lamarck; Pariser Grobkalk, Mitteleozän, Frankreich

Typische Länge 2 cm

Reichweite M. Kreide–Miozän	Verbreitung Europa, Nordamerika	Häufigkeit

Ordnung VENEROIDA	Familie Cardiniidae	Allgemeiner Name _

CARDINIA

Die Klappen von *Cardinia* sind mit unregelmäßigen konzentrischen Bändern verziert. Unmittelbar vor dem Wirbel befindet sich eine dreieckige Fläche, die so nach innen gebogen ist, daß sie den Wirbel stark unterschneidet. Die seitlichen Schloßzähne sind dick und kräftig.

• HABITAT Diese Form lebte wahrscheinlich im Meer, wo sie sich im warmen, flachen Wasser in Sand, Silt und Schlamm eingrub.

Cardinia ovalis (Stuchbury); Unterer Lias, Unterer Jura, England

Typische Länge 1,7 cm

Reichweite U. Trias–U. Jura	Verbreitung Weltweit	Häufigkeit

Ordnung	Familie	Allgemeiner Name
Veneroida	Cardiidae	Herzmuschel

Acrosterigma

Glatte, radiale Rippen, getrennt von Furchen, verzieren die elliptische Schale. Die Schloßplatte ist klein und stark gebogen. In der Mitte der linken Klappe befinden sich zwei kräftige, auseinanderlaufende Zähne, die zu einem schmalen Zahn in der rechten Klappe passen. Das vordere Schloßende ist verlängert und trägt zwei seitliche Zähne. Auf der Gegenseite liegt eine gehobene Platte (Nymphe), auf der das Ligament befestigt ist. Die Innenseite beider Klappen ist stark gefurcht.

• Habitat Diese Form gräbt sich in Sand, Silt und Schlamm tropischer Flachmeere ein.

Verschiedene Schalengrößen

Gut entwickelte Seitenzähne

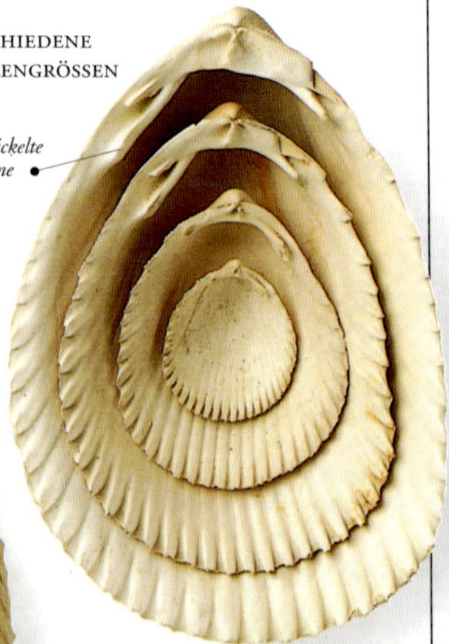

Rippen, durch schmale Furchen getrennt

Acrosterigma dalli Heilprin; Pliozän–Pleistozän, USA

Aussenseite der rechten Klappe

Typische Länge 9 cm

Reichweite	Verbreitung	Häufigkeit
U. Oligozän–Rezent	Weltweit	●●

Ordnung	Familie	Allgemeiner Name
Veneroida	Arcticidae	–

Arctica

Die dicke, aber glatte Schale von *Arctica* ist ei- bis herzförmig und trägt einen gegen das hintere Schalenende gedrehten Wirbel. Beide Klappen haben drei Zähne unterhalb des Wirbels und unmittelbar dahinter einen Seitenzahn. Die Schloßgrube vor dem Kardinalzahn ist mit Grübchen und Zähnchen versehen.

• Habitat Diese Muschel lebt auf harten und weichen Sandflächen und kommt von der Gezeitenzone bis in beträchtliche Tiefen vor.

• Anmerkung Das Auftreten dieser Gattung deutet auf Kaltwasserbedingungen hin. Fossil sind sie stets mit anderen Kaltwassermollusken vergesellschaftet.

Wirbel

Wachstumslinien

Arctica umbonaria (Lamarck); Pliozän, Italien

Typische Länge 9 cm

Reichweite	Verbreitung	Häufigkeit
O. Kreide–Rezent	Europa, Nordamerika	●●●●

Ordnung	Familie	Allgemeiner Name
Veneroida	Corbiculidae	–

Polymesoda

Polymesoda besitzt eine ovale Schale mit konzentrischen Wachstumsrippen und Runzeln. Neben drei Kardinalzähnen unterhalb des Wirbels gibt es auch kräftige Seitenzähne. Einige fossile Exemplare zeigen radiale Farbstreifen in Originalfarben.

• Habitat Lebt in Mangrovensümpfen und Lagunen tropischer und subtropischer Gebiete.

• Anmerkung Fossile europäische Exemplare unterscheiden sich von amerikanischen durch eine andere Mantellinie und andere Zähne.

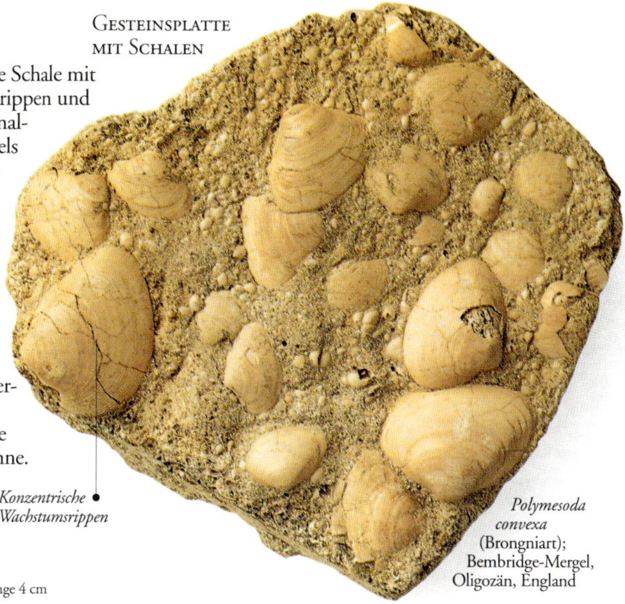

Polymesoda convexa (Brongniart); Bembridge-Mergel, Oligozän, England

Typische Länge 4 cm

Reichweite	Verbreitung	Häufigkeit
Eozän–Rezent	Weltweit	

Ordnung	Familie	Allgemeiner Name
Veneroida	Veneridae	Venusmuschel

Chione

Der Wirbel dieser ovalen bis dreieckigen Form ist nach vorne gebogen. Die Schalen sind mit konzentrischen Leisten und radialen Fadenrippen überzogen. Drei Schloßzähne sind in beiden Klappen sichtbar. Im Innern sind die Muskelansatzstellen mit der Mantellinie verbunden, die unmittelbar vor der hinteren Muskelansatzstelle eine kurze Einbuchtung besitzt.

• Habitat Diese Muschel gräbt sich im flachen Wasser in den Sand ein.

Chione (Lirophora) ceramota Gardner; Chipola-Formation, Unteres Miozän, USA

Typische Länge 1,6 cm

Reichweite	Verbreitung	Häufigkeit
Oligozän–Rezent	Nord- u. Südamerika, Neuseeland	

Ordnung Myoida	Familie Myidae	Allgemeiner Name Flußmuschel

Potamomya

Die kleine, dünne Muschel hat eine ei- bis keilförmige Schale, deren Oberfläche, abgesehen von einigen groben, unregelmäßigen Wachstumslinien, glatt ist. Das Ligament der rechten Klappe ist an einem zentral gelegenen, dreieckigen Vorsprung befestigt, dessen hinterer Teil zu einem schmalen, schrägen Zahn ausgezogen ist. Das linke Klappenschloß birgt eine Furche zur Aufnahme dieses Zahns.

• Habitat *Potamomya* war in nichtmarinem siltigem Sand und Schlamm recht häufig.

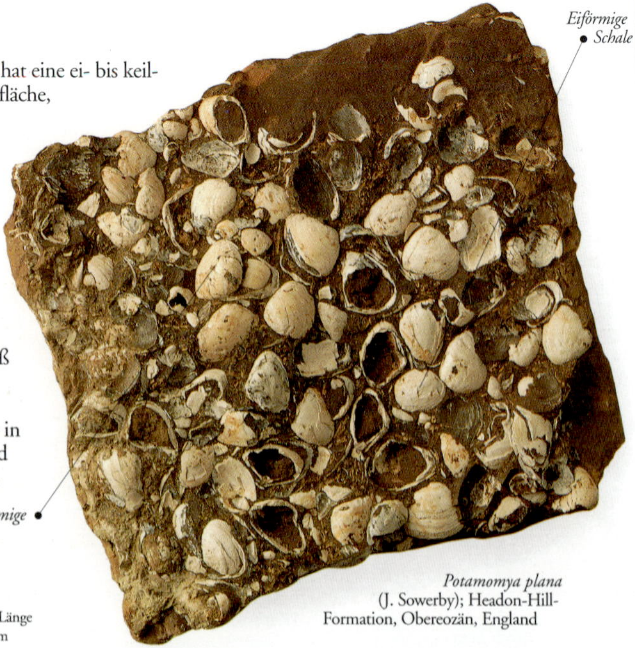

Potamomya plana (J. Sowerby); Headon-Hill-Formation, Obereozän, England

Typische Länge 1,3 cm

Reichweite O. Eozän–U. Oligozän	Verbreitung Europa	Häufigkeit

Ordnung Myoida	Familie Hiatellidae	Allgemeiner Name Felsenklaffmuschel

Panopea

Bei älteren Arten zeigen sich gleichmäßige konzentrische Wellen, während die hier vorliegende Art grobe, unregelmäßige Wachstumslinien auf der dünnen Schale hat. Neben einem schmalen zentralen Zahn sitzt in beiden Klappen eine hervorstehende Platte, an der das Ligament befestigt ist.

• Habitat *Panopea* gräbt sich in Silt und Schlick ein.

Panopea glycimeris (Born); Pliozän, Italien

Typische Länge 3,5 cm

Reichweite U. Kreide–Rezent	Verbreitung Weltweit	Häufigkeit

Ordnung Myoida	Familie Pholadidae	Allgemeiner Name Schiffsbohrwurm

Teredina

Teredina war mit zwei dreieckigen und aufgeblähten Schalen bestückt, die an eine Röhre zementiert waren. Im Jugendstadium klafften die Schalen hinten und vorne weit auseinander, später wurde eine dicke Haut ausgeschieden, die die hintere Öffnung bedeckte. Während des Wachstums wurde die Röhre stufenweise verlängert.

• Habitat Mit Hilfe ihrer Schale bohrte sie sich durch Holz, das im Süß- oder Brackwasser lag.

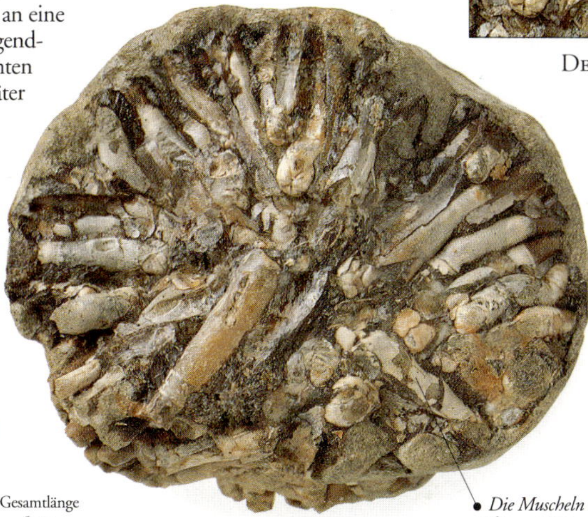

Teredina personata (Lamarck); London-Ton-Formation, Unteres Eozän, England

Reichweite O. Kreide–M. Miozän	Verbreitung Europa	Häufigkeit

Ordnung Myoida	Familie Teredinidae	Allgemeiner Name Schiffsbohrwurm

Teredo

Der Schiffsbohrwurm *Teredo* weist konvex eingeschnürte und T-förmige Klappen auf. Das Schloß ist ein langgezogener Auswuchs, an dem der Muskel befestigt ist.

• Habitat Diese Form lebt in Massen auf zum Grund abgesunkenen Hölzern.

Teredo cf. *antenautae* J. Sowerby; London-Ton-Formation, Unteres Eozän, England

Reichweite Eozän–Rezent	Verbreitung Weltweit	Häufigkeit

Ordnung HIPPURITOIDA	Familie Hippuritidae	Allgemeiner Name Rudist

HIPPURITES

Diese Gattung gehört zu einer besonderen Gruppe von Muscheln, den Rudisten. Eine Klappe ist konisch, erweitert sich becherförmig nach oben und ist an der Basis fest mit dem Boden verbunden. Die andere flache Klappe paßt wie ein Deckel und besitzt zwei lange Zähne, die ins Innere weisen; zudem trägt sie zwei Buckel, an denen die Muskeln sitzen. Die Außenseite ist mit runzligen Rippen besetzt. Im Innern befinden sich säulenartige Falten, ein schmaler Zahn und Gruben für die Aufnahme des anderen Klappenzahns. Die Schalenstruktur erlaubt das Durchströmen von Wasser.

• HABITAT *Hippurites* lebte in der Nähe von Korallen oder auf festem Sand in warmen Meeresbereichen. Obwohl viele Arten solitär vorkamen, bauten einige andere Arten kleine Riffkörper auf.

Typische Länge 10 cm

BEIDE KLAPPEN

Obere Klappe als Deckel

Untere Klappe mit radialen Rippen

Anheftungspunkt

Hippurites vesiculosus Woodward; Oberkreide, Türkei

Reichweite U. Kreide	Verbreitung Europa, NO-Afrika, USA, Asien	Häufigkeit ●●●●●

Ordnung PHOLADOMYOIDA	Familie Grammysiidae	Allgemeiner Name Falsche Rasierm.

SOLENOMORPHA

Die ziemlich lange und schmale Schale von *Solenomorpha* ist vorn, nahe dem Wirbel, am dicksten und verjüngt sich langsam nach hinten. Die glatten, paarigen Klappen klaffen leicht am Hinterende und tragen konzentrische Wachstumslinien.

• HABITAT *Solenomorpha* gruben sich in weiche Sedimente ein.

STEINKERN

Sich verjüngendes Hinterende

Solenomorpha minor (McCoy); Karbonkalke, Unterkarbon, England

Typische Länge 1,8 cm

Reichweite U. Devon–O. Perm	Verbreitung Weltweit	Häufigkeit ●●●

Ordnung Pholadomyoida	Familie Pholadomyidae	Allgemeiner Name –

Pholadomya

Die Oberfläche ist durch viele winzige Pusteln aufgerauht. Die radialen Rippen, die von konzentrischen Wülsten gekreuzt werden, sind auf der Schalenmitte am dicksten. Das schmale Schloß ist zahnlos. Die äußere Schale ist meist weggelöst und hinterläßt einen perlartigen Film auf dem Steinkern; die Innenseite ist irisierend.

• Habitat Lebte im flachen Wasser. Grub sich in Sand oder Schlamm ein. Heute lebende Arten sind auf tieferes Wasser beschränkt. Als Fossilien treten sie häufig mit geschlossenen Klappen im Gesteinsverband auf.

Pholadomya ambigua (J. Sowerby); Mittlerer Lias, England

Typische Länge 4 cm

Reichweite U. Trias–Rezent	Verbreitung Weltweit	Häufigkeit ●●●●●

Ordnung Pholadomyoida	Familie Pholadomyidae	Allgemeiner Name –

Wilkingia

Die dünne Schale irisiert auf der Innenseite. Die Wirbel liegen nahe dem vorderen Schalenrand, der vorne stark ausgezogen ist. Die Klappen tragen kräftige konzentrische Rippen, die in der Mitte dicker werden. Die Schalenenden sind bei den meisten Formen glatt, hier sind sie mit radialen Reihen feinster Pusteln besetzt. Der Schloßrand ist zahnlos, weist aber einen kurzen Wulst zur Halterung des Ligaments auf.

• Habitat Diese Form grub sich in weiche Sedimente des Flachwassers ein.

Wilkingia regularis King; Great Limestone, Unterkarbon, England

Typische Länge 3 cm

Reichweite U. Karbon–Perm	Verbreitung Weltweit	Häufigkeit ●●●

KAHNFÜSSER UND KÄFERSCHNECKEN

DAS GEHÄUSE dieser Tiere ist eine an beiden Enden offene Röhre mit konzentrischer Verzierung oder Längsrippen. Das breitere Ende enthält Kopf und Fuß und ist im Sediment eingegraben. Das schmalere, gekerbte Ende wird während des Wachstums regelmäßig abgestoßen. Käferschnecken besitzen einen kräftigen Fuß, der sich auf harten Oberflächen festsaugen kann. Der Körper besteht aus acht überlappenden Segmenten, die von einem stacheligen oder schuppigen Gürtel gehalten werden. Die Segmente weisen Ausscheidungs- und Sinnesorgane auf, die als kleine Poren die Oberfläche erreichen.

Ordnung	Familie	Allgemeiner Name
DENTALIIDA	Dentaliidae	Elefantenzahn

DENTALIUM

Die schmale, stoßzahnartige, röhrenartige Schale weist kräftige, scharf abgewinkelte und erhöhte Rippen auf, die längsseitig verlaufen. Das schmalere Hinterende ist stärker gekrümmt, streckt sich aber wieder während des Wachstums. Der Fuß und der antennentragende Kopf befinden sich am größeren vorderen Ende der Schale.

• HABITAT *Dentalium* lebt am Meeresboden in verschiedenen Temperatur- und Tiefenstufen.

Dentalium sexangulum
Schröter; Pliozän, Italien

Typische Länge 5 cm

Reichweite	Verbreitung	Häufigkeit
M. Trias–Rezent	Weltweit	

Ordnung	Familie	Allgemeiner Name
NEOLORICATA	Lepidopleuridae	Käferschnecke

HELMINTHOCHITON

Die große Schale wird von einer Reihe von acht rechteckigen Klappen gebildet, die mit Körnern und Runzeln verziert sind. Das Schwanzsegment und jenes in der Mitte besitzen zwei sich überlappende kleine Außenleisten, die zu Lebenszeiten im Gürtel eingebettet sind. Das halbkreisförmige Kopfsegment ist kleiner und besitzt keine Außenleisten. Das Gehäuse ist entlang der Mitte abgewinkelt und bildet einen stumpfen Grat vom Kopf bis zum Schwanz.

• HABITAT Lebte im warmen Wasser auf algenbedeckten Oberflächen

Helminthochiton turnacianus
(de Ryckholt); Unterkarbon, Belgien

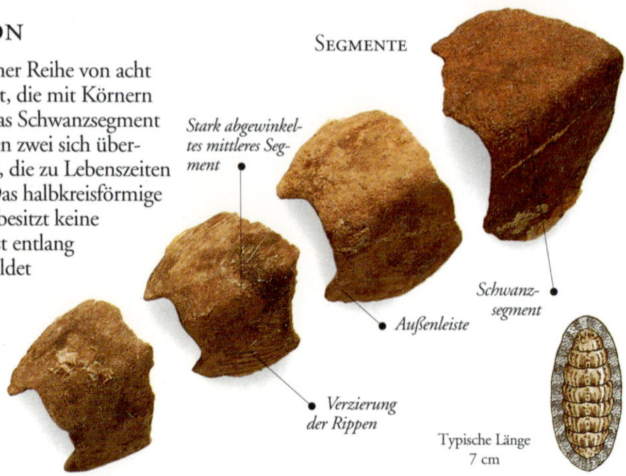

Typische Länge 7 cm

Reichweite	Verbreitung	Häufigkeit
U. Ordovizium–Karbon	Europa, Nordamerika	

Schnecken (Gastropoda)

Die Schnecken sind die umfangreichste Klasse der Weichtiere (Mollusken) und haben die verschiedensten marinen Lebensräume, das Süßwasser und das Land erobert. Sie besitzen einen Kopf mit Augen, einen Mund und einen abgeflachten Kriechfuß. Die Eingeweide sind meist in Kreise gelegt in einem spiraligen Gehäuse verborgen. Einige Gruppen tragen eine offene Gehäusespirale oder sind gestreckt, andere wiederum sind sekundär schalenlos. Die Gehäuse bestehen aus Calciumcarbonat, meist in Form von Aragonit, manchmal auch mit Lagen von Calcit. Eine innere Perlmuttlage ist für primitivere Formen typisch. Die äußere organische Hülle, die bei den meisten lebenden Formen entwickelt ist, fehlt meist bei fossilen Gehäusen. Einige Familien tragen einen Hautschlauch (Sipho), durch den Wasser bei der Schalenmündung eingesaugt wird.

Ordnung Archaeogastropoda	Familie Bellerophontidae	Allgemeiner Name _

Bellerophon

Das Gehäuse ist aufgerollt und wird in Richtung der Öffnung rasch breiter. Eine Kerbe an der Lippe bildet eine Rippe, die entlang der Mittellinie verläuft.

• Habitat Diese Meeresschnecke lebte möglicherweise von pflanzlichem Material.

Bellerophon sp.; Karbonkalke, Karbon, Belgien

Typische Länge 7,5 cm

Aufsicht

Reichweite Silur–U. Trias	Verbreitung Weltweit	Häufigkeit ֍֍֍֍

Ordnung Archaeogastropoda	Familie Euomphalidae	Allgemeiner Name _

Euomphalus

Die leicht erhöhte Gehäusespirale fällt auf. Eine Kerbe bei den Wachstumslinien bildet eine kantige Rippe und läßt die Windung geschachtelt erscheinen. Im frühen Wachstum bilden sich im Innern Kammerscheidewände.

• Habitat Lebte auf Pflanzen im Meer.

Euomphalus pentangulus (J. Sowerby); Karbonkalke, Karbon, Irland

Typische Länge 6 cm

Ansicht von oben

Querschnitt

Reichweite Silur–M. Perm	Verbreitung Weltweit	Häufigkeit ֍֍֍

Ordnung Archaeogastropoda	Familie Pleurotomariidae	Allgemeiner Name Kreiselschnecke

Pleurotomaria

Das stumpfkegelige Gehäuse besitzt konvexe Windungen, die durch eine Naht getrennt sind. Seine äußere Lage ist calcitisch, innen ist es mit Perlmutt ausgekleidet. Im oberen Teil der Lippe liegt eine tiefe und enge Kerbe. Während des Wachstums bildete sich ein Schlitzband, das um die ganze Windung verläuft; dem lebenden Tier diente es als Ausströmöffnung. Das Gehäuse ist mit feinen, fadenartigen Rippen, gekreuzt von schräg verlaufenden Linien, verziert. Häufig sind sie verdickt und bilden Rippen an der dicksten Stelle der Windung.
• Habitat Diese Gattung lebte weltweit in der Tiefsee.

Typische Länge
6 cm

Pleurotomaria deshayesii
Deslongchamps;
Mittlerer Lias,
Frankreich

Reichweite U. Jura–U. Kreide	Verbreitung Weltweit	Häufigkeit

Ordnung Archaeogastropoda	Familie Fissurellidae	Allgemeiner Name Napfschnecke

Diodora

Die stumpfkegelige Schale hat einen ovalen Umriß. An der vorderen Seite der Spitze sitzt ein Loch, das dem Tier als Ausströmkanal dient. Das Gehäuse trägt radiale Rippen wechselnder Stärke, die von Wachstumslinien gekreuzt werden.
• Habitat *Diodora* lebt im flachen Wasser und ernährt sich von Schwämmen und pflanzlichen Resten.

Typische Länge
8 mm

Schalenaussenseite

Diodora floridana
Gardner; Pliozän, USA

Reichweite U. Kreide–Rezent	Verbreitung Weltweit	Häufigkeit

Ordnung ARCHAEOGASTROPODA	Familie Symmetrocapulidae	Allgemeiner Name Napfschnecke

SYMMETROCAPULUS

Diese Napfschnecke hatte eine große, kappenförmige Schale, einen ovalen Rand und als Verzierung unzählige Radialrippen, die von konzentrischen Falten unterbrochen werden. Die ersten beiden Windungen sind glatt und etwas links des höchsten Punkts nach vorne gebogen.

• HABITAT Diese Meeresnapfschnecke graste Algen von Gesteinsoberflächen ab.

Symmetrocapulus rugosus (J. de C. Sowerby); Inferior Oolite, Mittlerer Jura, Frankreich

Typische Länge 3,5 cm

Reichweite Jura–Eozän	Verbreitung Europa, Nordamerika	Häufigkeit ⊛

Ordnung ARCHAEOGASTROPODA	Familie Platyceratidae	Allgemeiner Name _

PLATYCERAS

Die ersten Windungen des Gehäuses bilden eine offene Spirale, werden aber schnell breiter, so daß die letzte Windung aufgebläht und mehr oder weniger kappenartig wirkt. Sinusförmige Wachstumslinien erzeugen deutliche Rippen und Furchen, die den Schalenrand in Falten legen. Obwohl ohne eigentliche Funktion, passen sie sich dem Untergrund an, und deshalb sehen Invidividuen der gleichen Art oft verschieden aus.

• HABITAT Auf Seelilien lebend, werden die Gehäuse von *Platyceras* oft in Lebendstellung gefunden.

Platyceras haliotis (J. de C. Sowerby); Wenlockkalke, Silur, England

Typische Länge 2 cm

Reichweite Silur–U. Karbon	Verbreitung Weltweit	Häufigkeit ⊛⊛⊛⊛

Ordnung ARCHAEOGASTROPODA	Familie Trochiidae	Allgemeiner Name –

CALLIOSTOMA

Die als idealer Kegel geformte dünne Schale weist schwache Nähte auf, welche die Windungen trennen. Diese sind mit einer Anzahl spiralig verlaufender Knotenschnüre besetzt. Diese Schnüre setzen sich bis zur flachen, nabellosen Basis fort. Die schräge Lippe verbirgt etwas die Öffnung.

• HABITAT Die verschiedenen Arten bewohnten Felsenküsten.

Calliostoma nodulosum (Solander in Brander); Barton-Ton-Formation, Mittleres Eozän, England

Typische Länge 3 cm

Reichweite U. Kreide	Verbreitung Weltweit	Häufigkeit

Ordnung ARCHAEOGASTROPODA	Familie Neritidae	Allgemeiner Name Schnecke

VELATES

Diese Schnecke besaß eine dicke, ovale Schale mit niedrigem Kegelquerschnitt. Die ersten Windungen sind regelmäßig gedreht und am rechten hinteren Viertel an der Spitze sichtbar. Eine Lage von poliertem Schmelz verdeckt die Spindel und bildet eine dicke Kappe, die in einer gezähnten Leiste bei der Öffnung endet. Ein eigenständiger Deckel (Operculum) verschloß zu Lebzeiten das Gehäuse.

• HABITAT *Velates* lebte auf sandigen Flachwasserböden, ihr Schalengewicht verlieh ihr Stabilität.

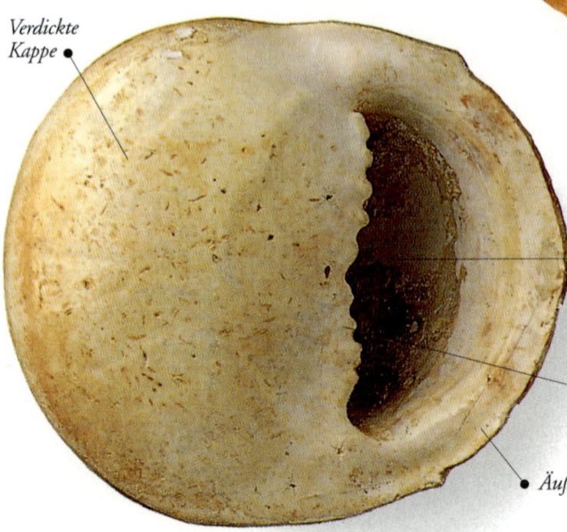

Velates perversus (Gmelin); Unteres Eozän, Frankreich

Typische Länge 3 cm

Reichweite U.–M. Eozän	Verbreitung Weltweit	Häufigkeit

Ordnung Mesogastropoda	Familie Viviparidae	Allgemeiner Name Teichschnecke

Viviparus

Die kleine bis mittelgroße Schale des gleichmäßig gewundenen Gehäuses ist dünn, zerbrechlich, in der Regel konvex und glatt und zeigt schwache Wachstumslinien. Im Profil steht die Lippe senkrecht, während sich die ovale Mündung am oberen Ende leicht verengt; der Rand verbirgt dabei den Nabel fast vollständig. Zu Lebzeiten verschliesst ein flexibler horniger Deckel die Öffnung.

• Habitat *Viviparus* lebt in Süßwasserseen, Tümpeln und langsamen Fließgewässern.

• Anmerkung Da diese Formen nur geringste Salinitätsschwankungen ertragen, sind Gehäuse von *Viviparus* hervorragende Anzeiger für nichtmarine Bedingungen.

Typische Länge 2,5 cm

Viviparus angulosus (J. Sowerby); Obereozän, England

Reichweite M. Jura–Rezent	Verbreitung Weltweit	Häufigkeit ●●●●●

Ordnung Mesogastropoda	Familie Coelostylinidae	Allgemeiner Name –

Bourguetia

Die große, mäßig dicke Schale von *Bourguetia* hat konvexe Umgänge, die von markanten Nähten getrennt sind. Die verlängerte Spindel erscheint turmartig und ist etwas länger als die letzte Windung. Der obere Teil der Schale ist mit flachen Rinnen verziert, die die Oberfläche in schmale, flache, spiralige Bänder aufteilt. Im unteren Gehäuseteil werden sie zu dickeren Schnüren. Die Mündung ist oval mit durchgehendem Rand.

• Habitat Abgesehen von einer gewissen Ähnlichkeit mit *Viviparus (siehe oben)* war *Bourguetia* eine reine Meeresschnecke, die zwischen Korallenstöcken und Schwammriffen in warmen Flachmeeren lebte.

Bourguetia saemanni (Oppel); Osmington Oolite; Mittlerer Jura, England

Typische Länge 11 cm

Reichweite M. Trias–U. Jura	Verbreitung Europa, Neuseeland	Häufigkeit ●●

Ordnung Mesogastropoda	Familie Potamididae	Allgemeiner Name –

Brotia

Brotia besitzt eine schmale, turmförmige Schale. Jugendliche Windungen werden, wenn nicht mehr gebraucht, mit einem Zapfen versiegelt und abgeworfen oder wegerodiert. Die Ornamentierung besteht aus wenigen scharfen, knotenartigen Bändern, die von schrägen Rippen unterbrochen werden. Das oberste Band trägt die stärksten Zähnchen und setzt die Schulter etwas ab. Eine breite Einbuchtung sitzt am oberen Lippenende, während am unteren Ende der Mündung ein schwacher, kanalförmiger Ausguß sichtbar wird.

• Habitat *Brotia* ernährt sich von organischen Partikeln im Schlamm von warmen Brackwasserlagunen.

Brotia melanoides (J. de C. Sowerby); Woolwich-Schichten, Paleozän, England

Typische Länge 4 cm

Reichweite Paleozän–Rezent	Verbreitung Europa, Asien	Häufigkeit ●●●

Ordnung Mesogastropoda	Familie Turritellidae	Allgemeiner Name Turmschnecke

Archimediella

Die Schale von *Archimediella* bildet einen langen Kegel mit abgeflachten Seiten. Die Windungen werden nur langsam dicker, wobei jede Windung die nächstfolgende etwas überdeckt. Die Spitze wird oft versiegelt und abgeworfen wie bei *Brotia*. Die wenigen deutlichen Bänder in den ersten Windungen nehmen während des Wachstums zahlenmäßig zu. Die Mündung ist viereckig, und die dünne Lippe zeigt oft Bruchstellen.

• Habitat *Archimediella* ist ein Suspensionsfresser flacher Küstengewässer.

Archimediella pontoni (Mansfield); Pliozän, USA

Typische Länge 6 cm

Reichweite U. Eozän–Rezent	Verbreitung Weltweit	Häufigkeit ●●●●●

Ordnung Mesogastropoda	Familie Campanilidae	Allgemeiner Name Turmschnecke

Campanile

Das Gehäuse von *Campanile,* eines Riesen unter den Gastropoden, erreicht bis 60 cm Länge; ausgestreckt wäre die Röhre über 3 m lang. Während des Wachstums bildet diese Schnecke bis zu dreißig Windungen, die jüngsten werden gefüllt und versiegelt und regelmäßig durch Erosion abgeschliffen. Jugendwindungen sind turmförmig, haben eine obere Knotenreihe, und unterhalb sitzt ein feineres Knotenband. Die letzten Windungen sind kaum verziert und tragen nur eine Reihe stumpfer Knoten. Die große, erweiterte Mündung ist nur bei ausgewachsenen Tieren ausgebildet. Die zentrale Spindel (Columella) wird von zwei Kanten verstärkt, die an der Mündung verborgen sind, beim Aufbrechen des Gehäuses aber gut sichtbar werden. Eine calcitisierte äußere Lage ist mit Reihen kleiner Gruben besetzt.

• Habitat *Campanile* ernährt sich von Algen und lebt auf Sandböden des flachen warmen Wassers. Die Spitze der schweren Schale wird während des Kriechens am Boden nachgeschleppt und schleift sich einseitig ab.

• Anmerkung Eine einzige Art hat bis heute in den flachen Küstengewässern Australiens überlebt.

Campanile giganteum (Lamarck); Pariser Grobkalk, Mitteleozän, Frankreich

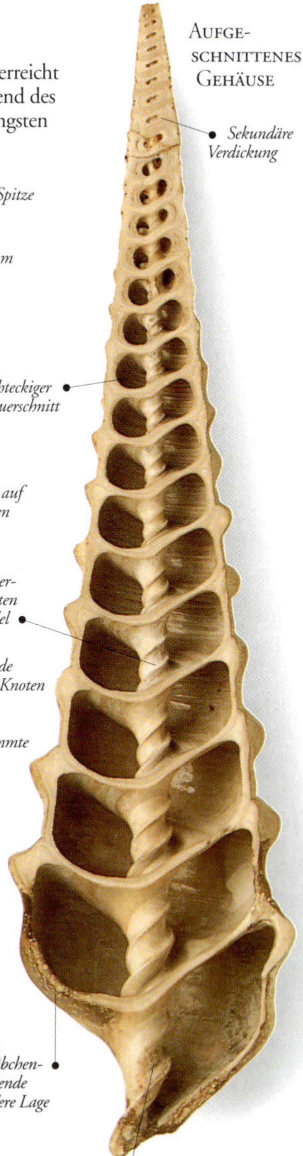

Typische Länge 30 cm

Reichweite U. Kreide–Rezent	Verbreitung Weltweit	Häufigkeit ●●●

Ordnung MESOGASTROPODA	Familie Aporrhaidae	Allgemeiner Name Pelikanfuß

TESSAROLAX

Das schmale, zweiseitig konische Gehäuse von *Tessarolax* ist mit Rippen versehen und besitzt vier zu langen, zerbrechlichen Stacheln ausgezogene Fortsätze. Ihr Ansatz ist mit einem Auswuchs der Lippe verbunden, ähnlich den Schwimmhäuten bei Enten.

• HABITAT War möglicherweise ein Detritusfresser und lebte auf schlammigen Sandböden in mäßig tiefem Wasser.

• ANMERKUNG Die langen Stacheln verhinderten wahrscheinlich das Einsinken in den Untergrund.

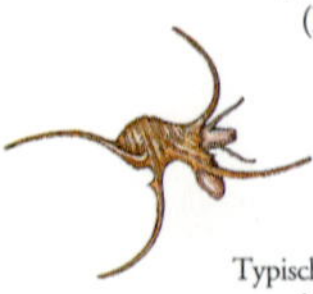

Typische Länge 6 cm

Tessarolax fittoni (Forbes); Lower Greensand, Unterkreide, England

Reichweite Kreide	Verbreitung Weltweit	Häufigkeit ֍

Ordnung MESOGASTROPODA	Familie Struthiolariidae	Allgemeiner Name Straußenfuß

STRUTHIOLARIA

Diese Schnecke hat eine verhältnismäßig große Wohnkammer und turmförmige Umgänge. Sinusförmige Linien markieren die Lage der Lippen während des Wachstums. In ausgewachsenem Zustand sind sowohl Lippe als auch innerer Rand der Mündung mit Schmelz verstärkt und bilden eine Art Polster. Spiralförmige Bänder zieren oft die ganze Schale, wobei die höchste Stelle der Windung Rippen oder Knoten trägt. Einige Arten hingegen sind glattpoliert.

• HABITAT Diese Gattung lebt im flachen Wasser und frißt Algenreste.

Typische Länge 4 cm

Struthiolaria (Struthiolariella) amehinoi Ihering; Santa-Cruz-Formation, Eozän/Oligozän, Argentinien

Reichweite Paleozän–Rezent	Verbreitung Australasien, Südamerika	Häufigkeit ֍֍֍

Ordnung Mesogastropoda	Familie Strombidae	Allgemeiner Name –

Rimella

Das Gehäuse von *Rimella* setzt sich aus konvexen Umgängen zusammen, die mit zahlreichen Rippen verziert sind. Die Spirale besteht aus engstehenden Bändern, die bei einigen Arten etwas abgenützt erscheinen. Die Mündung ist linsenförmig, und die letzte Windung verjüngt sich zu einem schmalen Ausguß, der durch eine Kerbe von der Lippe getrennt wird. Die adulten Schnecken schieden einen vom oberen Rand der Mündung zur Spitze verlaufenden Kanal aus, der dort leicht umgebogen war. Da dieser Kanal für die Aufnahme des Siphos zu klein war, bleibt dessen Funktion ungeklärt.

• Habitat War möglicherweise pflanzenfressend und lebte im Schlamm und Sand warmer, flacher Meere.

Typische Länge 2,5 cm

Rimella fissurella (Linné); Pariser Grobkalk, Mittleres Eozän, Frankreich

Reichweite Paleozän–Oligozän	Verbreitung Weltweit	Häufigkeit ❁❁❁❁

Ordnung Mesogastropoda	Familie Hipponicidae	Allgemeiner Name Hufschnecke

Hipponix

Die kleine bis mittelgroße, kappenförmige Schale zeigt unterschiedliche Umrißformen. Die jugendliche Schale ist glatt und rechts gegen die Spitze hin leicht eingerollt; letztere nutzt sich aber schon bald ab. Das Gehäuse der erwachsenen Tiere verbreitert sich rasch und bildet einen niedrigen Kegel mit einem verlängerten Schnabel, der häufig über den Hinterrand hinausragt. Verziert ist die Schale mit feinen, radialstrahligen Rippen.

• Habitat *Hipponix* lebt auf Schalen oder Korallen im warmen Flachwasser, wo sie Nahrungspartikel aus dem Wasser filtert.

Hipponix dilatatus (Lamarck); Lutetium-Kalk, Mittleres Eozän, Frankreich

Typische Länge 2 cm

Reichweite U. Kreide–Rezent	Verbreitung Weltweit	Häufigkeit ❁❁❁

Ordnung	Familie	Allgemeiner Name
Mesogastropoda	Calyptraeidae	Napfschnecke

Crepidula

Crepidula wächst von einer einfachen Windung im Jugendstadium zu einer langovalen Erwachsenenschale aus, die bei einigen Arten glatt, bei anderen berippt und mit Stacheln versehen ist. Auf der Unterseite ist die Mündung halb von einer dünnen, polierten Leiste bedeckt, die die Eingeweide schützt.

• Habitat Das Tier filtert seine Nahrung aus der Strömung flacher Gewässer. Der unregelmäßige Schalenrand läßt auf eine sessile Lebensweise schließen.

Crepidula falconeri Newton; Mittleres Eozän, Nigeria

Typische Länge 2 cm

Reichweite	Verbreitung	Häufigkeit
U. Kreide–Rezent	Weltweit	◉◉◉

Ordnung	Familie	Allgemeiner Name
Mesogastropoda	Xenophoridae	Trägerschnecke

Xenophora

Diese Form besitzt einen mäßig flachen, konischen Gehäusequerschnitt mit schwachen Nähten, die Umgänge sind mit schräglaufenden unterbrochenen Rippen versehen. Die flache Unterseite mit ihrer schmalen Mündung wird von einem dünnen, wellenartigen Rand überdeckt.

• Habitat Unter der Schale versteckt, durchsucht dieses Tier den Schlamm des tieferen Wassers nach Mikroorganismen.

• Anmerkung Hat die Gewohnheit, Schalen oder -reste an ihr Gehäuse zu kleben, in das sie später teilweise einwachsen.

Ansicht von unten

Seitenansicht

Xenophora crispa (König); Pliozän, Italien

Typischer Durchmesser 3 cm

Reichweite	Verbreitung	Häufigkeit
U. Kreide–Rezent	Weltweit	◉◉◉

Ordnung Mesogastropoda	Familie Cypraeidae	Allgemeiner Name Kaurischnecke

Umbilia

Diese Kauri trägt eine kugelige Schale mit abgeflachter Basis und schmal zulaufenden Enden. Das Gehäuse besteht aus einer flachen Spirale und wird von glänzendem Schmelz verdeckt. Ausgewachsen ist die Lippe nach innen gedreht und aufgebläht und läßt die lange Mündung schmal erscheinen. Diese ist nach oben gebogen und trägt eine Reihe starker Zähne, während die Lippe mit feinen Zähnchen verziert ist.

• Habitat Ernährt sich von Organismenresten. Über die Lebensweise ist nur wenig bekannt.

Umbilia eximia
(G. B. Sowerby); Miozän, Australien

Typische Länge
3,5 cm

Reichweite M. Oligozän–Rezent	Verbreitung Australien	Häufigkeit ◉

Ordnung Mesogastropoda	Familie Naticidae	Allgemeiner Name Raubschnecke

Natica

Das glatte, kugelförmige Gehäuse hat eine große Wohnkammer und viele kleinere Anfangswindungen. Der Nabel trägt eine zentrale Rippe. Die äußere Lippe ist dünn, und die Mündung wird zu Lebzeiten von einem Deckel fest verschlossen.

• Habitat Diese Schnecke lebt in verschiedenen Meerestiefen und im Brackwasser. Sie lebt räuberisch, indem sie Löcher in die Gehäuse anderer Weichtiere bohrt und sie aussaugt.

Schale eines Beutetiers

Gehäuse von oben gesehen

Natica millepunctata
Lamarck; Pliozän, Italien

Typische Länge
3 cm

Reichweite Paleozän–Rezent	Verbreitung Weltweit	Häufigkeit ◉◉◉◉◉

Ordnung MESOGASTROPODA	Familie Cassidae	Allgemeiner Name _

CASSIS

Cassis trägt eine kräftige Schale. Die Wohnkammer weist spiralig und schräg verlaufende Fadenrippen und zwei bis vier spiralig verlaufende Knotenreihen auf. Die oberste Reihe liegt auf dem abgewinkelten Umgang der Windung, aus der eine niedrige, konische Spindel entspringt. Die zurückgebogene, verdickte Lippe ist auf der Innenseite gerunzelt. Eine grobberippte Lage Schmelz ist um Mündung und Wohnkammer herumgelegt. Auf der Unterseite der Mündung, leicht auswärts gebogen, befindet sich der röhrenförmige Kanal für den Sipho.
• HABITAT *Cassis* ist eine aktive Räuberin, die auf Korallenbruchstücken oder Sand im warmen Wasser lebt.

Typische Länge
10 cm

Cassis cancellata Lamarck; Pariser Grobkalk, Mittleres Eozän, Frankreich

Reichweite Paleozän–Rezent	Verbreitung Weltweit	Häufigkeit

Ordnung MESOGASTROPODA	Familie Ficidae	Allgemeiner Name _

FICOPSIS

Ficopsis hat eine dünne Schale, die sich zu einem schmalen Ausguß verjüngt. Die jugendlichen Umgänge sind viel kürzer als die Wohnkammer und haben leicht konvexe Windungen, eine schmale Spitze und gut ausgebildete Nähte. Ein Gitter feiner Fadenrippen überzieht das ganze Gehäuse. Der Umgang der Wohnkammer ist konvex und im Querschnitt vieleckig bis gleichmäßig gerundet, da Schultern und Spiralrippen nur schwach betont sind. Die eiförmige Mündung ist dünnlippig und verengt sich zu einem langen Siphonalkanal.
• HABITAT Diese Schnecke lebte auf Sandböden in warmen Regionen.

Typische Länge
6 cm

Ficopsis penita (Conrad); Gosport-Sande, Mittleres Eozän, USA

Reichweite Eozän	Verbreitung Nordamerika, Europa	Häufigkeit

Ordnung	Familie	Allgemeiner Name
Mesogastropoda	Epitoniidae	Wendeltreppe

Cirsotrema

Cirsotrema besitzt ein langgestrecktes, calcitisches Gehäuse mit konvexen Windungen, die von tiefen Nähten getrennt sind. Es ist mit erhöhten, gefransten Rippen verziert, die aus gebündelten feinen Streifen bestehen. Bei einigen Arten laufen sie vom einen zum nächsten Umgang durch. Manchmal sind dazwischen schwache Spiralen sichtbar, die ab und zu die Rippen überqueren. Die Unterseite wird von einem starken Wulst umgeben.

• Habitat Diese im Meer lebende Form ist fleischfressend und braucht seinen langen Rüssel, um sessile Tiere zu fressen.

Cirsotrema lamellosum (Brocchi); Pliozän, Italien

Typische Länge 3 cm

Reichweite	Verbreitung	Häufigkeit
Paleozän–Rezent	Weltweit	

Ordnung	Familie	Allgemeiner Name
Neogastropoda	Muricidae	–

Murexsul

Murexsul ist mittelgroß mit scharfen Rippen und einem verlängerten Ausguß. Die Windungen besitzen abgesetzte Flanken, die Nähte sind tief. Daraus resultiert eine turmförmige Spirale, die mit engstehenden, wulstförmigen Rippen besetzt ist. In bestimmten Abständen sind sie erhaben und bilden einen Grat von Hohlstacheln. Die letzte Rippe umgibt die glatte, mit Schmelz überzogene Mündung, die vom Rest des Gehäuses leicht abgehoben ist. Der untere Mündungsteil verjüngt sich zu einem Siphonalkanal, der röhrenförmig und nahezu geschlossen erscheint und mehr Hohlstacheln hat als das übrige Gehäuse.

• Habitat *Murexsul* ist eine in mäßig tiefem Wasser lebende, fleischfressende Form.

Murexsul octogonus (Quoy & Gaimard); Oberes Pliozän, Neuseeland

Typische Länge 9 cm

Reichweite	Verbreitung	Häufigkeit
Miozän–Rezent	Australasien, Westpazifik	

Ordnung	Familie	Allgemeiner Name
Neogastropoda	Muricidae	–

Ecphora

Ecphora ist eine der auffälligsten und am besten bekannten fossilen Schnecken. Die Spirale ist relativ klein und turmförmig. Die Umgänge sind mit zwei deutlichen, umlaufenden Kielen besetzt, die manchmal auch gefurcht sind. Am Ende der Wohnkammer tauchen zwei oder mehr Kiele auf. Der Siphonalkanal ist von der Mündung her zurückgebogen, und entlang des Ausgusses bilden die älteren Siphoöffnungen eine spiralförmige Kette von Rüsseln.

• Habitat Diese Form war ein Fleischfresser und lebte in flachem Wasser.

Typische Länge 10 cm

Ecphora quadricostata (Say); Yorktown-Formation, Pliozän, USA

Reichweite	Verbreitung	Häufigkeit
U. Oligozän–Pliozän	Nordamerika, Europa	4

Ordnung	Familie	Allgemeiner Name
Neogastropoda	Buccinidae	Wellhorn

Neptunea

Diese große Schnecke besitzt runde Umgänge, die von tiefen Nähten getrennt werden. Einige Arten sind rechtsgedreht wie die meisten Gastropoden, andere hingegen linksgedreht. Die lange, treppenförmige Spirale mündet in eine konvexe Wohnkammer. Die große, eiförmige Mündung besitzt einen kurzen und breiten Siphonalkanal. Falls vorhanden, ist die Verzierung auf Spiralfäden, Wülste oder Kiele beschränkt, obwohl manchmal auch grobe querlaufende Wachstumslinien auftreten können.

• Habitat Eine im kalten Wasser lebende fleischfressende Form, die sich von Muscheln und anderen Wirbellosen ernährt. Lebt im mäßig tiefen bis sehr tiefen Wasser.

Neptunea contraria (Linné); Red Crag, Oberes Pliozän, England

Typische Länge 9 cm

Reichweite	Verbreitung	Häufigkeit
U. Eozän–Rezent	Weltweit	3

Ordnung Neogastropoda	Familie Fasciolariidae	Allgemeiner Name –

Clavilithes

Clavilithes weist ein relativ großes fusiformes (spindelförmiges) Gehäuse auf. Die ersten Umgänge sind glatt und gleichmäßig groß und entwickeln niedrige Rippen, die von Spiralfäden gekreuzt werden. Die Verzierung verschwindet bald, hinterläßt noch einige Spiralrippen, und die Umgänge flachen sich ab. Eine markante Leiste an der Oberseite jeder Windung gibt dem Ganzen ein treppenartiges Aussehen. Der letzte Umgang ist tassenförmig, die Mündung oval.

• Habitat Möglicherweise fleischfressende Schnecke, die auf Sand, Silt und Schlamm in mäßig tiefem, warmem Wasser lebte.

Typische Länge 12 cm

Clavilithes macrospira Cossmann; Barton-Ton-Formation, Mittleres Eozän, England

Reichweite Paleozän–Pliozän	Verbreitung Weltweit	Häufigkeit

Ordnung Neogastropoda	Familie Volutidae	Allgemeiner Name –

Volutospina

Das mittlere bis große bikonische Gehäuse besitzt eine scharfe Spitze. Abgesehen von den schwachen Nähten ist es turmförmig, da die kurzen Rippen auf der Flanke in spitzen Stacheln enden. Die Wohnkammer ist mit schwachen, flachen Spiralbändern verziert, die von zahlreichen unscheinbaren und senkrechtstehenden Wachstumslinien gekreuzt werden. Die eher enge Mündung verjüngt sich zu einem offenen Siphonalkanal, die äußere Lippe ist nicht verdickt. Auf der Columella sitzen mehrere Falten, wobei die unterste die stärkste ist. Eine Schmelzlage zieht von der Innenseite über die Wohnkammer.

• Habitat Diese Form lebte auf Sand- oder Schlammböden im warmen Wasser.

• Anmerkung Wie auch andere Formen dieser Gattung, war *Volutospina* ein schneller Räuber.

Volutospina luctator (Solander in Brander); Barton-Ton-Formation, Mittleres Eozän, England

Typische Länge 7 cm

Reichweite U. Kreide–Pliozän	Verbreitung Weltweit	Häufigkeit

Ordnung NEOGASTROPODA	Familie Pseudolividae	Allgemeiner Name Falsche Olive

PSEUDOLIVA

Die nahezu halbkugelige Schale von *Pseudoliva* ist zusammengedrückt und weist eine zentral gelegene, hervorstehende Spitze auf. Die eiförmige Wohnkammer hat eine bucklige Schulter, da gleich unterhalb der Naht Schalenschmelz ausgeschieden wird. Die Arten sind unterschiedlich mit Knoten, Rippen oder groben Wachstumslinien verziert. Die breite Mündung trägt einen weiten Siphonalkanal. Weit unten an der äußeren Lippe sitzt eine tiefe Furche, die entlang der einzelnen Umgänge zieht.

• HABITAT *Pseudoliva* lebt auf Sand und Silt im flachen Wasser.

• ANMERKUNG Eine Art hat bis heute in Westafrika überlebt.

Pseudoliva laudunensis (Defrance); London-Ton, Unteres Eozän, England

Typische Länge 3 cm

Reichweite U. Kreide–Rezent	Verbreitung Weltweit	Häufigkeit ◉◉◉◉

Ordnung NEOGASTROPODA	Familie Conidae	Allgemeiner Name _

CONUS

Conus trägt ein kräftiges Gehäuse mit einer glatten, konischen Wohnkammer, die abgewinkelt ist und damit eine plattformartige Spitze bildet. Die Spindel ist gedrückt und treppenförmig und endet in einer zentralen Spitze. Eine Lippe, die parallel zur Windung verläuft, bildet eine gerade und schmale Mündung, die so groß ist wie der ganze Umgang.

• HABITAT Diese Formen leben in warmem Wasser auf Sand, Silt oder Hartböden und in unterschiedlichen Tiefen.

• ANMERKUNG Die Coniden leben räuberisch; sie jagen Würmer, Mollusken und sogar Fische, indem sie ihre als Giftspitzen umfunktionierten Zähne dazu gebrauchen, ihre Opfer zu lähmen.

Conus (Lithoconus) sauridens Conrad; Stone-City-Formation, Mittleres Eozän, USA

Typische Länge 6 cm

Reichweite U. Kreide–Rezent	Verbreitung Weltweit	Häufigkeit ◉◉◉◉

Ordnung NEOGASTROPODA	Familie Turridae	Allgemeiner Name Turmschnecke

EOSURCULA

Diese Turmschnecke trägt eine spindelförmige Schale mit schwacher Einrollung. Die Spindel hat schwache, aber deutliche Nähte, der Windungsquerschnitt zeigt abgewinkelte Flanken. Die linsenförmige Mündung verjüngt sich zu einem langausgezogenen, feinen Siphonalkanal. Unter dem oberen Ende der dünnen, gebogenen Lippe befindet sich eine charakteristische, sinusförmige Einbuchtung. Das Gehäuse ist mit Spiralfäden, die von engstehenden feinen Wachstumslinien gekreuzt werden, verziert.

• HABITAT *Eosurcula* war eine räuberische Form, die auf Sand in mäßig tiefem Wasser lebte.

Eosurcula moorei (Gabb); Stone-City-Formation, Mittleres Eozän, USA

Typische Länge 3 cm

Reichweite Eozän	Verbreitung Nordamerika	Häufigkeit ●●●

Ordnung HETEROSTROPHA	Familie Architectonicidae	Allgemeiner Name Sonnenuhr

GRANOSOLARIUM

Granosolarium besitzt ein flach-konisches Gehäuse, bei dem die Anfangswindungen glatt und leicht nach innen gebogen sind und einen Kragen aufweisen. Unterhalb der abgewinkelten Außenseite ist die Unterseite flach. Im Zentrum entblößt der trichterartige Nabel die Innenseite aller Umgänge bis zur Spitze. Das Gehäuse ist gekörnt, und Knotenschnüre, die von Wachstumslinien gekreuzt werden, verzieren die Oberfläche.

• HABITAT Diese Schnecke trifft man im flachen bis mäßig tiefen Wasser an, wo sie möglicherweise parasitär auf Korallen oder anderen sessilen Tieren lebt.

ANSICHT VON UNTEN

ANSICHT VON OBEN

Granosolarium elaboratum (Conrad); Gosport-Sande, Mittleres Eozän, USA

Typische Länge 4 cm

Reichweite U. Kreide–Rezent	Verbreitung Weltweit	Häufigkeit ●●●●●

Ordnung CEPHALASPIDEA	Familie Bullidae	Allgemeiner Name _

BULLA

Bulla besitzt eine ziemlich dünne, fast kugelige Schale, von der nur eine Windung sichtbar ist. Die ersten winzigen Umgänge sind linksgedreht, die späteren Umgänge wieder rechtsgewunden. Jeder Umgang umgreift den vorherigen vollständig, so daß die ganze Spirale unsichtbar bleibt. Die Mündung ist mindestens so lang wie das ganze Gehäuse, und eine Schmelzschicht verstärkt die Wand der Columella.

• HABITAT Im Gegensatz zu den meisten Verwandten ist diese Form ein Pflanzenfresser und lebt auf sandigen oder schlammigen Böden im flachen, warmen Wasser.

• ANMERKUNG Ungewöhnlich, daß der Körper doppelt so groß ist wie das Gehäuse, weshalb sie sich nicht vollständig zurückziehen kann.

Bulla ampulla Linné; Korallenkalk, Pleistozän, Rotes Meer

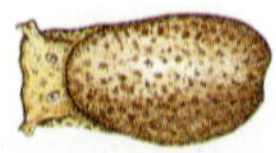

Typische Länge 2 cm

Reichweite U. Jura–Rezent	Verbreitung Weltweit	Häufigkeit

Ordnung HETEROSTROPHA	Familie Nerineidae	Allgemeiner Name Turmschnecke

NERINEA

Nerinea hat ein langes, schmales Gehäuse mit konkaven Flanken und über den Nähten liegenden Kielen. Die Spitze, obwohl selten erhalten, besteht aus einer winzigen flachen Spirale, die rechtwinklig zur Spindelachse absteht. Ein typisches Gattungsmerkmal ist eine Anzahl von Falten und Vorsprüngen an der Wand der kleinen Mündung. Bis zu sieben können vorhanden sein, die im Querschnitt gut erkennbar sind.

• HABITAT *Nerinea* ist häufig in der Nähe von Korallenriffablagerungen zu finden.

Nerinea sp.; Kreideschichten, Israel

QUERSCHNITT EINES JUNGTIERES

Typische Länge 6 cm

Reichweite U. Jura–U. Kreide	Verbreitung Weltweit	Häufigkeit

Ordnung BASOMMATOPHORA	Familie Planorbiidae	Allgemeiner Name Posthornschnecke

AUSTRALORBIS

Die ziemlich dünnen und scheibenförmigen Gehäuse dieser Familie sind linksgewunden, obwohl sie eher rechtsgewunden erscheinen. Die umgekehrte Spirale zeigt die Form eines tiefen, offenen Nabels, der engstehende, konvexe Windungen enthält. Die Außenseite ist stumpfwinklig, und die flache Unterseite trägt manchmal schwache spiralige Linien. Schräg verlaufende Wachstumslinien verzieren das Gehäuse. Die schmale Mündung ist dreieckig-oval.

• HABITAT Die Familie der Planorbidae lebt heute ausschließlich im Süßwasser. *Australorbis* frißt pflanzliche Reste in Seen, Flüssen und Sümpfen. Da dies vermutlich schon immer der Fall war, gelten fossile Verteter dieser Gattung als gute Indikatoren für Süßwasser.

Australorbis euomphalus (J. Sowerby); Headon-Hill-Formation, Oberes Eozän, England

Typische Länge 3 cm

Reichweite U. Kreide–Rezent	Verbreitung Europa, Asien, N.- u. S.-Amerika	Häufigkeit

Ordnung STYLOMMATOPHORA	Familie Clausiliidae	Allgemeiner Name Schließmundschn.

RILLYAREX

Das Gehäuse ist linksgewunden, wie bei nur wenigen Gastropoden. Die Spirale ist im Profil schmal gebogen. Sie hat leicht gerundete Flanken, die von den Nähten kaum eingeschnitten werden; die Umgänge sind leicht konvex. Das Gehäuse ist mit schrägen Querrippen überzogen. Die eiförmige Mündung besitzt einen durchgehenden, leicht erweiterten Rand, der aber am oberen Ende fehlt.

• HABITAT Obwohl größer als ihre lebenden Verwandten, hat sie alle Merkmale einer luftatmenden, landlebenden Schnecke. Sie wurde wahrscheinlich in die Süßwasserablagerungen, wo sie gefunden wurde, eingespült.

Rillyarex preecei Nordsieck; Bembridge-Kalke, Oberes Eozän, England

Typische Länge 7 cm

Reichweite M. Eozän–Oligozän	Verbreitung Europa	Häufigkeit

NAUTILIDEN

NAUTILIDEN SIND marine, schalentragende Kopffüßer. Gegenüber ihrer starken Verbreitung im Paläozoikum vor ca. 400 Millionen Jahren hat bis heute nur eine einzelne Gattung, nämlich das Perlboot im Südwesten des Pazifik, überlebt. Die Schale besteht aus einer Wohnkammer und vielen kleineren Kammern. Der gekammerte Teil wird als Phragmokon bezeichnet. Nautiliden besitzen einen Kopf mit gut entwickelten Augen und Fangarmen. Sie schwimmen, indem sie Wasser aus der Wohnkammer ausstoßen (Rückstoßprinzip).

Ordnung ORTHOCERATIDA	Familie Orthoceratidae	Allgemeiner Name –

ORTHOCERAS

Das Gehäuse von *Orthoceras* gleicht einem zylindrischen Konus, der sich langsam verjüngt. Es besteht aus engstehenden konkav-konvexen Kammern, die durch einen zentralen Hautschlauch, den Sipho, miteinander verbunden sind.

• HABITAT *Orthoceras* war ein aktiver Schwimmer, der horizontal im Wasser lag. Er verzehrte Aas und kleinere Meerestiere.

Typische Länge 15 cm

Orthoceras sp.; MacDonell-Gebirge, Mittleres Ordovizium, Australien

Reichweite M. Ordovizium	Verbreitung Europa, Australien	Häufigkeit

Ordnung ONCOCERATIDA	Familie Cyrtoceratidae	Allgemeiner Name –

CYRTOCERAS

Das Gehäuse ist stark hakenförmig gebogen und im Querschnitt nahezu kreisrund. Der hintere Teil birgt die engstehenden Kammern, die lange Wohnkammer nimmt den vorderen Teil ein.

• HABITAT Experimente deuten an, daß diese Form mit dem Kopf nach unten im Wasser schwebte, wahrscheinlich in Bodennähe. Sie konnte ihren Auftrieb verändern.

• ANMERKUNG Das vorliegende Stück ist als Innensteinkern erhalten, die Originalschale ist fragmentarisch erhalten.

Cyrtoceras sp.; Ordovizium; Tschechische Republik

Typische Länge 12 cm

Reichweite Ordovizium	Verbreitung Weltweit	Häufigkeit

Ordnung Actinoceratida	Familie Huroniidae	Allgemeiner Name _

Huronia

Die Gehäuse dieser Gattung tragen einen langen, geraden Sipho mit langen Abschnitten, die durch Einschnürungen voneinander getrennt sind. Komplexe Kanäle sind vorhanden, der zentrale Kanal ist ziemlich schmal.

• Habitat Diese Gattung lebte als Aasfresser und Räuber im flachen Wasser. Durch Umpumpen von Flüssigkeit zwischen den Kammern über den Sipho konnte diese Form gut schwimmen und ihren Auftrieb regeln.

• Anmerkung Nur der kräftige Sipho dieser Art ist erhalten geblieben, Kammern und Außenschale fehlen.

Huronia vertebralis
Stokes; Ordovizium, Kanada

Typische Länge 20 cm

Reichweite Ordovizium–Silur	Verbreitung Nordamerika	Häufigkeit

Ordnung Tarphyceratida	Familie Estonioceratidae	Allgemeiner Name _

Estonioceras

Die spiralige Schale ist nur lose eingerollt, ihr letzter Umgang wächst leicht nach außen. Der Nabel ist weit und flach; Wachstumslinien sind auf den Windungsflanken sichtbar. Der Sipho sitzt nahe der Windungsaußenseite, was bei den Nautiliden ungewöhnlich ist.

• Habitat Diese Form war durch ihre leicht offene Spirale gut ans Schwimmen angepaßt (siehe Lebendstellung). Sie lebte im tiefen Wasser und benützte die Fangarme, um Nahrung zu ergreifen.

• Anmerkung Ein besonders gut erhaltenes Fossil einer seltenen Art, hier als Steinkern vorliegend.

Estonioceras perforatum
Schröder; Unteres Ordovizium, Estland

Typischer Durchmesser 10 cm

Reichweite U. Ordovizium	Verbreitung Europa	Häufigkeit

Ordnung NAUTILIDA	Familie Trigonoceratidae	Allgemeiner Name –

DISCITOCERAS

Dieses evolute Gehäuse hat rundliche Flanken und einen weit offenen Nabel. Auf der Schalenaußenseite lassen sich feine, engstehende Spiralrippen beobachten.

• HABITAT *Discitoceras* lebte in der Umgebung unterkarbonischer Algenriffe im tieferen Wasser und war, wie das heutige Perlboot, vermutlich ein schlechter Schwimmer.

• ANMERKUNG Auf der Wohnkammer ist ein Abdruck eines weiteren Exemplars zu sehen.

Discitoceras leveilleanum (de Koninck); Karbonkalke, Unterkarbon, Irland

Typischer Durchmesser 15 cm

Reichweite U. Karbon	Verbreitung Nordwesteuropa	Häufigkeit

Ordnung ACTINOCERATIDA	Familie Carbactrinoceratidae	Allgemeiner Name –

RAYONNOCERAS

Das langgestreckte Gehäuse von *Rayonnoceras* ist konisch und hat eine glatte Oberfläche. Der zentrale Sipho ist sehr komplex. Sowohl Sipho als auch die konvexen Kammern sind mit kalkigen Ausscheidungen gefüllt.

• HABITAT *Rayonnoceras* konnte schwimmen und lebte im flachen Wasser.

• ANMERKUNG Die kalkigen Ablagerungen im Innern haben möglicherweise als Ballast gedient.

Rayonnoceras giganteum (J. Sowerby); Karbonkalke, Unteres Karbon, Irland

Typische Länge 20 cm

Reichweite U. Karbon	Verbreitung Europa, Nordamerika	Häufigkeit

Ordnung	Familie	Allgemeiner Name
NAUTILIDA	Trigonoceratidae	–

VESTINAUTILUS

Das Gehäuse dieser Form ist extrem evolut und besitzt einen offenen Nabel. Auf beiden Seiten verläuft eine Flankenrippe, auf der die Kammernähte (Suturen) eine nach vorne gerichtete Falte bilden. Es sind zahlreiche kleine Kammern vorhanden.

• HABITAT *Vestinautilus* war ein schlechter Schwimmer und lebte am Boden der Schelfmeere.

• ANMERKUNG Dieses Exemplar ist als Steinkern in Kalkstein erhalten. Die Wohnkammer ist abgebrochen, und die Suturen sind gut erkennbar.

Vestinautilus cariniferus (J. de C. Sowerby); Karbon, Fundstelle unbekannt

Typischer Durchmesser 6 cm

Reichweite	Verbreitung	Häufigkeit
U. Karbon	Europa, USA, Südamerika	

Ordnung	Familie	Allgemeiner Name
NAUTILIDA	Nautilidae	–

NAUTILUS (UNBESTIMMT)

Bei allen Nautiliden besteht der Phragmokon aus zahlreichen Abteilen, die nach vorne konkav und nach hinten konvex gewachsen sind. Sie werden von einer Schalenwand getrennt und sind mit einer Röhre, dem Sipho, verbunden. Nautiliden konnten mit ihm ihren Auftrieb verändern, indem sie ein Gas-Flüssigkeits-Gemisch innerhalb der Kammern verlagerten.

• HABITAT Diese Formen lebten, wie der heutige Nautilus, während des Tages im tieferen Wasser, um in der Nacht in flacherem Jagd auf kleine Beutetiere zu machen.

QUERSCHNITT

Nautilus, unbestimmt; Inferior Oolite-Formation, Brauner Jura, England

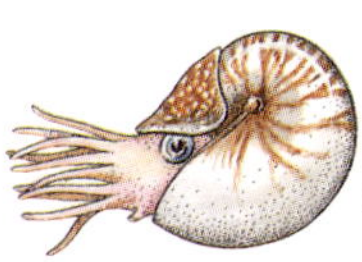

Typischer Durchmesser 15 cm

Reichweite	Verbreitung	Häufigkeit
U. Trias–M. Jura	Weltweit	

Ordnung NAUTILIDA	Familie Nautilidae	Allgemeiner Name _

CENOCERAS

Die Schale ist involut, ihr Nabel eng. Die Windungshöhe nimmt rasch zu. Der Rücken ist breit und gerundet. Die engstehenden Suturen sind leicht gebogen, komplizierte Falten fehlen. Die Wohnkammer ist eine halbe Windung lang. Die zahlreichen Kammern im Innern zeigen im Querschnitt eine konkav-konvexe Form und einen großen, randständigen Sipho.
• HABITAT Dieser Meeresbewohner jagte kleine Bodenbewohner.
• ANMERKUNG Viele der Kammern sind mit ursprünglich rötlichem Kalkschlamm, heute Kalkstein, gefüllt. Einige enthalten Calcitkristalle, und viele der Kammerwände sind zerbrochen. Grund dafür ist möglicherweise der hohe Wasserdruck, wie er beim Absinken der Schale in tiefere Wasserschichten herrscht.

Cenoceras sp.;
Inferior Oolite,
Brauner Jura, England

QUERSCHNITT

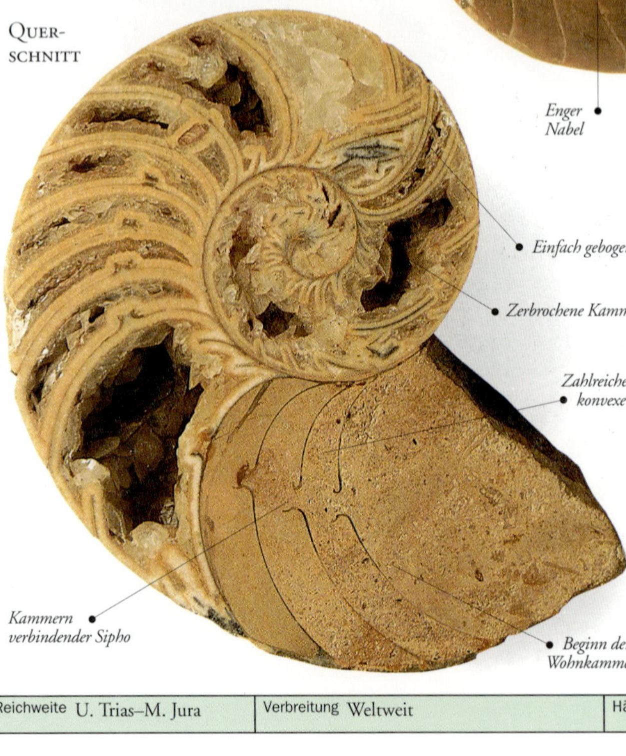

Typischer Durchmesser 15 cm

Reichweite U. Trias–M. Jura	Verbreitung Weltweit	Häufigkeit ⊛⊛⊛⊛

Ordnung NAUTILIDA	Familie Nautilidae	Allgemeiner Name _

CENOCERAS

Obwohl die Schale von *Cenoceras simillium* der auf der vorhergehenden Seite recht ähnlich sieht, d. h. eine involute Form mit rasch zunehmender Windungshöhe ist, besitzt die vorliegende Art feine, dichtstehende Rippen, die bei der anderen fehlen.

• HABITAT Diese Art lebte in Wassertiefen von 50 bis 100 m.

Cenoceras simillium (Foord & Crick); Unterer Lias, England

Typischer Durchmesser 15 cm

Reichweite U. Trias–M. Jura	Verbreitung Weltweit	Häufigkeit

Ordnung NAUTILIDA	Familie Nautilidae	Allgemeiner Name _

EUTREPHOCERAS

Das Gehäuse ist stark involut und der Nabel sehr eng. Der Schalenumriß ist nahezu kugelig und der Rücken breit gerundet. Die einzelnen Kammern sind weniger zahlreich als bei *Cenoceras* (siehe oben).

• HABITAT *Eutrephoceras* war ein langsam schwimmender Räuber im Flachwasser des Western-Interior-Meeresarms, der während der Kreidezeit den Mittelwesten der USA einnahm.

• ANMERKUNG Dieses Exemplar ist als Steinkern in dunklem Kalkstein erhalten. Auf seiner Oberfläche haften noch Reste der Originalschale; sie sind perlmuttfarbig – ein typisches Merkmal der Kopffüßerschalen.

Eutrephoceras dekayi (Morton); Pierre-Shale-Formation, Obere Kreide, USA

Typischer Durchmesser 10 cm

Reichweite O. Kreide	Verbreitung USA	Häufigkeit

Ordnung Nautilida	Familie Aturiidae	Allgemeiner Name –

Aturia

Das Gehäuse ist stark involut und zusammengedrückt, besitzt einen engen, flachen Nabel und einen gerundeten Rücken. Die Suturen weisen auf der Flanke eine rückwärts eingeschlagene Falte auf und erzeugen damit eine oberflächliche Ähnlichkeit mit einfachen Ammoniten des Paläozoikums.

- Habitat *Aturia* lebte wahrscheinlich in relativ tiefem Wasser. Das stromlinienförmige Gehäuse erlaubte ein schnelleres Schwimmen.
- Anmerkung Dieses Exemplar liegt als Steinkern eines Phragmokons vor.

Typischer Durchmesser 3 cm

Aturia praezigzag Oppenheim; Eozän, Ägypten

Reichweite Paleozän–Miozän	Verbreitung Weltweit	Häufigkeit ◉

Ordnung Nautilida	Familie Verschiedene	Allgemeiner Name –

Rhyncholites

Rhyncholites ist eine Gattung, die für die Oberkieferreste von Nautiliden vergeben wurde. Wie der heute lebende Nautilus besaßen sie zwei starke Beißkiefer, die einem Papageienschnabel ähneln. Da sie aus Calcit bestehen, sind sie gut erhalten. Sie waren für das Zerschneiden von Fischen und Krebstieren ideal.

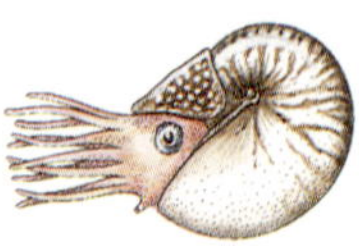

Typische Länge 12 cm

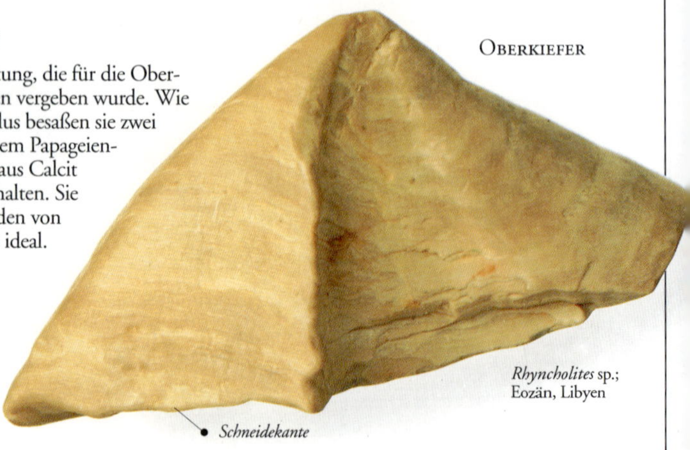

Rhyncholites sp.; Eozän, Libyen

Reichweite Trias–Pliozän	Verbreitung Weltweit	Häufigkeit ◉◉

Ammonoidea

Die Ammonoidea entwickelten sich im frühen Devon vor ungefähr 400 Millionen Jahren aus den Nautiliden. Während der nächsten 370 Millionen Jahre waren sie in den Weltmeeren weit verbreitet, bis sie am Ende der Kreidezeit plötzlich verschwanden. Die schnelle Evolution der Ammoniten und ihr weltweites Auftreten macht sie für die zeitliche Unterteilung des späten Paläozoikums und des Mesozoikums besonders wertvoll. Ihr Gruppenmerkmal ist der bauchseitige, an der Windungsaußenseite liegende Sipho – ein Hautschlauch, der die einzelnen Kammern untereinander verbindet. Die Suturen können einfach sein, wie bei den paläozoischen Formen, oder kompliziert, wie bei den mesozoischen Arten. Da sie ausnahmslos ausgestorben sind, wissen wir nur wenig über die Weichteile und die Lebensweise der Ammoniten. Selten findet man einmal die Schneidekiefer, die Reibezunge (Radula) oder die Tintensäcke erhalten.

Ordnung Clymeniida	Familie Clymeniidae	Allgemeiner Name –

Clymenia

Das evolute Gehäuse besitzt einen weiten, offenen Nabel. Die Windungen sind fast glatt oder mit feinen Wachstumslinien versehen. Der Windungsquerschnitt ist seitlich eingedrückt, der Rücken rundlich. Die Suturen sind einfach ausgebildet.

- Habitat Diese räuberische Gattung lebte in Bodennähe des Devonmeeres.
- Anmerkung *Clymenia,* eine einfache Ammonitenform, ist lokal in devonischen Kalken recht häufig, aber meist schlecht erhalten.

Clymenia laevigata (Münster); Oberes Devon, Deutschland

Typischer Durchmesser 4 cm

Reichweite U. Devon	Verbreitung Europa, Asien, Nordafrika	Häufigkeit ✻✻

Ordnung	Familie	Allgemeiner Name
Clymeniida	Hexaclymeniidae	–

Soliclymenia

Dieser außergewöhnlich geformte Ammonit hat ein stark evolutes Gehäuse, das dreieckig eingerollt ist. Der Nabel ist breit und der Rücken gerundet. Die einfachen Rippen stehen dicht, und die Suturlinie ist sehr einfach.

• Habitat Diese Form lebte im mäßig tiefen Wasser. Obwohl sie schwimmen konnte, lebte sie wohl die meiste Zeit in Bodennähe.

Soliclymenia paradoxa (Münster); Oberes Devon, Deutschland

Typischer Durchmesser 2 cm

Reichweite	Verbreitung	Häufigkeit
O. Devon	Eurasien, N.-Afrika, N.-Amerika	

Ordnung	Familie	Allgemeiner Name
Prolecanitida	Prolecanitidae	–

Merocanites

Das evolute Gehäuse von *Merocanites* zeigt einen breiten, offenen Nabel. Die Flanken liegen zueinander parallel, die Windungsebene ist abgeflacht. Die gerundeten Flanken tragen eine Suturlinie mit klingenförmigen Falten (Loben), die für eine paläozoische Form ziemlich kompliziert entwickelt sind. Der Rücken ist gerundet.

• Habitat Lebte in mäßig tiefem Wasser der frühen Karbonmeere.

• Anmerkung Dieses Exemplar liegt als Steinkern in schwarzem Kalkstein vor und ist mit Eisenoxid überzogen. Die Wohnkammer ist nicht erhalten.

Merocanites compressus (J. Sowerby); Karbonkalke, Unteres Karbon, England

Typischer Durchmesser 5 cm

Reichweite	Verbreitung	Häufigkeit
U. Karbon	Europa, Asien, Nordamerika	

Ordnung GONIATITIDA	Familie Gastriococeratidae	Allgemeiner Name _

GASTRIOCERAS

Das mäßig involute Gehäuse weist einen breiten und tiefen Nabel auf. Der Windungsquerschnitt ist zusammengedrückt, der Rücken breit und sanft gerundet. Auf den Flanken sitzen Knoten, aus denen über den Rücken ziehende Rippen hervorspringen. Die Sutur zeigt einige starke Loben, die nach vorne spitz ausgezogen und hinten gerundet sind.

• HABITAT *Gastrioceras* war ein schlechter Schwimmer, war aber recht häufig in den Meeren rund um die Karbonsümpfe der nördlichen Halbkugel.

Typischer Durchmesser 7 cm

Gastrioceras coronatum (Foord & Crick); Coal Measures, Oberes Karbon, England

Reichweite U.–O. Karbon	Verbreitung Weltweit	Häufigkeit ◉◉◉

Ordnung GONIATITIDA	Familie Goniatitidae	Allgemeiner Name _

GONIATITES

Das involute Gehäuse weist einen kleinen, engen Nabel auf. Die Suturen bestehen aus zugespitzten und gerundeten Elementen, die zickzackartig aussehen. Die dünne Schale ist mit feinen Wachstumslinien verziert.

• HABITAT *Goniatites* lebte in den karbonischen Schelfmeeren und trat lokal in Schwärmen über Riffen auf. Seine Gehäuseform deutet auf einen schlechten Schwimmer.

Typischer Durchmesser 6 cm

Goniatites crenistria Bisat; Bowland-Schiefer, Unteres Karbon, England

Reichweite U. Karbon	Verbreitung Weltweit	Häufigkeit ◉◉◉

Ordnung CERATITIDA	Familie Ceratitidae	Allgemeiner Name _

CERATITES

Das Gehäuse ist evolut, zeigt einen abgeflachten Rücken und einen breiten Nabel. Die Flanken tragen starke, einfache Rippen, die auseinanderstehen und am Rücken in Knoten enden. Die engstehenden Suturen sind charakteristisch: Sanft gerundete, nach vorne zeigende Sättel wechseln mit gezähnten, nach hinten zeigenden Loben ab.

• HABITAT *Ceratites* lebte in flachen Gewässern des Triasmeeres.

Ceratites nodosus Bruguière; Trias, Deutschland

STEINKERN

Typischer Durchmesser 6 cm

Reichweite Trias	Verbreitung Europa	Häufigkeit ⊚⊚⊚

Ordnung CERATITIDA	Familie Xenodiscidae	Allgemeiner Name _

XENODISCUS

Das stark evolute Gehäuse weist einen breiten, offenen Nabel auf. Es ist leicht abgeflacht, mit parallelen Flanken und einem gerundeten Rücken. Die Anfangswindungen tragen schwache, unregelmäßige Rippen. Die engstehenden Suturen bestehen aus tiefen, gerundeten Sätteln, die nach vorne zeigen, und schwach gezähnelten, nach hinten weisenden Loben. Die Wohnkammer ist ziemlich lang.

• HABITAT *Xenodiscus* war ein langsamer Schwimmer, der mit seinen Tentakeln auf Beutefang ging.

STEINKERN

Xenodiscus sp.; Unteres Perm, Madagaskar

Typischer Durchmesser 6 cm

Reichweite U. Perm–U. Trias	Verbreitung Weltweit	Häufigkeit ⊚

AMMONITEN

AMMONITEN SIND eine Gruppe der Ammonoidea, die sich durch komplexere Suturlinien auszeichnen. Sie waren in den mesozoischen Meeren ziemlich häufig, entwickelten sich rasch und brachten zahlreiche Gattungen und Arten hervor. Nach einem starken Diversitätsrückgang am Ende der Kreide starben sie zur gleichen Zeit wie andere marine Gruppen, zum Beispiel die Belemniten, oder Landbewohner, wie die Dinosaurier, aus. Da mit ihnen auch alle ihre nächsten Verwandten verschwunden sind, können Paläontologen nur wenig über ihre Lebensweise aussagen. Was wir über sie wissen, stammt meist aus Experimenten am Modell in Wassertanks.

Ordnung	Familie	Allgemeiner Name
PHYLLOCERATIDA	Phylloceratidae	–

PHYLLOCERAS

Eine flache, involute Form und ausgefranste Suturen sind für diese kleinen bis mittelgroßen Ammoniten typisch. Sie sind entweder mit einfachen Wachstumslinien verziert oder nahezu glatt. Die Mündung ist schwach gerundet.

• HABITAT Das ziemlich stromlinienförmige Gehäuse und der gerundete Rücken deuten auf einen mäßig guten Schwimmer hin.

Typischer Durchmesser 10 cm

Phylloceras sp.; Unterer Jura, Mexiko

Reichweite	Verbreitung	Häufigkeit
U. Jura–O. Kreide	Weltweit	

Ordnung	Familie	Allgemeiner Name
LYTOCERATIDA	Lytoceratidae	–

LYTOCERAS

Das evolute, weitnabelige Gehäuse von *Lytoceras* hat einen gleichmäßig runden Querschnitt. Die Außenseite ist mit feinen, engstehenden Rippen verziert, denen gelegentlich erhöhte, kragenartige Rippen dazwischengeschaltet sind, die quer über den Rücken verlaufen. Die Suturlinie ist sehr kompliziert.

• HABITAT Das Gehäuse erlaubte kein schnelles Schwimmen, weshalb diese Form in Bodennähe lebte.

• ANMERKUNG Wie *Phylloceras (s. oben)*, tritt *Lytoceras* in Tiefseesedimenten niedriger Breiten der einstigen Tethys recht häufig auf.

Lytoceras fimbriatum (J. de C. Sowerby); Mittlerer Lias, England

Typischer Durchmesser 10 cm

Reichweite	Verbreitung	Häufigkeit
U. Jura	Weltweit	

Ordnung Ammonitida	Familie Psiloceratidae	Allgemeiner Name _

Psiloceras

An vielen Fundstellen der Welt gilt diese kleine, glatte Gattung als Zeitmarke für die unterste Periode des Jura. Die Psiloceratiden entwickelten sich wahrscheinlich aus der *Phylloceras*-Gruppe *(s. Seite 145)* und behielten relativ einfache Sutürenlinien. Die Erhaltung der glänzenden violetten Originalschale – im Schiefer plattgedrückt – ist typisch für fossile Schalen aus Nord-Somerset in England

• Habitat *Psiloceras* war ein mäßiger Schwimmer.

Psiloceras planorbis (J. de C. Sowerby); Unterer Lias, England

Typischer Durchmesser 7 cm

Reichweite U. Jura	Verbreitung Weltweit	Häufigkeit

Ordnung Ammonitida	Familie Amaltheidae	Allgemeiner Name _

Amaltheus

Amaltheus ist stark abgeflacht, involut und trägt einen schmalen, schnurartigen Kiel („Zopfkiel"). Auf den Flanken finden sich schwache, sichelförmige Rippen oder, seltener, feine Spiralrippen.

• Habitat Der stromlinienförmige Querschnitt und der schmale Kiel lassen einen schnellen Schwimmer vermuten.

• Anmerkung Diese Gattung hat sich möglicherweise aus *Phylloceras* entwickelt *(s. Seite 145)*.

Typischer Durchmesser 7 cm

Steinkern aus braunem Sandstein

Amaltheus stokesi (J. Sowerby); Mittlerer Lias, England

Reichweite U. Jura	Verbreitung Weltweit	Häufigkeit

Ordnung AMMONITIDA	Familie Oxynoticeratidae	Allgemeiner Name –

OXYNOTICERAS

Dieser Ammonit ist stark abgeflacht, involut und trägt einen messerscharfen Kiel. Die Suturlinie ist komplex und ausgefranst. Das untere Exemplar ist aufgeschnitten, um die pyritisierten Kammerscheidewände und die mit gelbem Calcit gefüllten Kammern zu zeigen. Neben dem Rücken sitzt der Sipho in seiner typischen Position.

• HABITAT Der scharfe Kiel bot sehr wenig Widerstand im Wasser, und so wird angenommen, daß *Oxynoticeras* einer der schnellsten Schwimmer unter allen Ammoniten war.

• ANMERKUNG Pyritisierte Steinkerne sind eine typische Erhaltungsweise von Ammoniten in tonigen Ablagerungen.

Oxynoticeras oxynotum (Quenstedt); Unterer Lias, England

Typischer Durchmesser 10 cm

Reichweite U. Jura	Verbreitung Weltweit	Häufigkeit

Ordnung Ammonitida	Familie Kosmoceratidae	Allgemeiner Name –

Kosmoceras

Diese Form ist mäßig evolut, stark abgeflacht und typisch für die Ablagerungen des Braunen Jura. Die Windungen tragen gebündelte Rippen und Knoten; der Rücken ist schmal und flach.

• Habitat *Kosmoceras* lebte im tieferen Wasser und war ein mäßiger Schwimmer.

• Anmerkung Dieses Exemplar liegt als Originalschale vor und wurde im Schiefer flachgedrückt.

Kosmoceras duncani (J. de C. Sowerby); Oxford-Ton, Mittlerer Jura, England

Typischer Durchmesser 6 cm

Reichweite M. Jura	Verbreitung Weltweit	Häufigkeit

Ordnung Ammonitida	Familie Perisphinctidae	Allgemeiner Name –

Pavlovia

Ein typischer Vertreter der häufigen und weitverbreiteten oberjurassischen Familie der Perisphinctiden. Mitglieder dieser Familie zeigen offene, evolute Gehäuse, einen gerundeten Windungsquerschnitt und verzweigte Rippen. Die lange Wohnkammer nimmt nahezu einen vollen Umgang ein. Die Suturen sind kompliziert.

• Habitat Diese Gattung lebte in den weiten Meeren des Oberen Jura.

Pavlovia praecox Spath; Obere Glaukonit-Serien, Weißer Jura, Grönland

Typischer Durchmesser 4 cm

Reichweite O. Jura	Verbreitung Grönland, Nordeuropa	Häufigkeit

Ordnung AMMONITIDA	Familie Dactylioceratidae	Allgemeiner Name _

DACTYLIOCERAS

Das stark evolute Gehäuse läßt zahlreiche Windungen erkennen und besitzt einen flachen Nabel. Die feinen Gabelrippen stehen recht eng und ziehen über den Rücken.

• HABITAT Experimente lassen vermuten, daß *Dactylioceras* ein langsamer Schwimmer war.

• ANMERKUNG Im Mittelalter wurden manche Ammoniten als versteinerte Schlangen gedeutet und mit geschnitzten Köpfen den Pilgern verkauft.

Dactylioceras commune (J. de C. Sowerby); Oberer Lias, England

Typischer Durchmesser 7 cm

Reichweite U. Jura	Verbreitung Weltweit	Häufigkeit ◉◉◉◉◉

Ordnung AMMONITIDA	Familie Hildoceratidae	Allgemeiner Name _

HARPOCERAS

Im Schwarzen Jura ist dieser Ammonit recht häufig. Das scheibenförmige, mäßig involute Gehäuse trägt einen scharfen Kiel. Die Flanken sind mit sichelförmigen Rippen versehen. Die Mündung ist am Rücken zu einem kurzen Schnabel ausgezogen.

• HABITAT *Harpoceras* war ein guter Schwimmer und ernährte sich wahrscheinlich von kleineren Tieren.

• ANMERKUNG Dieses Exemplar ist als Tonstein mit feinem Pyritüberzug erhalten.

Harpoceras falciferum (J. Sowerby); Oberer Lias, England

Typischer Durchmesser 12 cm

Reichweite U. Jura	Verbreitung Weltweit	Häufigkeit ◉◉◉◉

Ordnung AMMONITIDA	Familie Hildoceratidae	Allgemeiner Name _

HILDOCERAS

Hildoceras besitzt ein seitlich abgeflachtes Gehäuse. Die groben und sichelförmigen Rippen werden durch eine Furche unterbrochen; die Suturen sind ziemlich komplex. Der Windungsquerschnitt ist typisch hochrechteckig, und der Rücken trägt drei niedrige Kiele, die von zwei Furchen getrennt sind.
• HABITAT Mäßiger Schwimmer, lebte in den Schelfmeeren des Unteren Jura.
• ANMERKUNG Dieses Exemplar blieb als Tonsteinkonkretion gut erhalten.

Hildoceras bifrons (Bruguière); Oberer Lias, Unterer Jura, England

• *Sichelförmige Rippen, von Furche unterbrochen*

• *Weiter Nabel*

• *Dreikieliger Rücken*

Typischer Durchmesser 7 cm

Reichweite U. Jura	Verbreitung Europa, Kleinasien, Japan	Häufigkeit ❁❁❁

Ordnung AMMONITIDA	Familie Eoderoceratidae	Allgemeiner Name _

BIFERICERAS

Wie bei vielen Ammoniten stammt das größere Gehäuse (Makroconch) vom Weibchen und das kleinere (Mikroconch) vom Männchen. Weibchen benötigen wegen der Eiproduktion und möglicherweise auch wegen der Brutpflege eine größere Schale.
• HABITAT *Bifericeras* lebte im offenen Wasser in mäßiger Tiefe und ernährte sich von kleinen wirbellosen Tieren oder Aas.

MAKROCONCH (WEIBCHEN)

• *Größere Schale für Eiproduktion*

MIKROCONCH (MÄNNCHEN)

Bifericeras bifer (Quenstedt); Unterer Lias, England

Typischer Durchmesser 3 cm

Reichweite U. Jura	Verbreitung Europa	Häufigkeit ❁❁

Ordnung AMMONITIDA	Familie Pachydiscidae	Allgemeiner Name _

PACHYDISCUS

Das Gehäuse ist mäßig involut, scheibenförmig und weist kurze, sanftgeschwungene Rippen und einen gerundeten Rücken auf. Die Familie der Pachydiscidae gehört zu den Riesenammoniten – in der Oberkreide sind Exemplare bis 2 m Durchmesser gefunden worden.

• HABITAT Als guter Schwimmer lebte *Pachydiscus* im offenen Meer.

• ANMERKUNG Bei diesem Exemplar in Kalkstein sind noch Reste der Originalschale zu sehen.

Pachydiscus sp.; Obere Kreide, Kanada

Typischer Durchmesser 6 cm

Reichweite U. Kreide	Verbreitung Weltweit	Häufigkeit

Ordnung AMMONITIDA	Familie Ancycloceratidae	Allgemeiner Name _

CRIOCERATITES

Die Gehäusespirale von *Crioceratites* ist aufgrund des rasch anwachsenden Windungsquerschnitts so weit geöffnet, daß sich die einzelnen Windungen nicht mehr berühren. Stärkere, mit Knoten versehene Rippen werden von zwei bis drei feineren, knotenlosen Rippen getrennt. Gerundeter Rücken.

• HABITAT Diese räuberische Gattung lebte in mäßig tiefen Schelfmeeren.

• ANMERKUNG Die Form der offenen Spirale tritt in der Entwicklungsgeschichte der Nautiloideen und Ammonoideen mehrmals auf.

Crioceratites sp.; Untere Kreide, Südafrika

Typischer Durchmesser 10 cm

Reichweite U. Kreide	Verbreitung Weltweit	Häufigkeit

Ordnung Ammonitida	Familie Douvilleiceratidae	Allgemeiner Name –

Douvilleiceras

Die involute Schale zeigt einen abgeflachten Querschnitt. Starke, einfache Rippen ziehen über den Rücken und setzen sich alle aus zahlreichen, gleich großen stacheltragenden Knoten zusammen.

• Habitat Diese Gattung war sicher ein schlechter Schwimmer, da das breite Windungsprofil dem Wasser hohen Widerstand entgegensetzte. *Douvilleiceras* verbrachte die meiste Zeit aasfressend oder jagend am Meeresboden.

• Anmerkung Dieser gut erhaltene Steinkern aus dunklem Calciumphosphat ist in einen grünlichen glaukonitischen Sandstein eingebettet.

Seitenansicht

Rückenansicht

Douvilleiceras mammillatum (Schlotheim); Gault-Ton, Untere Kreide, England

Typischer Durchmesser 10 cm

Reichweite U. Kreide	Verbreitung Weltweit	Häufigkeit

Ordnung Ammonitida	Familie Ancyloceratidae	Allgemeiner Name –

Australiceras

Die einfach eingerollten Umgänge dieser Form nehmen rasch an Größe zu. Das Gehäuse trägt feine und engstehende Rippen, die über den gerundeten Rücken ziehen. Viele nahe verwandte Formen dieser Familie sind nicht aufgerollt, dabei bildet die Wohnkammer eine Art Haken.

• Habitat *Australiceras* war vermutlich ein langsamer Schwimmer, der in den flachen Schelfmeeren der Unteren Kreide lebte.

• Anmerkung Diese Gattung findet sich, wie die meisten anderen Ammoniten auch, häufig nur in Form von Windungsbruchstücken.

Australiceras jacki (Etheridge); Untere Kreide, Australien

Typischer Durchmesser 12 cm

Reichweite U. Kreide	Verbreitung Weltweit	Häufigkeit

Ordnung AMMONITIDA	Familie Placenticeratidae	Allgemeiner Name _

PLACENTICERAS

Diese Gattung aus der Oberkreide erreicht einen stattlichen Durchmesser (bis zu 50 cm). Im vorliegenden Exemplar fehlt die Wohnkammer, die am lebenden Tier fast eine weitere Windung ausgemacht hätte. Das scheibenförmige Gehäuse ist stark involut, weist einen schmalen Rücken und eine dicke Perlmuttschicht auf.

• HABITAT Experimente im Wasserbecken mit Ammonitenmodellen haben gezeigt, daß *Placenticeras* mit seiner Größe und idealen Stromlinienform der schnellste Schwimmer unter den Ammoniten war. Durchs Wasser schießend jagte er seine Beute oder floh vor großen Reptilien und Fischen.

• ANMERKUNG Mehrere Exemplare aus dem amerikanischen Kreidemeer zeigen Beißmarken, die von wiederholten Angriffen großer Meeresechsen stammen.

WINDUNGSQUERSCHNITT

Placenticeras meekei Boehm; Obere Kreide, USA

Typischer Durchmesser 20 cm

Reichweite O. Kreide	Verbreitung Weltweit	Häufigkeit ֍֍֍

Ordnung Ammonitida	Familie Eoderoceratidae	Allgemeiner Name –

Promicroceras

Dieser Kalkstein („Marston-Marmor") besteht großteils aus kleinen, dichtgepackten Gehäusen der Gattung *Promicroceras.* Das Bruchstück einer größeren Gattung, *Asteroceras,* ist links oben sichtbar. Das Gehäuse von *Promicroceras* ist evolut und mit groben, einfachen Rippen besetzt, die am Rücken einen nach vorne gerichteten Kragen bilden.

• Habitat Der Marston-Marmor entstand durch ein Massensterben von *Promicroceras,* das durch einen großen Sturm oder durch eine verheerende Algenblüte ausgelöst wurde.

• Anmerkung Die Bezeichnung „Marmor" wird fälschlicherweise für viele polierten Kalke verwendet (Handelsbezeichnung).

Typischer Durchmesser 2 cm

Gehäusefragment von Asteroceras

Kleine, perfekt erhaltene Gehäuse von Promicroceras

Marston-Marmor; Unterer Lias, England

Originalschale

Reichweite U. Jura	Verbreitung Weltweit	Häufigkeit

Ordnung Ammonitida	Familie Arietitidae	Allgemeiner Name –

Asteroceras

Große und berippte Formen dieser Familie sind weltweit in unterjurassischen Sedimenten anzutreffen. Das mehr evolute Gehäuse trägt gekrümmte Rippen, am Rücken ist ein Kiel vorhanden.

• Habitat *Asteroceras* lebte in mäßigen Tiefen der damaligen Schelfmeere, war ein langsamer Schwimmer und stellte Kleinstlebewesen nach.

• Anmerkung Der gekammerte Teil dieses gut erhaltenen Gehäuses ist mit durchscheinendem braunem Calcit gefüllt, die Wohnkammer mit grauem Kalkschlamm. Die Originalschale fehlt fast gänzlich.

Asteroceras obtusum (J. Sowerby); Unterer Lias, England

Einfache ammonitische Suturen

Kammer, die die Weichteile beherbergte

Typischer Durchmesser 22 cm

Reichweite U. Jura	Verbreitung Weltweit	Häufigkeit

Ordnung AMMONITIDA	Familie Echioceratidae	Allgemeiner Name –

ECHIOCERAS

Das stark evolute Gehäuse hat zahlreiche gut sichtbare Umgänge und einen flachen Nabel. Kurze, gerade Rippen stehen auf den Flanken, lösen sich aber vor dem Rücken mit dem niedrigen Kiel auf.
• HABITAT Dieser Ammonit lebte in den Schelfmeeren des frühen Jura. Die evolute Gehäuseform läßt darauf schließen, daß *Echioceras* ein langsamer Schwimmer war. Er war Aasfresser oder fing langsame Beute.

Echioceras fastigiatum Trueman & Williams; Unterer Lias, England

Typischer Durchmesser 6 cm

Reichweite U. Jura	Verbreitung Weltweit	Häufigkeit ֍֍֍֍

Ordnung AMMONITIDA	Familie Kossmaticeratidae	Allgemeiner Name –

GUNNARITES

Das Gehäuse von *Gunnarites* ist mäßig evolut und weist einen gerundeten Rücken auf. Die Verzierung besteht aus kräftigen, regelmäßigen, gezähnelten Rippen, die aus dem Nabel zugewandten Knoten entspringen.
• HABITAT *Gunnarites* lebte in Schelfmeeren der Oberen Kreide und war ein träger Schwimmer.
• ANMERKUNG Dieses Exemplar liegt als Steinkern mit etwas Originalschale (gelbbraun) vor.

Gunnarites sp.; Marambio-Gruppe; Oberkreide, Antarktis

Typischer Durchmesser 16 cm

Reichweite O. Kreide	Verbreitung Antarktis, Indien, Australasien	Häufigkeit ֍֍

Ordnung AMMONITIDA	Familie Acanthoceratidae	Allgemeiner Name –

MANTELLICERAS

Das involute Gehäuse entspringt einem engen Nabel, der Rücken ist abgeflacht und der Querschnitt rechteckig. Auf den Flanken wechseln sich kurze mit langen Rippen ab.

• HABITAT *Mantelliceras* und seine Verwandten waren schlechte Schwimmer, da sie kein stromlinienförmiges Gehäuse aufweisen. Sie zeigen einen ausgeprägten Sexualdimorphismus, die Weibchen (Makroconch) sind wesentlich größer.

• ANMERKUNG Zeigt auf der Nordhalbkugel den Beginn der späten Kreide an.

Mantelliceras sp.; Untere Schreibkreide, Obere Kreide, England

Typischer Durchmesser 4,5 cm

Reichweite Kreide	Verbreitung Europa	Häufigkeit

Ordnung AMMONITIDA	Familie Hoplitidae	Allgemeiner Name –

EUHOPLITES

Die Schale ist mäßig involut und im Querschnitt leicht aufgebläht. Auf den Flanken sitzen Knoten, aus denen gebündelte Rippen entspringen. Den Rücken teilt eine schmale Furche.

• HABITAT Die vielen Rippen und Knoten und der rechteckige Querschnitt setzten dem Wasser zuviel Widerstand entgegen und hinderten *Euhoplites* am schnellen Schwimmen.

• ANMERKUNG Zu Lebenszeiten war das Gehäuse dreimal größer, am Fossil fehlen einige Windungen.

Euhoplites opalinus Spath; Gault-Ton, Untere Kreide, England

Typischer Durchmesser 3,5 cm

Reichweite U. Kreide	Verbreitung Europa	Häufigkeit

Ordnung AMMONITIDA	Familie Schloenbachiidae	Allgemeiner Name _

SCHLOENBACHIA

Schloenbachia ist ein typischer spätkreidezeitlicher Vertreter der Ammoniten Europas. Er zeigt bei der Verzierung eine beträchtliche Variationsbreite. Einige Exemplare sind nahezu glatt und fast flach, andere sind dick und tragen Knoten. Der kräftige, rückenseitige Kiel ist typisch für diese Gattung. Einzeltiere können bis zu 25 cm Durchmesser erreichen.

• HABITAT Ammoniten dieser Gattung werden als leidlich gute Schwimmer angesehen.

• ANMERKUNG Dieses Exemplar ist als phosphatisierter Steinkern erhalten.

Typischer Durchmesser 5 cm

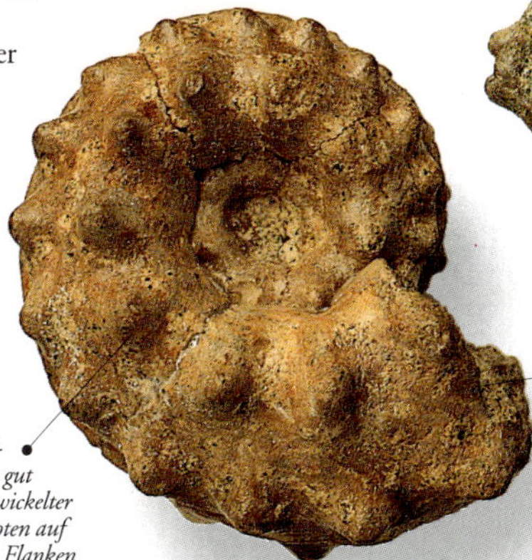

Schloenbachia varians (J. de C. Sowerby); Untere Schreibkreide, Obere Kreide, England

WINDUNGSQUERSCHNITT

Reichweite O. Kreide	Verbreitung Europa, Grönland	Häufigkeit

Ordnung AMMONITIDA	Familie Brancoceratidae	Allgemeiner Name _

MORTONICERAS

Die Gattung *Mortoniceras* ist in frühkreidezeitlichen Ablagerungen weit verbreitet und kann bis zu 50 cm erreichen. Das typische Gehäuse läßt sich am rechteckigen Querschnitt und am kräftigen, rückenseitigen Kiel erkennen.

• HABITAT Formen dieser Gattung waren schlechte, langsame Schwimmer.

• ANMERKUNG Dieses Exemplar wurde im Gestein ellipsenförmig deformiert.

Typischer Durchmesser 8 cm

Mortoniceras potternense Spath; Untere Kreide, England

Reichweite U. Kreide	Verbreitung Europa, Afrika, USA	Häufigkeit

Ordnung AMMONITIDA	Familie Deshayesitidae	Allgemeiner Name _

DESHAYESITES

Auf der evoluten und abgeflachten Schale von *Deshayesites* sitzen einfache, sinusförmige Rippen, die über den schmalen, gerundeten Rücken verlaufen. Diese Gattung war im Aptium sehr häufig und ist auch für diese Stufe leitend.

• HABITAT Das stromlinienförmige Profil und die schwache Berippung verraten einen schnellen Schwimmer.

• ANMERKUNG Dieses Exemplar liegt als Steinkern mit Resten der Originalschale vor.

Typischer Durchmesser 4,5 cm

Deshayesites forbesi Casey; Untere Kreide, Rußland

Reichweite U. Kreide	Verbreitung Weltweit	Häufigkeit

Ordnung AMMONITIDA	Familie Nostoceratidae	Allgemeiner Name _

NIPPONITES

Von allen spätkreidezeitlichen, unregelmäßig eingerollten Ammoniten hatte *Nipponites* die wohl bizarrste Form. Auf den ersten Blick erscheint das Gehäuse wie ein Knäuel. Beim näheren Hinsehen entpuppt es sich als dreidimensionale Verknüpfung U-förmiger Röhrenteile. Es besitzt eine komplizierte Ammonitensutur, einfache Rippen und hat sich wahrscheinlich aus primitiven, spiralig eingerollten Formen entwickelt *(s. Seite 159)*.

• HABITAT *Nipponites* schwebte wahrscheinlich planktonisch in mittleren bis oberen Wasserbereichen der warmen Oberkreidemeere und ernährte sich von Kleinlebewesen, die er mit seinen Fangarmen fing.

Typischer Durchmesser 6 cm

Nipponites mirabilis Yabe; Obere Kreide, Japan

Reichweite O. Kreide	Verbreitung Japan, USA	Häufigkeit

Ordnung Ammonitida	Familie Nostoceratidae	Allgemeiner Name _

Bostrychoceras

Im Gegensatz zu den planspiralen, flach eingerollten Gehäusen der meisten Ammoniten sind bei dieser Gattung und der nahe verwandten Familie der Turrilitidae die Windungen schraubenförmig gedreht. Obwohl sie dadurch auf den ersten Blick den Schnecken ähneln, lassen sie sich leicht anhand der charakteristischen Suturlinien von ihnen unterscheiden. Bei *Bostrychoceras* sind die Windungen lose und berühren sich nicht. Die einfache Verzierung aus feinen, engstehenden Rippen wird auf der Wohnkammer durch Knoten unterbrochen. Die Wohnkammer ist U-förmig, und die Mündung war zu Lebenszeiten nach vorne gerichtet, so daß die hervorragenden Fangarme nicht den Boden berührten.

• Habitat Paläontologen meinen, daß *Bostrychoceras* planktonisch, also im Wasser schwebend, lebte und sich von kleinen Tieren ernährte. Die weite Verbreitung steht in gutem Einklang mit dieser Vorstellung, da solche Arten oft weltweit auftreten.

• Anmerkung *Bostrychoceras* wird häufig nur in Bruchstücken gefunden, die Berippung erlaubt aber meist eine einwandfreie Bestimmung.

Bostrychoceras sp.; Obere Kreide, Deutschland

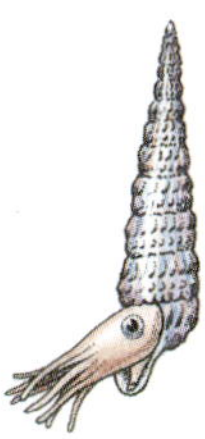

Typische Höhe 14 cm

Reichweite O. Kreide	Verbreitung Weltweit	Häufigkeit

Ordnung AMMONITIDA	Familie Baculitidae	Allgemeiner Name _

BACULITES

In dieser Gattung der Oberkreide sind nur die ersten Umgänge eingerollt, der spätere Teil wuchs zu einem geraden Schaft aus. An einigen Fundstellen tritt *Baculites* massenhaft auf – unter Ausschluß anderer Formen. Diese Gattung erreichte Längen von über 1 m.

• HABITAT Die einstige Lebensweise dieser gestreckten Ammoniten ist umstritten. Manche Paläontologen glauben, daß *Baculites* senkrecht mit gegen den Boden gerichteten Tentakeln im Wasser hing und Kleinlebewesen fing; andere glauben, daß er waagrecht in den obersten Wasserschichten schwebte.

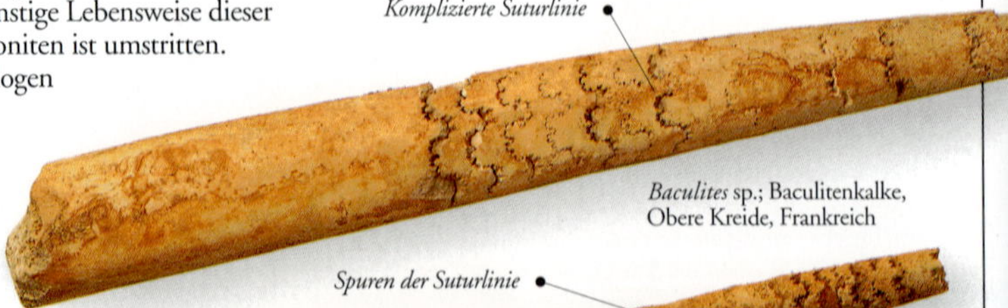

Baculites sp.; Baculitenkalke, Obere Kreide, Frankreich

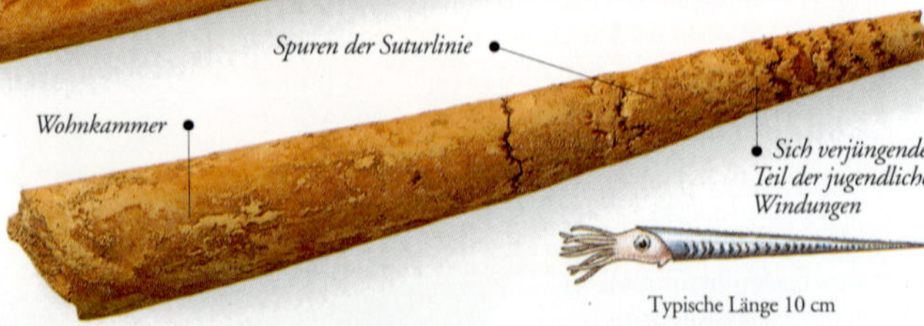

Typische Länge 10 cm

Reichweite O. Kreide	Verbreitung Weltweit	Häufigkeit

Ordnung AMMONITIDA	Familie Scaphitidae	Allgemeiner Name _

SCAPHITES

Die Familie der Scaphitidae dokumentiert eine andere offenspiralige Bauweise der spätkreidezeitlichen Ammoniten. Die ersten Windungen sind wie üblich stark eingerollt, die Wohnkammer hingegen sieht wie ein umgekehrter Bischofsstab aus.

• HABITAT Die Gehäuseform von *Scaphites* läßt vermuten, daß er kaum schwimmen konnte. Gas und Flüssigkeit in den Kammern erlaubten aber, wie bei anderen Ammoniten, den Auftrieb zu verändern.

• ANMERKUNG Dieser Steinkern ist als glaukonitische Kreide, die mit Calciumphosphat zementiert ist, erhalten.

PHOSPHATISIERTER STEINKERN

Scaphites equalis (J. de C. Sowerby); Obere Kreide, Frankreich

Typischer Durchmesser 8 cm

Reichweite O. Kreide	Verbreitung Weltweit	Häufigkeit

Belemniten und Kalmare

Belemniten und Kalmare gehören zu einer Gruppe der Kopffüßer, die die heutigen Tintenfische, Kraken und Kalmare einschließt. Typisch für sie ist eine innere, gekammerte Schale, die vollständig durch weiches Muskelgewebe umschlossen wird. Viele Formen besitzen ein inneres Stützgewebe aus Calciumcarbonat oder Protein, auch als Schulp oder Rostrum bekannt. Belemniten besaßen kräftige, normalerweise zylindrische Rostren, die in mesozoischen Meeresablagerungen sehr verbreitet sind und sich gut erhalten haben. Kalmare tragen einen Schulp aus proteinösem Chitin, der deshalb jedoch nur selten fossil überliefert ist. Bei wenigen Ausnahmen sind Weichteile erhalten geblieben, die einen vollständigen Kalmar mit seinen Fangarmen erkennen lassen.

Ordnung	Familie	Allgemeiner Name
Belemnitida	Acroteuthidae	–

Acroteuthis

Das große, kräftige Rostrum verjüngt sich zu einem stumpfen Ende. Der zylindrische Hohlraum (Alveole) ist tief. Auf der Seite sind Furchen entwickelt.

• Habitat Dieses Meerestier war vermutlich ein schlechter Schwimmer.

• Anmerkung Das Rostrum ist häufig oberflächlich erodiert und läßt die konzentrischen Calcitlagen wie Zwiebelschalen sichtbar werden.

Acroteuthis lateralis (Phillips); Speeton-Ton, Untere Kreide, England

Typische Länge 50 cm

Reichweite	Verbreitung	Häufigkeit
U. Kreide	Europa	

Ordnung	Familie	Allgemeiner Name
Belemnitida	Hibolithidae	–

Hibolithes

Das lange, schlanke Rostrum ist zart gebaut und weist ein leicht aufgeblähtes Vorderende auf. Auf dem hinteren Rückenende befindet sich eine kräftige Furche. Fossil sind die Rostren häufig zerbrochen.

• Habitat Dieser schlanke Belemnit schwamm in den Meeren der Unteren Kreide.

Hibolithes jaculoides Swinnerton; Speeton-Ton, Untere Kreide, England

Typische Länge 30 cm

Reichweite	Verbreitung	Häufigkeit
M. Jura–O. Kreide	Nordhalbkugel	

Ordnung BELEMNITIDA	Familie Hibolitidae	Allgemeiner Name –

NEOHIBOLITES

Das Rostrum dieses kleinen Belemniten ist spindelförmig und häufig in durchscheinendem, bernsteinfarbigem Calcit erhalten. Die Alveole ist tief und gerundet und trägt eine hintere Furche. Das Proostracum besteht aus einer Verlängerung an der Spitze des Phragmokons.

• HABITAT *Neohibolites* lebte in Schwärmen und jagte in Schelfmeeren der Mittleren Kreide nach kleinerem Getier.

• ANMERKUNG Die getrennten Kammern des Phragmokons sind bei diesem Exemplar gut sichtbar. *Neohibolites* ist in Europa in den Tonen des Albiums häufig.

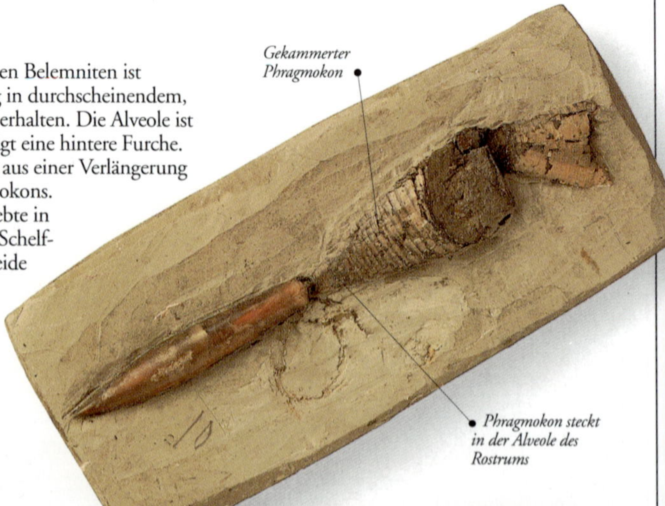

Neohibolites minimus (Miller); Gault-Ton, Untere Kreide, England

Typische Länge 23 cm

Reichweite Kreide	Verbreitung Weltweit	Häufigkeit

Ordnung BELEMNITIDA	Familie Pachyteuthidae	Allgemeiner Name –

PACHYTEUTHIS

Das kräftige und stumpfe Rostrum dieses Belemniten verjüngt sich gleichmäßig zu einem stumpfen Hinterende. Die zerbrochene Oberfläche läßt den faserigen Aufbau des Calcits gut erkennen. Die gerundete, tiefe Alveole trägt einen Phragmokon mit vielen konkav-konvexen Kammern, die heute mit Tonstein gefüllt sind.

• HABITAT *Pachyteuthis* lebte als Räuber oder Aasfresser in den tieferen Schelfmeeren des Oberen Jura.

• ANMERKUNG Der Phragmokon ist mit glänzendem Pyrit imprägniert.

Pachyteuthis abbreviata (Miller); Kimmeridge-Ton, Oberer Jura, England

Typische Länge 50 cm

Reichweite M.–O. Jura	Verbreitung Weltweit	Häufigkeit

Ordnung BELEMNITIDA	Familie Belemnitellidae	Allgemeiner Name –

BELEMNITELLA

Das Rostrum verjüngt sich langsam und trägt an der Spitze einen nippelartigen Aufsatz. Der hintere Teil ist dünn wie Papier, mit einer tiefen Alveole. Die Oberfläche weist ein verzweigtes Netz feiner, verzweigter Kanälchen auf, die vermutlich Abdrücke von Blutgefäßen im Weichteil des Tieres darstellen.

• HABITAT *Belemnitella* lebte in den flacheren Bereichen der späten Kreidemeere und gebrauchte die hakenförmigen Tentakeln, um kleinere Beute zu fangen.

• ANMERKUNG Einer der Belemniten, der fast bis zum Ende der Kreide überlebte. Er tritt an einigen Fundstellen massenhaft auf. Solche Vorkommen werden auch als Belemnitenschlachtfelder bezeichnet.

Belemnitella mucronata (Schlotheim); Maastrichtium, Obere Kreide, Holland

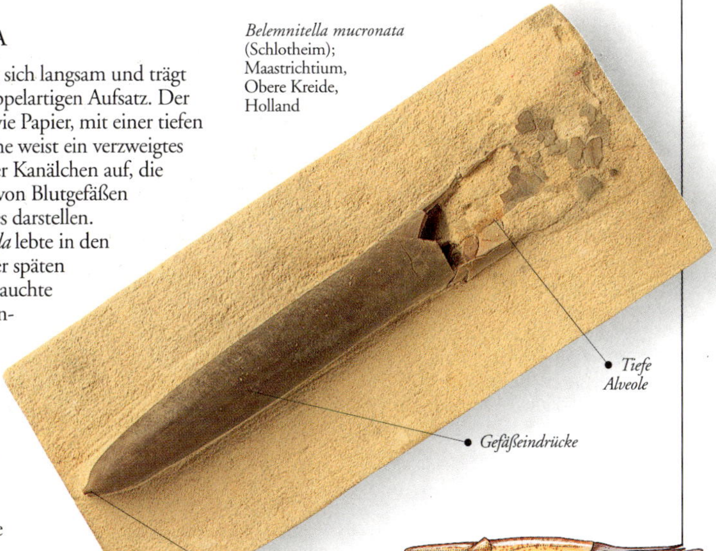

Typische Länge 40 cm

Reichweite O. Kreide	Verbreitung Nordhalbkugel	Häufigkeit

Ordnung BELEMNITIDA	Familie Cylindroteuthididae	Allgemeiner Name Belemnit

CYLINDROTEUTHIS

Das Rostrum ist lang und zylindrisch und verjüngt sich kontinuierlich bis zur Vorderspitze. Der gekammerte Phragmokon ist vorne verbreitert.

• HABITAT Diese räuberische Gattung lebte in tieferen Schelfbereichen.

• ANMERKUNG Mit 25 cm Länge einer der größten Belemniten.

Cylindroteuthis puzosiana (d'Orbigny); Oxford-Ton, Oberer Jura, England

Typische Länge 25 cm

Reichweite M.–O. Jura	Verbreitung Europa, Nordamerika	Häufigkeit

Ordnung Nicht anwendbar	Familie Nicht anwendbar	Allgemeiner Name _

Belemnitenkalk

Diese gesägte und polierte Platte aus marinem Kalkstein zeigt mehrere Belemnitenarten in verschiedenen Schnittlagen. Darin ist deutlich die massive Konstruktion der Rostren aus Calcit (Calciumcarbonat) zu sehen. Sie besteht aus feinen, radial angeordneten Calcitkristallen und weist deutliche, konzentrische Wachstumslinien auf. Die V-förmige Öffnung am Vorderende ist die Alveole; sie trägt den gekammerten Phragmokon, mit dem das lebende Tier den Auftrieb regulierte.

• Habitat Diese Belemniten hatten alle eine unterschiedliche Lebensweise, obwohl alle Meeresbewohner waren.

Belemnitenkalk; Jura, Deutschland

Reichweite Trias–Kreide	Verbreitung Weltweit	Häufigkeit ⁂⁂⁂⁂⁂

Ordnung Vampyromorpha	Familie Trachyteuthididae	Allgemeiner Name _

Trachyteuthis

Nur das Rostrum ist bis heute als Fossil bekannt. Der Umriß ist länglich-oval, auf beiden Seiten ist ein Lappen vorhanden; Wachstumslinien auf der Rückenseite.

• Habitat Dieses Tier hatte wohl eine ähnliche Lebensweise wie ein Tintenfisch, lebte am Meeresboden und jagte nach Krebstieren.

• Anmerkung Es ist immer noch fraglich, ob diese Form eher den Tintenfischen oder den Kalmaren zugerechnet werden soll.

Trachyteuthis sp.; Solnhofener Plattenkalke, Oberer Jura, Deutschland

Typische Länge 25 cm

Reichweite O. Jura	Verbreitung Europa	Häufigkeit ⁂

Ordnung	Familie	Allgemeiner Name
BELEMNITIDA	Belemnoteuthididae	_

BELEMNOTEUTHIS

Die Kopfregion trägt zehn Arme mit Haken. Der hintere Teil des Körpers wird als Mantel bezeichnet und trägt zwei Flossen, fast wie ein heutiger Tintenfisch. Der vorderste Teil ist der gekammerte Phragmokon, der sich nach hinten verjüngt. Manchmal ist an der Spitze ein dünnes Rostrum vorhanden.

• HABITAT *Belemnoteuthis* lebte im offenen Meer mäßiger Tiefe, schwamm durch Rückstoß (Wasserausstoß durch den Mantel), genauso wie es heutige Tintenfische machen. Er gebrauchte seine Tentakel und Saugnäpfe zum Beutefang.

• ANMERKUNG Dieses Exemplar zeichnet sich durch Weichteilerhaltung aus – eine ausgesprochene Seltenheit bei Fossilien, da die Weichteile normalerweise zerfallen und sich damit der Beobachtung entziehen. Diese Art der Erhaltung entsteht nur, wenn das Tier rasch in sauerstofffreies Milieu eingebettet wird, ohne daß Aasfresser und Bakterien Zugang haben. Die Weichteile des Belemniten sind durch Calciumphosphat ersetzt.

Belemnoteuthis antiqua Pearce; Oxford-Ton, Oberer Jura, England

Typische Länge 12 cm

Reichweite	Verbreitung	Häufigkeit
O. Jura	Europa	

SEELILIEN

Die Crinoiden, auch als Seelilien und Haarsterne bekannt, besitzen ein kräftiges Calcitskelett. Sie waren im Paläozoikum so häufig, daß sie teilweise ausgedehnte Vorkommen von Seelilienkalken bildeten. Die meisten Formen tragen einen Stiel, der am Boden festgemacht war, einen runden oder fünfeckigen Querschnitt aufweist und aus zahlreichen scheibenartigen Platten, den Stielgliedern, besteht. An der Spitze sitzt ein klobiger Kelch mit Armen, die das Tier zum Wasserfiltern benützt. Bald nach ihrem Tod zerfallen die Seelilien in einzelne Elemente. Vollständige Seelilien sind seltene, aber wunderschöne Fossilien.

Ordnung	Familie	Allgemeiner Name
Monobathrida	Dimerocrinitidae	–

DIMEROCRINITES

Der zylindrische Stiel dieser Form endet in einem niedrigen, aus zahlreichen klobigen Platten bestehenden Kelch. Die zwanzig kurzen Arme bilden eine kompakte Krone.

• Habitat *Dimerocrinites* lebte im flachen Wasser und war mit Wurzeln am Boden festgemacht.

• Anmerkung Die Arme bildeten einen Fächer, um Nahrung zu filtern.

Typischer Kronendurchmesser 2,5 cm

Dimerocrinites icosidactylus Phillips; Wenlockkalke, Mittleres Silur, England

Reichweite	Verbreitung	Häufigkeit
Silur–Devon	Europa, Nordamerika	

Ordnung	Familie	Allgemeiner Name
Cladida	Euspirocrinidae	–

PARISANGULOCRINUS

Der lange Stiel von *Parisangulocrinus* hat einen rundlichen Querschnitt. Einige große Platten bilden den Kelch mit seinen langen und mehrmals verzweigten Armen. Abfallprodukte wurden durch eine lange Röhre, die aus unzähligen Platten zusammengesetzt ist und zwischen den Armen liegt, ausgestoßen. Die breite, fächerförmige Krone hat viele Zweige.

• Habitat Diese Gattung lebte im tiefen Wasser.

• Anmerkung Zu Lebzeiten breitete diese Seelilie ihre Arme in einem weiten Fächer aus, um Nahrung zu fangen.

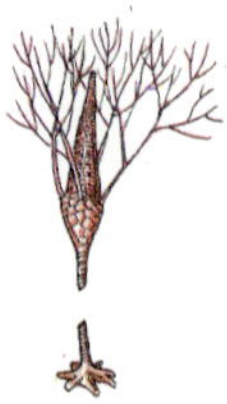

Typischer Kelchdurchmesser 1,5 cm

Parisangulocrinus zeaformis (Schultze); Hunsrück-Schiefer, Devon, Deutschland

Reichweite	Verbreitung	Häufigkeit
Silur–Karbon	Europa, Nordamerika	

Ordnung CLADIDA	Familie Cupressocrinitidae	Allgemeiner Name _

CUPRESSOCRINITES

Diese kräftige Crinoide besteht aus einem zylindrischen Stiel und einem großen, konischen Kelch aus zehn Platten, die in zwei Kreisen angeordnet sind. Die fünf kurzen Arme sind unverzweigt und im Querschnitt dreieckig. Sie passen gut zusammen und bilden eine kurze, zugespitzte Krone.

• HABITAT Die kräftige Ausbildung dieser Art ist wahrscheinlich auf ihren Lebensraum zurückzuführen, der vermutlich starken Strömungen ausgesetzt war – zerbrechlichere Formen hätten hier kaum überlebt.

• ANMERKUNG Vorfahren und Verwandtschaftsverhältnisse von *Cupressocrinites* sind nur sehr spärlich bekannt.

Cupressocrinites crassus
Goldfuss; Crinoidenschichten, Mittleres Devon, Deutschland

Typischer Kelchdurchmesser 2,5 cm

Reichweite Devon	Verbreitung Westeuropa	Häufigkeit ◉

Ordnung CLADIDA	Familie Cyathocrinitidae	Allgemeiner Name _

CYATHOCRINITES

Cyathocrinites besitzt einen zylindrischen Stiel aus zahlreichen scheibenförmigen Gliedern. Der schalenförmige Kelch besteht aus wenigen fein gerundeten Platten, aus denen schmale Arme entspringen, die eine komplexe Krone aus gleichmäßig verästelten Armen bilden.

• HABITAT Diese Gattung lebte in ruhigem Flachwasser, wo genügend Nahrung vorhanden war.

Cyathocrinites actinotubus
Angelin; Wenlock-Kalke, Mittleres Silur, England

Typischer Kelchdurchmesser 8 mm

Reichweite Silur–Karbon	Verbreitung Europa	Häufigkeit ◉◉

Ordnung	Familie	Allgemeiner Name
SAGENOCRINIDA	Sagenocrinidae	–

SAGENOCRINITES

Der Stiel von *Sagenocrinites* besteht aus zahlreichen zylindrischen, dünnen Gliedern. Die Krone ist breit und oval. Die vieleckigen Platten der unteren Armteile zeigen deutliche Wachstumslinien und bilden einen Teil des Kelchs. Die beweglichen Armteile sind kurz und aus kleinen Platten zusammengesetzt.

• HABITAT Die kräftige, gedrungene Form läßt auf eine Anpassung an starke Bodenströmungen schließen.

Sagenocrinites expansus Phillips; Wenlock-Kalke, Mittleres Silur, England

Typischer Kelchdurchmesser 2,5 cm

Reichweite	Verbreitung	Häufigkeit
M. Silur	Europa, Nordamerika	❂

Ordnung	Familie	Allgemeiner Name
Nicht klassifiziert	Nicht klassifiziert	Crinoidenkalk

SCHWARZER STEIN VON CLIFTON

Dieser schwarze Kalkstein enthält einen langen Seelilienstiel und zahlreiche Einzelplatten. Der Aufbau ist gut sichtbar: kurze, gleich hohe Glieder, ein zentraler Kanal, der jetzt mit Kalkstein gefüllt ist.

• HABITAT Crinoidenkalke bestehen aus Platten und Stielen, die von der Riffkante aus eingewaschen wurden.

• ANMERKUNG Die dunkle Farbe stammt von feinverteiltem Bitumen.

Typischer Kronendurchmesser 4 cm

Clifton Black Rock; Karbonkalke, Karbon, England

Reichweite	Verbreitung	Häufigkeit
Karbon	England	❂

Ordnung MONOBATHRIDA	Familie Actinocrinitidae	Allgemeiner Name –

ACTINOCRINITES

Dieser schön erhaltene Kelch ist ein gutes Beispiel für viele Seelilien aus der Unterklasse der Camerata. Der große, steife und kugelförmige Kelch besteht aus zahlreichen vieleckigen Platten, die im vorliegenden Stück sichtbar werden. Diese Platten sind an der Basis, direkt oberhalb des Stiels, in mehreren Ringen angeordnet. Oberhalb dieses Punktes bildet der untere Teil der Arme ein unregelmäßiges Mosaikmuster und läuft zu kurzen Armstumpen aus. Der obere, gewölbte Teil des Kelchs besteht aus ziemlich großen Deckplatten. Der rundliche Stiel ist aus zahlreichen kurzen Gliedern zusammengesetzt. In den Meeren des Unteren Karbon konnten Strömungen riesige Mengen von Skeletteilen verdriften und zusammenschwemmen, so daß regelrechte Seelilienkalke entstanden. Für die Klassifizierung isolierter Stielglieder wurde eigens eine künstliche Einteilung geschaffen.

• HABITAT *Actinocrinites* lebte auf Riffen im tieferen Wasser und haftete mit einer wurzelähnlichen Vorrichtung am Boden. Die kurzen, einfachen Arme konnten kleine Nahrungspartikel fangen.

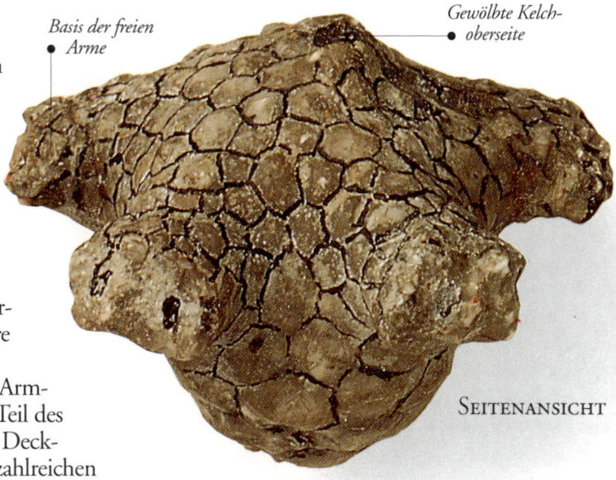

SEITENANSICHT

Actinocrinites parkinsoni Wright; Karbonkalke, Unteres Karbon, England

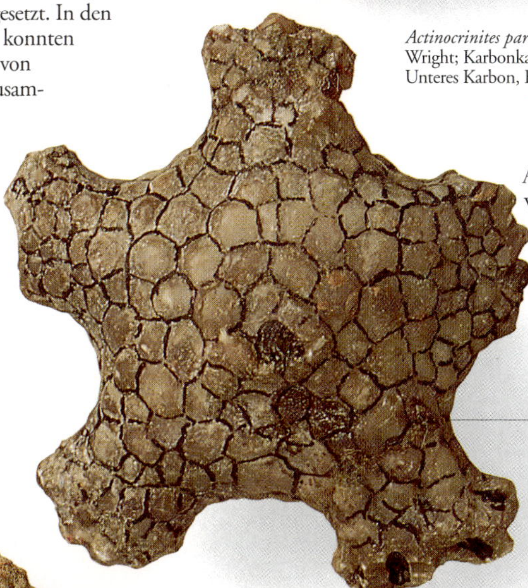

ANSICHT VON OBEN

SEELILIENKALK

Typischer Kelchdurchmesser 4 cm

Reichweite Karbon	Verbreitung Weltweit	Häufigkeit ❋❋❋❋❋

Ordnung Roveacrinida	Familie Saccocomidae	Allgemeiner Name Haarstern

Saccocoma

Diese zierlich gebaute stiellose Seelilie trägt einen kleinen, kugelförmigen Kelch. Die zehn Arme verzweigen sich nur einmal, und der untere Teil hat flügelartige Fortsätze. Der obere Teil trägt lange und schmale Seitenverzweigungen.

• Habitat *Saccocoma* war ein freischwimmender Haarstern, der Salinitätsschwankungen vermutlich gut vertragen konnte.

• Anmerkung Diese Art ist eine der häufigsten Fossilien im Solnhofener Plattenkalk.

Saccocoma tenellum (Goldfuss); Solnhofener Plattenkalke, Oberer Jura, Deutschland

Typischer Kelchdurchmesser 2 cm

Reichweite O. Jura	Verbreitung Weltweit	Häufigkeit ●●●●●

Ordnung Cyrtocrinida	Familie Hemicrinidae	Allgemeiner Name –

Hemicrinus

Diese merkwürdig geformte Seelilie trägt ihre Arme rechtwinklig zum Kelch, der schwammartig aussieht. Die stielartige Verlängerung wird eigentlich von länglichen Kelchplattenteilen gebildet und ist direkt an der Wurzel befestigt.

• Habitat *Hemicrinus* war mit einem Stiel an Geröllen festgeheftet und lebte im flachen, turbulenten Wasser.

• Anmerkung Die Cyrtocriniden sind untersetzte, kompakte Seelilien, die lokal recht häufig in kreidezeitlichen Gesteinen auftreten.

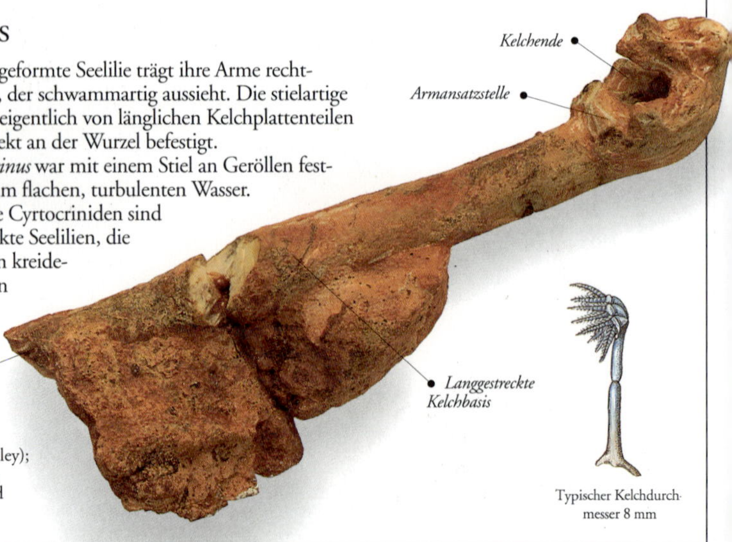

Hemicrinus canon (Seeley); Hunstanton Red Rock, Untere Kreide, England

Typischer Kelchdurchmesser 8 mm

Reichweite O. Jura–U. Kreide	Verbreitung Europa	Häufigkeit ●●

Ordnung COMATULIDA	Familie Pterocomidae	Allgemeiner Name Haarstern

PTEROCOMA

Dieser Haarstern besteht aus einem kleinen Kelch, der zehn gleich lange, federartige Arme trägt. Jeder besitzt zwei Reihen kleiner Zweige (Pinnulae). Nur im frühesten Entwicklungsstadium ist ein Stiel vorhanden.

• HABITAT *Pterocoma* war eine freischwimmende Crinoide mit grazilen Armbewegungen, ähnlich ihren heute lebenden Verwandten.

• ANMERKUNG Comatuliden werden nur ausnahmsweise als intakte Versteinerungen gefunden.

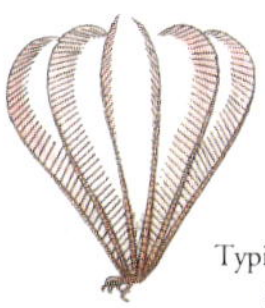

Typischer Kelchdurchmesser 1,5 cm

Pterocoma pennata (Schlotheim); Solnhofener Plattenkalke, Oberer Jura, Deutschland

Reichweite O. Jura–O. Kreide	Verbreitung Europa, Asien	Häufigkeit ◉

Ordnung CLADIDA	Familie Encrinidae	Allgemeiner Name Seelilie

ENCRINUS

Der lange, zylindrische Stiel dieser Seelilie trägt regelmäßig gegliederte, gedrungene Glieder. Die Krone ist untersetzt und kräftig; einzelne Platten sind groß und aufgebläht. Jeder Arm teilt sich an der Basis, um zu zehn kurzen, stämmigen Armen auszuwachsen.

• HABITAT *Encrinus* lebte im flachen Wasser.

• ANMERKUNG Diese Form konnte ihre Arme zu einem Filterfächer ausbreiten. Einmal gefangenes Plankton wanderte entlang den an der Arminnenseite gelegenen Furchen zum Mund. Bei Bedrohung zogen sich die Arme blitzschnell zusammen.

Typischer Kelchdurchmesser 2,5 cm

Encrinus liliiformis (Lamarck); Muschelkalk, Mittlere Trias, Deutschland

Reichweite M. Trias	Verbreitung Europa	Häufigkeit ◉◉

Ordnung UINTACRINIDA	Familie Uintacrinidae	Allgemeiner Name Seelilie

UINTACRINUS

Diese Seelilie ist stiellos, besitzt aber einen großen, kugeligen Kelch, der aus zahlreichen kleinen, vieleckigen Platten zusammengesetzt ist. Die Armbasen sind Teile des Kelchs, und die Arme selbst sind dünn und lang ausgezogen und erreichen bis zu 1,25 m Länge.

• HABITAT Crinoiden dieser Gattung lebten auf weichen, schlammigen Böden und gebrauchten ihre langen Arme zum Planktonfang.

• ANMERKUNG Versteinerte Reste von *Uintacrinus* werden häufig einzeln gefunden.

Uintacrinus socialis Grinnell; Niobrara-Formation, Obere Kreide, USA

Typischer Kelchdurchmesser 4,5 cm

Reichweite O. Kreide	Verbreitung Weltweit	Häufigkeit ❁❁❁❁❁

Ordnung MILLERICRINIDA	Familie Millericrinidae	Allgemeiner Name Seelilie

AILSACRINUS

Diese kurzstielige Seelilie hat einen kleinen Kelch und zehn lange, dünne Arme, die auf beiden Seiten fiederartige Pinnulae tragen.

• HABITAT *Ailsacrinus* war ein schlechter Schwimmer und lebte in Kolonien am Meeresboden des flachen Wassers.

• ANMERKUNG Diese Gattung stellt ein Evolutionsexperiment aus der Jurazeit dar, und zwar durch ihre freie Lebensweise, die auch bei anderen Gruppen, z. B. den Comatuliden, entwickelt wurde. Vollständige Seelilienkelche sind selten zu finden, dagegen häufig Bruchstücke, wie die hier abgebildeten.

Ailsacrinus abbreviatus Taylor; Sharps-Hill-Formation, Mittlerer Jura, England

Typischer Kelchdurchmesser 1,5 cm

Reichweite M. Jura	Verbreitung England	Häufigkeit ❁❁

SEEIGEL (ECHINOIDEA)

DIE SEEIGEL haben ein starres, kugelförmiges Gehäuse, das aus mehreren Reihen von Calcitplatten, den Ambulakralia und Interambulakralia, besteht. Erstere enthalten kleine Poren für die Aufnahme von Tubenfüßchen. Alle Platten weisen geschwollene Warzen auf. Sie bilden die Gelenke für die Stacheln, die den Tieren zur Verteidigung und sogar zur Fortbewegung dienen. Reguläre Seeigel, die auf dem Meeresboden ihr Nahrung suchen, weisen eine radiale Symmetrie auf. Irreguläre Seeigel, die in Weichböden graben, haben eine zweiseitige (bilaterale) Symmetrie.

Ordnung	Familie	Allgemeiner Name
ECHINOCYSTITOIDA	Palaechinidae	_

MELONECHINUS

Das große, nahezu kugelige Gehäuse besteht aus zahlreichen dicken, vieleckigen Platten. Ambulakralia und Interambulakralia sind aus einer Vielzahl von Platten zusammengesetzt. Die Mittellinie der Ambulakralia ist wulstartig verdickt.

• HABITAT *Melonechinus* lebte zwischen Riffen der Karbonmeere.

Typischer Durchmesser 8 cm

Melonechinus multipora (Norwood & Owens); Unteres Karbon, USA

Reichweite	Verbreitung	Häufigkeit
U. Karbon	Weltweit	⊛⊛

Ordnung	Familie	Allgemeiner Name
CIDAROIDA	Cidaridae	_

PLEGIOCIDARIS

Das runde, leicht abgeplattete Gehäuse trägt fünf paarige schmale Ambulakralia und ebenfalls fünf paarige breite Interambulakralia, die aus großen Platten ausgeprägter Warzen bestehen. Das Loch auf der Oberseite ist die Apikalscheibe.

• HABITAT *Plegiocidaris* lebte auf felsigem Meeresboden und graste Algen ab.

• ANMERKUNG Zu Lebzeiten saßen große Stacheln auf den Warzen.

Typischer Durchmesser 4 cm

Plegiocidaris coronata (Schlotheim); Weißer Jura, Deutschland

Reichweite	Verbreitung	Häufigkeit
Jura	Europa	⊛⊛⊛

Ordnung ARCHAEOCIDAROIDA	Familie Archaeocidaridae	Allgemeiner Name _

ARCHAEOCIDARIS

Das große Gehäuse mit seinen vielen Stacheln ist plattgedrückt. Die schmalen, paarigen Ambulakralia und die breiten Interambulakralia bestehen aus vier Plattenreihen mit je einer zentralen Warze. Auf jeder Warze sitzt ein langer, schmaler Stachel. Kurze Stacheln überziehen pelzartig das ganze Gehäuse. Zähne und Kiefer befinden sich auf der Unterseite, sind aber etwas aufgelöst.

• HABITAT Diese Gattung weidete, von seinen Stacheln gut beschützt, den Meeresboden ab.

Archaeocidaris whatleyensis Lewis & Ensom; Karbonkalke, Unteres Karbon, England

GEHÄUSE-UNTERSEITE

GEHÄUSE-OBERSEITE

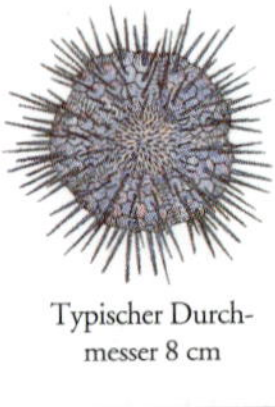

Typischer Durchmesser 8 cm

Reichweite U. Karbon–Perm	Verbreitung Weltweit	Häufigkeit

Ordnung Cidaroida	Familie Psychocidaridae	Allgemeiner Name –

Tylocidaris

Das kleine, kreisförmige Gehäuse ist leicht abgeflacht. Die zehn großen Interambulakralia tragen kräftige, keulenförmige Stacheln, die der Abwehr dienen. Das Loch an der Basis enthielt zu Lebzeiten den Kiefer, der auch als „Laterne des Aristoteles" bezeichnet wird.

• Habitat *Tylocidaris* lebte als allesfressender Graser auf Schalen und Schwämmen der kreidezeitlichen Meeresböden.

• Anmerkung Einzelne Stacheln und Gehäusefragmente sind häufige Fossilien in der englischen Kreide.

Tylocidaris clavigera (König); Obere Schreibkreide, Obere Kreide, England

Typischer Durchmesser 3 cm

Reichweite O. Kreide–Eozän	Verbreitung Europa, Nordamerika	Häufigkeit ●●●●

Ordnung Cidaroida	Familie Cidaridae	Allgemeiner Name –

Temnocidaris

Das nahezu kreisrunde Gehäuse besteht aus fünf großen, paarigen Interambulakralplatten mit je einem großen Stachel. Die fünf paarigen Ambulakralia sind schmal und wellenförmig. Die großen, spindelförmigen Stacheln besitzen eine dornige Oberfläche.

• Habitat *Temnocidaris* lebte am Boden des Kreidemeeres. Er war ein Aasfresser und brauchte seine Zähne, um Nahrung abzuraspeln.

• Anmerkung *Temnocidaris* ist nur selten vollständig erhalten. Bei diesem Exemplar fehlt die Apikalscheibe.

Temnocidaris sceptrifera (Mantell); Obere Schreibkreide, Obere Kreide, England

Typischer Durchmesser 4,5 cm

Reichweite O. Kreide	Verbreitung Europa	Häufigkeit ●●●

Ordnung Calycina	Familie Saleniidae	Allgemeiner Name _

Trisalenia

Der runde, abgeflachte Körper von *Trisalenia* hat eine große, kappenartige Apikalscheibe, die aus zwei Ringen von Platten besteht und eine zusätzliche zentrale Platte mit einem Loch aufweist. Durch die Poren auf den großen Genitalplatten wurden Eier und Spermien ausgestoßen. Die großen interambulakralen Warzen tragen glatte, zugespitzte Stacheln.

• Habitat *Trisalenia* lebte zwischen großen Granitblöcken an einer Felsküste, die sich während der Oberen Kreide entlang der südschwedischen Küste erstreckte.

• Anmerkung Die Familie der Saleniidae tritt häufig in kreidezeitlichen Meeressedimenten auf.

Trisalenia loveni (Cotteau); Obere Kreide, Schweden

Typischer Durchmesser 2 cm

Reichweite O. Kreide	Verbreitung Schweden	Häufigkeit

Ordnung Hemicidaroida	Familie Hemicidaridae	Allgemeiner Name _

Hemicidaris

Das Gehäuse von *Hemicidaris* ist von oben gesehen rund und hat eine ziemlich kleine Apikalscheibe. Die zehn Interambulakralplatten tragen je eine große Warze mit einem langen, glatten, sich verjüngenden Stachel. Die Ambulakralplatten sind schmal.

• Habitat *Hemicidaris* lebte auf felsigem Untergrund und konnte sich mit seinen Haftfüßchen gut festhalten. Er graste mit seinen scharfen Zähnchen harte Oberflächen ab.

• Anmerkung Dieses gut erhaltene Exemplar wurde rasch von Sediment zugedeckt.

Hemicidaris intermedia (Fleming); Korallenkalk, Oberer Jura, England

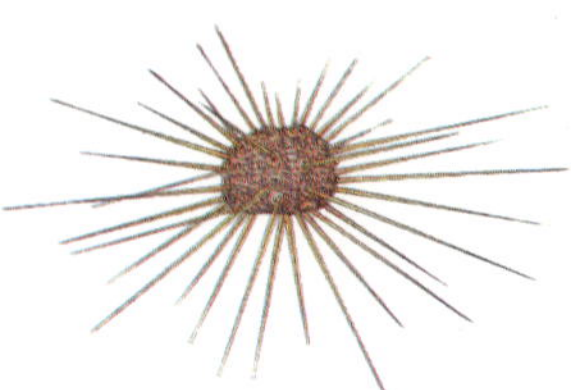

Typischer Durchmesser 3 cm

Reichweite M. Jura–U. Kreide	Verbreitung Weltweit	Häufigkeit

Ordnung PHYMOSOMATOIDA	Familie Phymosomatidae	Allgemeiner Name –

PHYMOSOMA

Das runde Gehäuse ist abgeplattet. Der Bereich der Apikalscheibe sowie die Membran um den Mundbereich sind beide sehr breit. Ambulakral- und Interambulakralwarzen sind etwa gleich groß und tragen glatte, zylindrische oder abgeflachte Stacheln. Einzelne Stacheln sind in der englischen Kreide häufige Fossilien.

• HABITAT *Phymosoma* lebte am Meeresboden und weidete harte Oberflächen nach Schwämmen, Algen und anderen skelettlosen Tieren ab.

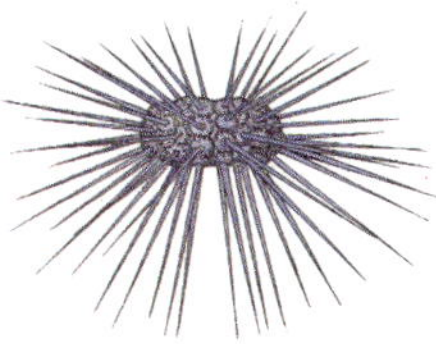

Typischer Durchmesser 3 cm

Phymosoma koenigi (Mantell); Obere Schreibkreide, Obere Kreide, England

Reichweite U. Jura–Eozän	Verbreitung Weltweit	Häufigkeit

Ordnung PHYMOSOMATOIDA	Familie Arbacioidae	Allgemeiner Name –

COLEOPLEURUS

Das kleine, fünfeckige Gehäuse hat einen halbkugeligen Querschnitt. Die Ambulakralia sind groß und aufgebläht und tragen große Warzen. Die Interambulakralia sind glatt und warzenlos. Die Apikalscheibe weist neben fünf große Genitalporen eine zentrale Öffnung für den Anus auf.

• HABITAT Diese Gattung lebte auf felsigem Untergrund im flachen Wasser.

• ANMERKUNG Die auf der Unterseite gelegenen Ambulakralwarzen deuten darauf hin, daß *Coleopleurus* zu Lebzeiten kräftige Stacheln trug. Diese dienten aber eher der Stabilisierung als der Verteidigung.

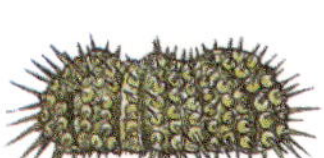

Typischer Durchmesser 2 cm

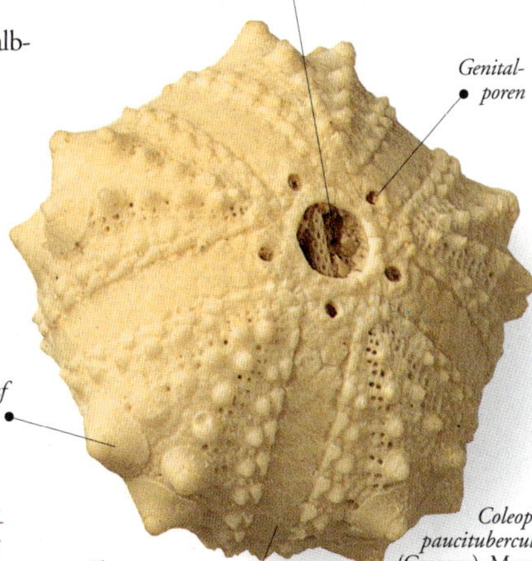

Coleopleurus paucituberculatus (Gregory); Morgan-Kalk, Miozän, Südaustralien

Reichweite Miozän	Verbreitung Australien	Häufigkeit

Ordnung HOLECTYPOIDA	Familie Conulidae	Allgemeiner Name _

CONULUS

Das rundliche Gehäuse wirkt von oben gesehen leicht fünfeckig, von der Seite erscheint es konisch. Die Unterseite ist flach oder konkav. Der Mund liegt im Zentrum der Unterseite, der Anus ist randständig. Die Gehäuseoberfläche weist sehr kleine Warzen auf, die zu Lebzeiten ein pelzartiges Stachelkleid trugen.

• HABITAT *Conulus* „pflügte" durch den weichen Schlammboden. In manchen stratigraphisch ausgedünnten Abschnitten sind seine Gehäuse sehr häufig.

Conulus albogalerus Leske; Obere Schreibkreide, Obere Kreide, England

Typischer Durchmesser 3,5 cm

Reichweite O. Kreide–Paleozän	Verbreitung Weltweit	Häufigkeit ֍֍֍

Ordnung CLYPEASTEROIDA	Familie Clypeasteridae	Allgemeiner Name Sanddollar

CLYPEASTER

Das große und dicke Gehäuse von *Clypeaster* hat einen rundlichen bis fünfeckigen Querschnitt und ein niedrigkonisches Profil. Die Ambulakralia formen auf der Oberseite typische Petaloiden, die viele längliche Poren aufweisen. Der kleine, runde Mund sitzt auf der geraden Unterseite und wird von Kiefern verstärkt. Der Anus liegt ebenfalls auf der Unterseite, ist aber randständig. Die Gehäuseoberfläche ist mit zahlreichen Warzen versehen, die kurze Stacheln tragen.

• HABITAT Typischer Sandbewohner, lebt ganz oder teilweise eingegraben im flachen Wasser und filtert Nahrung aus dem Sediment. Er ist ein „lebendes Fossil" und tritt heute in flachen tropischen Gewässern auf.

Clypeaster aegypticus Michelin; Miozän, Saudi-Arabien

Typischer Durchmesser 12 cm

Reichweite U. Eozän–Rezent	Verbreitung Weltweit	Häufigkeit ֍֍֍֍

Ordnung CLYPEASTEROIDA	Familie Mellitidae	Allgemeiner Name Sanddollar

ENCOPE

Der als „Sanddollar“ bezeichnete *Encope* ist im Querschnitt sehr flach und dünn. Die fünf Petaloiden sind gut entwickelt, aber kleiner als bei *Clypeaster* *(s. Seite 180)*. Jedes der fünf Ambulakralia trägt ein randständiges, durchgehendes Loch (Lunula). Ein sechstes liegt solitär am hinteren Ende der Ambulakralia.

• HABITAT *Encope* lebt im flachen Wasser der Tropen im Sand eingegraben; häufig tritt er in Massen auf. Die Lunulae helfen dem Tier bei der Nahrungssuche in feinen Sedimenten.

GEHÄUSEOBERFLÄCHE

Encope micropora Agassiz; Rezent, Peru

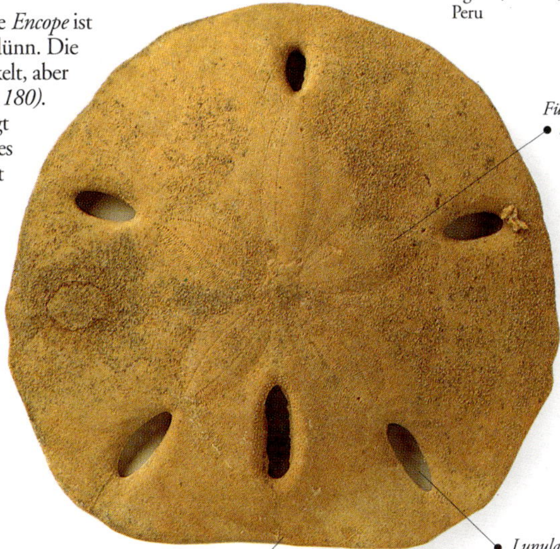

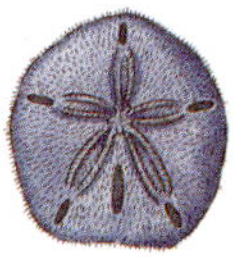

Typischer Durchmesser 9 cm

Reichweite Miozän–Rezent	Verbreitung Nord- und Südamerika	Häufigkeit

Ordnung CASSIDULOIDA	Familie Echinolampadidae	Allgemeiner Name –

PLESIOLAMPAS

Das Gehäuse besitzt einen rundlich-fünfeckigen Umriß und erscheint im Querschnitt niedrig und konisch. Der ovale Mund sitzt eingetieft auf der Unterseite, während der Anus in der Nähe des vorderen Randes liegt. Die fünf länglichen Petaloiden weisen Poren auf. Die Gehäuseoberfläche ist gleichmäßig mit feinen Warzen besetzt.

• HABITAT *Plesiolampas* wühlte im Sand nach Nahrung.

• ANMERKUNG Diese Art ist lokal recht häufig.

GEHÄUSE-OBERSEITE

Plesiolampas saharae (Bather); Calcareous Group, Eozän, Nigeria

Typischer Durchmesser 7 cm

Reichweite Paleozän–Eozän	Verbreitung Weltweit	Häufigkeit

Ordnung CASSIDULOIDA	Familie Faujasiidae	Allgemeiner Name –

HARDOUINIA

Das große Gehäuse von *Hardouinia* ist kappenförmig und hat eine flache Unterseite. Die Petaloiden, die zu Lebzeiten Tubenfüßchen für die Atmung trugen, sind sehr auffällig. Die Interambulakralplatten sind niedrig, aber breit. Der Mund liegt zentral auf der Unterseite, weist fünf Ausbuchtungen auf und gibt dem Ganzen ein sternförmiges Gepräge. Der Anus befindet sich auf der Oberseite und ist leicht eingetieft. Im lebenden Zustand wies die Oberfläche kurze, feine Stacheln auf.

• HABITAT Diese Gattung lebte teilweise eingegraben im sandigen Boden. Die Tiere nahmen Sand zu sich und filterten auf diese Weise Nahrung aus ihm heraus.

• ANMERKUNG *Hardouinia* ist in sandigen Kalken der östlichen USA recht häufig. Jugendliche Exemplare sind weniger konisch.

Typischer Durchmesser 3,5 cm

Hardouinia mortonis (Michelin); Peedee-Formation, Obere Kreide, USA

Reichweite O. Kreide	Verbreitung Nordamerika	Häufigkeit

Ordnung HOLASTEROIDA	Familie Holasteridae	Allgemeiner Name –

ECHINOCORYS

Das große, längliche Gehäuse mit der häufig abgeflachten Spitze ist konisch. Die ganze Oberfläche ist mit kleinen Warzen übersät. Die Unterseite ist flach, und der ovale Mund liegt nahe dem hinteren Rand. Zu Lebzeiten schützte sich das Tier mit feinen, kurzen Stacheln. Die große Apikalscheibe ist ebenso wie die Petaloiden länglich.

• HABITAT *Echinocorys* lebte halb eingegraben im Sand oder Schlamm. Er „pflügte" durch den Sand, um nach Nahrungspartikeln zu suchen.

• ANMERKUNG Ist in feinkreidigen Sedimenten eine der häufigsten oberkretazischen Seeigel. Die Oberseite ist häufig aufgebrochen – wohl die Folge von Attacken von Fischen.

Typischer Durchmesser 7 cm

Echinocorys scutata Leske; Obere Schreibkreide, Obere Kreide, England

Reichweite O. Kreide–Paleozän	Verbreitung Weltweit	Häufigkeit

Ordnung Spatangoida	Familie Hemiasteridae	Allgemeiner Name Herzseeigel

Hemiaster

Das herzförmig-ovale Gehäuse ist mit zahlreichen feinen Warzen bedeckt. Der Mund liegt auf der flachen Unterseite nahe des vorderen Randes, der Anus am hinteren Rand. Die gut entwickelten Petaloiden liegen eingetieft in Furchen. Das Hinterende ist eingebuchtet.

• Habitat *Hemiaster* lebt tief eingegraben im Schlamm, den er entlang der Einbuchtung am Hinterende Richtung Mund zu sich nimmt.

• Anmerkung *Hemiaster* war in schlammigen Sedimenten der Kreide sehr häufig.

Hemiaster batnensis Coquand; Fahdene-Formation, Obere Kreide, Tunesien

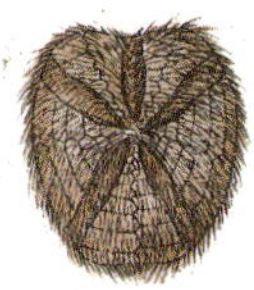

Typischer Durchmesser 4 cm

Reichweite Kreide–Rezent	Verbreitung Weltweit	Häufigkeit

Ordnung Spatangoida	Familie Schizasteridae	Allgemeiner Name Herzseeigel

Linthia

Linthia war ein kleinerer, kompakter Seeigel mit einer starken Einbuchtung am Vorderrand. Er besaß auffällige Petaloiden mit großen Poren. Vier große Genitalporen auf der Apikalscheibe dienten zum Ausstoßen von Eiern und Spermien.

• Habitat Diese Gattung wühlte im weichen Schlamm.

• Anmerkung Durch die Verwitterung sind an einigen Stellen die Plattengrenzen gut sichtbar.

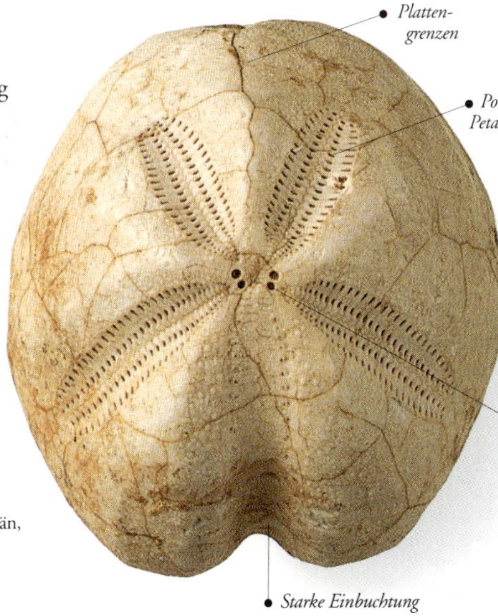

Linthia sudanensis Bather; Kalanbaina, Unteres Paleozän, Niger

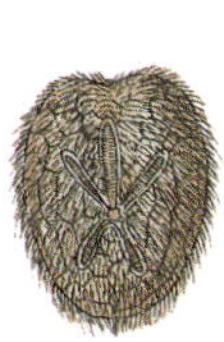

Typischer Durchmesser 7 cm

Reichweite Paleozän	Verbreitung Nordafrika	Häufigkeit

Ordnung Spatangoida	Familie Schizasteridae	Allgemeiner Name Herzseeigel

Schizaster

Beim Herzseeigel *Schizaster* ist die hintere Petaloide verbreitert und tief eingesetzt. Die Poren auf den Petaloiden sind recht auffällig und tragen zu Lebzeiten Atmungsfüßchen.

• Habitat *Schizaster* lebt tief im Sediment vergraben und gebraucht seine langen Tubenfüßchen als trichterartige Verbindung zur Oberfläche. Er frißt feine Sedimentpartikel.

• Anmerkung Diese Gruppe ganzer und teilweise erhaltener Individuen wurde wahrscheinlich durch Stürme zusammengeschwemmt. Die meisten Exemplare liegen als Steinkerne vor, da das Gehäuse häufig weggebrochen ist.

Platte mit ganzen und zerbrochenen Herzseeigeln

Gut entwickelte Petaloiden

Tonstein

Poren für Tubenfüßchen, die der Atmung dienten

Große vordere Petaloide

Schizaster branderianus Forbes; Barton-Ton-Formation, Mittleres Eozän, England

Typischer Durchmesser 2,5 cm

Reichweite Eozän–Rezent	Verbreitung Weltweit	Häufigkeit

Ordnung	Familie	Allgemeiner Name
SPATANGOIDA	Micrasteridae	Herzseeigel

MICRASTER

Micraster läuft nach hinten spitz zu und trägt vorne eine starke Einbuchtung. Die fünf Petaloiden sind schmal und ziemlich kurz.

• HABITAT Diese Gattung lebte im weichen, kreidigen Schlamm und nahm Schlamm entlang der vorderen Einbuchtung zum Mund zu sich.

• ANMERKUNG Diese Art ist eine höherentwickelte Form, tritt in den höheren Schichten der nordeuropäischen Schreibkreide auf.

Typischer Durchmesser 5 cm

Micraster coranguinum (Leske); Obere Schreibkreide, Obere Kreide, England

Reichweite	Verbreitung	Häufigkeit
O. Kreide–Paleozän	Weltweit	4 von 4 Symbolen

Ordnung	Familie	Allgemeiner Name
SPATANGOIDA	Loveniidae	Herzseeigel

LOVENIA

Dieser Herzseeigel hat ein längliches, abgeflachtes Gehäuse mit einer flachen Unterseite. Die schwachen Petaloiden werden gegen den Rand hin schmaler. Zusätzlich zu den überall vorhandenen feinen Warzen finden sich auf beiden Seiten eingetiefte Warzen. Diese tragen lange, gekrümmte Stacheln, die der Verteidigung dienen.

• HABITAT Gräbt sich nur oberflächlich in Sand ein, tritt meist in strandnahen Ablagerungen auf.

• ANMERKUNG Die Warzen auf der Gehäuseoberseite sind typisch für diesen Seeigel.

OBERSEITE

UNTERSEITE

Lovenia forbesi (Woods); Morgan-Kalk, Miozän, Südaustralien

Typischer Durchmesser 2,5 cm

Reichweite	Verbreitung	Häufigkeit
O. Eozän–Rezent	Weltweit	3 von 3 Symbolen

SEESTERNE (ASTEROIDEA)

DIE ASTEROIDEA – einige Arten werden gewöhnlich als Seesterne bezeichnet – sind typische Meeresbewohner mit einer Entwicklungsgeschichte, die bis zurück ins Ordovizium reicht. Die meisten haben fünf Arme, einige sogar mehr. Der Mund liegt zentral auf der Unterseite. Fünf Ambulakralfurchen mit ambulakralen und adambulakralen Skelettelementen bilden die Mittellinie der Arme. Die Furchen tragen weiche, muskulöse Füßchen, die zur Fortbewegung, zum Graben oder zum Beutefang dienen. Seesterne sind sehr selten vollständig erhalten.

Ordnung	Familie	Allgemeiner Name
Nicht klassifiziert	Palastericidae	–

PALASTERICUS

Diese Form besitzt fünf kurze, lappenartige Arme. Alle Skelettelemente, mit Ausnahme derjenigen der Ambulakralfurche und des Mundes, sind schmal und unscheinbar. Der Körper ist mit feinen, kurzen Stacheln überzogen.

• HABITAT Nahm Sediment mit kleinen Meerestieren zu sich.

• ANMERKUNG Das vorliegende Exemplar ist hervorragend in Pyrit konserviert.

Palastericus devonicus Stürtz; Bundenbacher Schiefer, Oberes Devon, Deutschland

• *Kleine Skelettelemente der Oberseite*

• *Rücken, von Elementen der Ambulakralfurche gebildet*

Typischer Durchmesser 12 cm

Reichweite	Verbreitung	Häufigkeit
O. Devon	Deutschland	◉

Ordnung	Familie	Allgemeiner Name
PAXILLOSIDA	Astropectinidae	Kammstern

PENTASTERIA

Die fünf Arme und die Scheibe sind ziemlich schmal. Große Randplatten bilden eine deutliche Begrenzung des Seesterns. Die Scheibenoberseite ist von kleinen Platten bedeckt, in der Mitte sind die auf der Unterseite vorhandenen Mundeckstücke zu sehen.

• HABITAT *Pentasteria* war halb im Sand eingegraben.

Typischer Durchmesser 10 cm

Pentasteria cotteswoldiae (Buckman); Stonesfield-Schiefer, Mittlerer Jura, England

• *Kräftige Randplatten*

Reichweite	Verbreitung	Häufigkeit
Jura–U. Kreide	Europa	◉◉

Ordnung Nicht klassifiziert	Familie Stenasteridae	Allgemeiner Name _

Stenaster

Diese kleine, etwas rätselhafte Form wurde teils als Seestern, teils schon als Schlangenstern klassifiziert. Die fünf Arme sind kurz, die Scheibe eher groß. Die Ambulakralia nehmen die ganze Armbreite ein.

- Habitat Diese Form lebte im Meer.
- Anmerkung Aus der Seesternschicht in Girvan (Schottland) sind zahlreiche wundervoll erhaltene Exemplare bekanntgeworden. Diese Seesterne sind als Hohlformen überliefert, da das Calcitskelett weggelöst ist. Ein Sturm war vermutlich für die rasche Ablagerung des Sands verantwortlich, der die Seesterne verschüttete. Die verwandtschaftlichen Beziehungen von *Stenaster* sind nur ungenau erforscht.

Stenaster obtusus (Forbes); Drummock Group, Ordovizium, England

Oberseite

Reihe von Skelettelementen

Unterseite

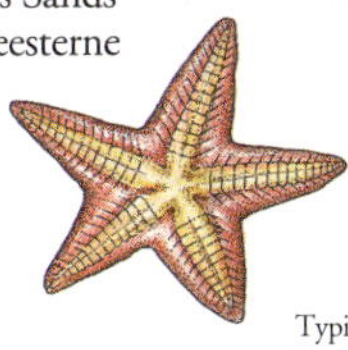

Typischer Durchmesser 4 cm

Reichweite Ordovizium	Verbreitung Europa, Nordafrika	Häufigkeit

Ordnung Forcipulida	Familie Tropidasteridae	Allgemeiner Name _

Tropidaster

Diese kleine Form hat fünf plumpe, blumenförmige Arme und große Mundeckstücke. Die Ambulakralfurche ist weit geöffnet, und breite Adambulakralelemente bauen die Unterseite der Arme auf. Zu Lebzeiten trugen beide eine Stachelreihe.

- Habitat Diese Form lebte im flachen Wasser.
- Anmerkung Die Abbildung zeigt ein erwachsenes und ein jugendliches Exemplar.

Tropidaster pectinatus Forbes; Mittlerer Lias, England

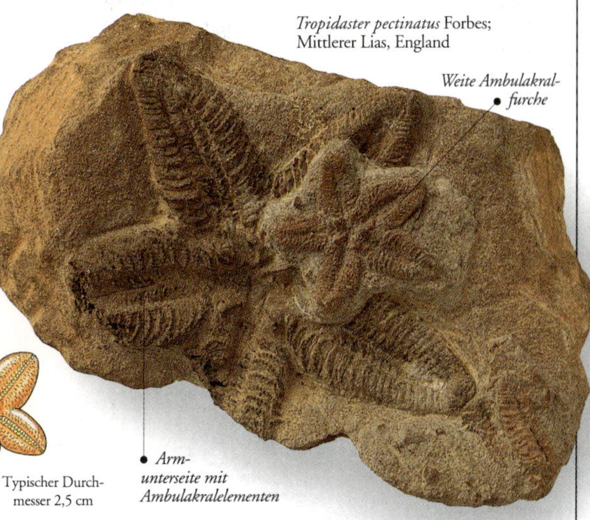

Weite Ambulakralfurche

Armunterseite mit Ambulakralelementen

Typischer Durchmesser 2,5 cm

Reichweite U. Jura	Verbreitung England	Häufigkeit

Ordnung VALVATIDA	Familie Goniasteridae	Allgemeiner Name _

METOPASTER

Durch die sehr kurzen Arme und die sehr große Scheibe gleicht der Körper einem fünfeckigen Keks. Die wenigen Randplatten sind groß und auffällig; zu Lebzeiten tragen sie kleine, gekörnte Stacheln. Die Randplatten an der Armspitze sind dreieckig und länglich. Die Scheibe ist mit kleinen, vieleckigen Plättchen bedeckt.

• HABITAT Lebte ähnlich seinen heutigen Verwandten als Sediment- oder Aasfresser am Boden des Schreibkreidemeeres.

• ANMERKUNG Randplatten von *Metopaster* sind häufige Fossilreste.

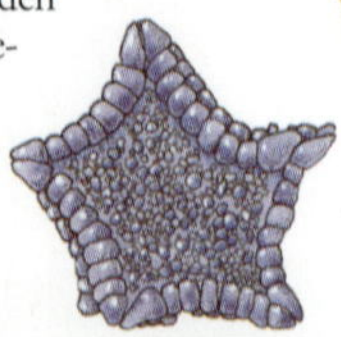

Typischer Durchmesser 5 cm

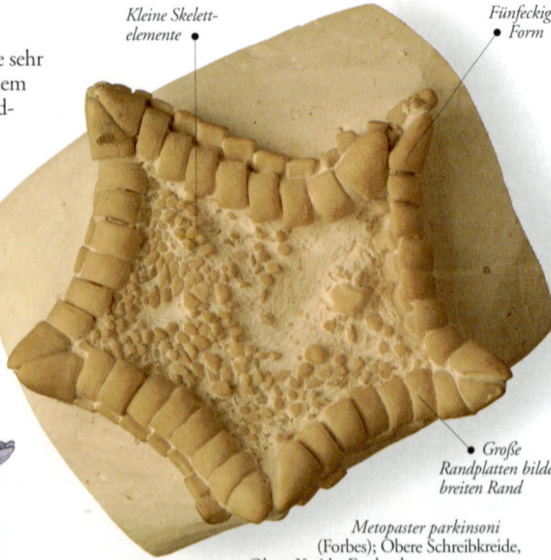

Metopaster parkinsoni (Forbes); Obere Schreibkreide, Obere Kreide, England

Reichweite O. Kreide	Verbreitung Europa	Häufigkeit

Ordnung Nicht klassifiziert	Familie Stauranderasteridae	Allgemeiner Name _

STAURANDERASTER

Dieser Seestern hat lange, schmale Arme und eine mittelgroße Scheibe, die ursprünglich kuppelförmig war, in diesem Exemplar aber in sich zusammengesunken ist. Die Scheibe besteht aus ziemlich großen, gerundeten Skelettelementen. Die großen Randplatten überlappen sich und ermöglichen eine größere Beweglichkeit.

• HABITAT Diese Gattung lebte wahrscheinlich an der Bodenoberfläche des Schreibkreidemeeres und fraß entweder Sediment oder Aas.

Stauranderaster coronatus (Forbes); Untere Schreibkreide, Obere Kreide, England

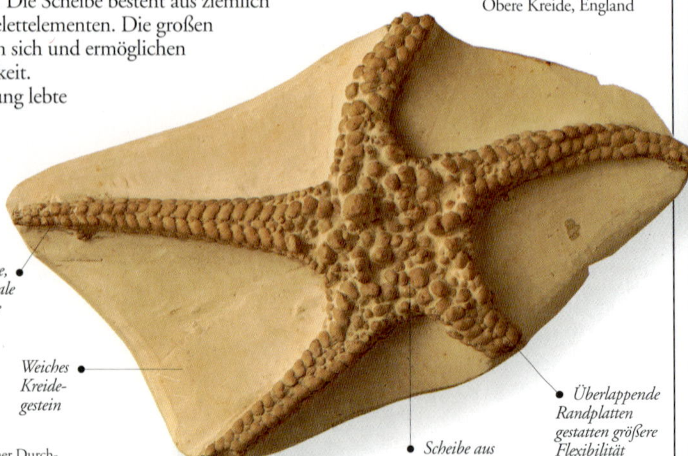

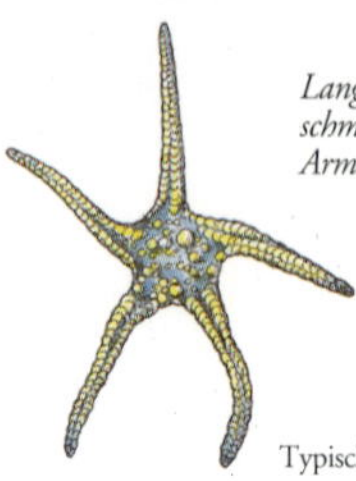

Typischer Durchmesser 10 cm

Reichweite O. Kreide	Verbreitung Europa	Häufigkeit

Schlangensterne (Ophiuroidea)

Ophiuren werden oft als Seesterne, besser aber als Schlangensterne bezeichnet. Als Verwandte der Seeigel besitzen sie fünf lange, zerbrechliche Arme, die einer flachen, nahezu kreisrunden Scheibe entspringen. Die beweglichen Arme sind in ihrem Aufbau von denen der Seesterne verschieden. Sie bestehen aus einem zentralen Teil aus Wirbeln, die von vier Plattenreihen abgedeckt sind. Die Ambulakralfurche ist bei den Schlangensternen verdeckt. Heute kommen Ophiuren in großen Massen am Meeresboden vor.

Ordnung	Familie	Allgemeiner Name
Ophiurida	Ophiodermatidae	–

Palaeocoma

Die Scheibe ist fünfeckig mit langen, schlangenförmigen Armen, die von vier gleich großen Plattenreihen bedeckt sind. Auf der Oberseite besteht sie aus zehn birnenförmigen Elementen, die Unterseite trägt deren fünf.

• Habitat Diese Art lebte auf siltigem Meeresboden.

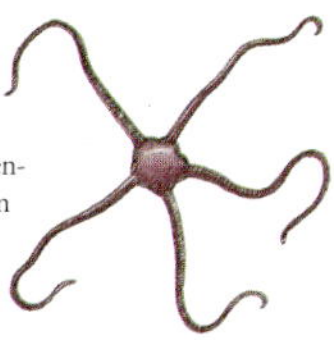

Typischer Scheibendurchmesser 2 cm

Palaeocoma egertoni (Broderip); Mittlerer Lias, England

Reichweite	Verbreitung	Häufigkeit
U. Jura	Europa	

Ordnung	Familie	Allgemeiner Name
Ophiurida	Ophiuridae	–

Geocoma

Die kleine Scheibe ist fast kreisrund, und die langen Arme sind an der Basis ziemlich breit. Die Scheibenoberseite besteht aus zahlreichen kleinen Platten. Die Seitenschilder der Arme tragen kurze, feine Stacheln. Die Platten der Armoberseite sind sehr klein.

• Habitat *Geocoma* lebte im Kalkschlamm.

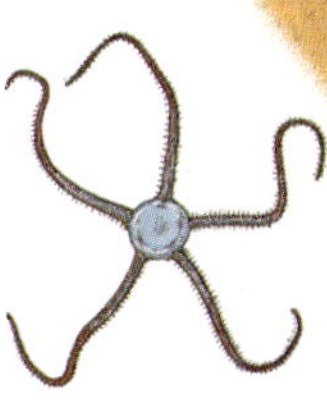

Typischer Scheibendurchmesser 2 cm

Geocoma carinata (Münster); Solnhofener Plattenkalke, Oberer Jura, Deutschland

Reichweite	Verbreitung	Häufigkeit
Jura	Weltweit	

KNOSPENSTRAHLER (BLASTOIDEA)

DIE BLASTOIDEEN oder Knospenstrahler umfassen eine kleine, gut bekannte Gruppe der Stachelhäuter. Zu Lebzeiten waren sie mit einem dünnen Stiel am Boden festgeheftet. Der kompakte Kelch gleicht einer Rosenknospe; er besteht aus drei Reihen zu je fünf Platten, die als Basalia, Radialia und Deltoiden bekannt sind. Die fünf Ambulakralplatten sind V-förmig und trugen kurze Ärmchen, die Nahrung aus dem Wasser filterten. In marinen Kalken und Tonen silurischen bis permischen Alters sind sie lokal recht häufig.

Ordnung SPIRACULATA	Familie Pentremitidae	Allgemeiner Name _

PENTREMITES

An dem kleinen, bikonischen Kelch befindet sich am unteren Ende die schmale Stielansatzstelle. Die Ambulakralia sind breit und V-förmig. Der Kelch besteht aus mehreren sehr großen Platten und besitzt an der Oberseite mehrere Poren für den Ausstoß von Eiern und Spermien.

• HABITAT Diese Form war am harten Meeresboden festgeheftet.

• ANMERKUNG Blastoideen sind in Meeresablagerungen des Karbons lokal recht häufig.

Pentremites pyriformis J. Sowerby; Okaw-Gruppe, Unteres Karbon, USA

Typischer Kelchdurchmesser 2 mm

Reichweite U. Karbon	Verbreitung USA	Häufigkeit

Ordnung SPIRACULATA	Familie Schizoblastidae	Allgemeiner Name _

DELTOBLASTUS

Der hohe Kelch ist konisch, und die fünf Ambulakralia sind leicht versenkt. Die fünf aus großen Platten bestehenden Bereiche zwischen den Ambulakralia sind entlang der Mittellinie gefurcht.

• HABITAT Diese Gattung lebte angeheftet auf harten Untergrund.

• ANMERKUNG Im Perm von Timor und Indonesien sind Blastoideen recht häufig, in den übrigen Teilen der Erde starben sie bereits im Oberen Karbon aus.

Deltoblastus permicus (Wanner); Perm, Indonesien

Typischer Kelchdurchmesser 1,5 cm

Reichweite Perm	Verbreitung Indonesien	Häufigkeit

Cystoidea

Oberflächlich betrachtet gleichen die Cystoideen den Seelilien recht stark, da sie beide mit einem Stiel am Meeresboden festgeheftet waren und einen aufgeblähten Kelch mit einer unterschiedlichen Zahl von Skelettelementen aufweisen. Cystoideen besitzen aber keine echten Arme. Sie filterten ihre Nahrung mit kurzen, unverzweigten Brachiolen (eine Art Ärmchen) aus dem Wasser. Zusätzlich hatten sie spezielle Poren auf den Platten, die der Atmung dienten. Cystoideen sind nicht sehr häufig und kommen vor allem in ordovizischen bis devonischen Gesteinen vor.

Ordnung	Familie	Allgemeiner Name
Dichoporata	Pleurocystidae	–

Pleurocystes

Diese versteinerte Cystoide trägt einen abgeflachten, dreieckigen Kelch, der an der Unterseite am breitesten ist und sich nach oben verjüngt. Der Stiel besteht aus vielen wulstartigen Gliedern. Kleine Platten bedecken mosaikartig die innere Kelchoberfläche.

• Habitat Diese Gattung lebte mit dem Kelch am Boden, während sich der Stiel um eine passende Erhöhung am Meeresboden ringelte.

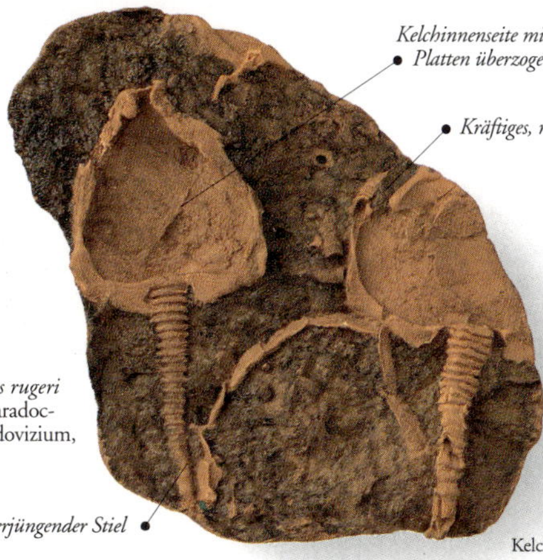

Pleurocystes rugeri (Salter); Caradoc-Serien, Ordovizium, England

Typischer Kelchdurchmesser 1,5 cm

Reichweite	Verbreitung	Häufigkeit
Ordovizium	Weltweit	◎◎

Ordnung	Familie	Allgemeiner Name
Dichoporata	Pleurocystitidae	–

Pleurocystites

Bei diesem gut erhaltenen Exemplar sind die großen Platten der Kelchaußenseite und der kurze, eingerollte Stiel gut zu erkennen. Nahe des Kelchs ist der Stiel biegsam und besteht aus abwechselnd großen und kleinen Gliedern. Auf beiden Seiten des zentralen Mundes befinden sich zwei lange Brachiolen.

• Habitat *Pleurocystites* war eine benthonischer Cystoide, die Nahrung aus dem Wasser filterte.

Typischer Kelchdurchmesser 2 cm

Pleurocystites filitextus Billings; Trenton-Kalk, Ordovizium, Kanada

Reichweite	Verbreitung	Häufigkeit
Ordovizium	Weltweit	◎◎◎◎

Ordnung GLYPTOCYSTITIDA	Familie Callocystidae	Allgemeiner Name –

LEPADOCRINITES

Lepadocrinites hat einen elliptischen Kelch mit wenigen großen Platten, die sehr große, rhombenförmige Atmungsporen aufweisen. Die fünf Ambulakralia sind lang und trugen zu Lebzeiten zahlreiche Brachiolen. Der sich verjüngende, lange Stiel wird von wulstigen Gliedern, die beim Kelch kürzer, weiter unten länger sind, aufgebaut.

• HABITAT Zu Lebzeiten war *Lepadocrinites* mit einer Wurzel am Meeresboden festgemacht.

Lepadocrinites quadrifasciatus Pearce; Wenlockkalke, Silur, England

Typischer Kelchdurchmesser 2,5 cm

Reichweite Silur	Verbreitung England	Häufigkeit

Ordnung GLYPTOCYSTITIDA	Familie Callocystidae	Allgemeiner Name –

PSEUDOCRINITES

Der stark abgeplattete Kelch ist im Querschnitt rundlich. Er trägt zwei mit kurzen Brachiolen versehene Ambulakralia, die entlang des Randes verlaufen. Der Kelch besteht aus wenigen großen Platten und enthält eine oder zwei rhombenförmige Atmungsporen. Der kurze, sich verjüngende Stiel endet unten in einer keulenförmigen Wurzel.

• HABITAT *Pseudocrinites* filterte Nahrung aus dem Wasser und hielt sich an harten Gegenständen, wie etwa Geröllen oder Schalen, am Meeresboden fest.

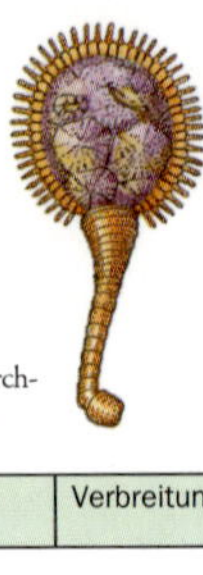

Typischer Kelchdurchmesser 2,5 cm

Pseudocrinites bifasciatus (Pearce); Wenlockkalke, Silur, England

Reichweite O. Silur–U. Devon	Verbreitung Europa, Nordamerika	Häufigkeit

Carpoidea

Die Carpoidea sind eine kleine, aber sehr heterogene Gruppe von Tieren, die sich vom Kambrium bis ins Devon erstreckte. Wie die Echinodermen besaßen sie ein feines Skelett aus Calcit, aber ohne die typische fünfstrahlige Symmetrie *(s. Seiten 175–185)*. Möglicherweise sind sie die Vorfahren sowohl der Stachelhäuter als auch der Chordatiere. Carpoideen waren freilebend und bewegten sich auf dem Meeresboden fort, besaßen einen großen Kopf und einen kurzen, biegsamen Schwanz. Kiemenschlitze (wie bei Fischen) sind bei einigen Formen recht auffällig.

Ordnung Cornuta	Familie Cothurnocystidae	Allgemeiner Name –

Cothurnocystis

Der stiefelförmige Kopf trägt drei spitze Fortsätze. Ein Plattengerüst bildet den Kopfrand, der zentrale Bereich besteht aus kleinen Platten. Eine einzelne Reihe von Kiemenschlitzen ist ebenfalls vorhanden. Der Schwanz ist kurz und biegsam.

• Habitat *Cothurnocystis* lebte am Meeresboden und konnte sich vermutlich mit Hilfe des Schwanzes fortbewegen.

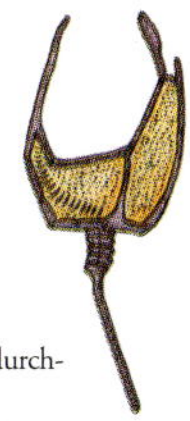

Typischer „Kelch"durchmesser 5 cm

Cothurnocystis elizae Bather; Seestern-Schicht, Ordovizium, England

Reichweite Ordovizium	Verbreitung Schottland	Häufigkeit ֍

Ordnung Mitrata	Familie Anomalocystitidae	Allgemeiner Name –

Placocystites

Der abgeplattete und rechteckige Kopf besteht aus großen, dünnen Calcitplatten mit kleinen, wellenförmigen Wülsten. Das vordere Ende trägt angelförmige Fortsätze, die als Stacheln zu deuten sind. Der Mund liegt zentral.

• Habitat *Placocystites* lebte auf dem Meeresboden und gebrauchte seinen biegsamen Schwanz wie einen Hebel, um sich fortzubewegen.

• Anmerkung Bei diesem Exemplar fehlt der Schwanz.

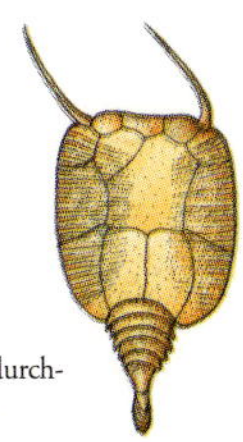

Typischer „Kelch"durchmesser 2 cm

Placocystites forbesianus De Koninck; Wenlockkalke, Silur, England

Reichweite O. Silur	Verbreitung Schweden, England	Häufigkeit ֍

WIRBELTIERE

KIEFERLOSE (AGNATHA)

DIESE KIEFERLOSEN Fische treten schon früh in der Erdgeschichte auf. Heutige Formen sind Neunaugen und Schleimaale. Sie besitzen trichterförmige Saugmäuler mit hornigen Raspelzähnen, mit denen sie Fleisch abraspeln. Im Gegensatz zu den kiefertragenden Wirbeltieren sind die Kiemen nach innen gerichtet. Sie tragen unpaarige Flossen. Die meisten ausgestorbenen Formen hatten eine kaulquappenartige Gestalt, schwammen mit wellenförmigen Schwanzbewegungen und besaßen eine dicke Platten- und Schuppenpanzerung. Ältere Fossilfunde deuten noch auf marine Lebensräume, später drangen sie aber auch ins Süß- und Brackwasser vor, vorwiegend im Silur und Devon.

Ordnung HETEROSTRACI	Familie Pteraspidae	Allgemeiner Name Pteraspider Fisch

PTERASPIS

Die abgeflachte Kopfregion ist von massigen Knochenplatten umgeben, die wahrscheinlich aus Schuppen entstanden sind, die später miteinander verschmolzen. Er besitzt eine mittlere Rückenplatte, eine Rostral-, eine Bauch- und eine Anzahl von Seitenplatten. Die Platten sind mit lochartigen Sensorkanälen versehen. Das bauchseitig liegende Maul trägt kleine Platten, die wahrscheinlich die saugende Nahrungsaufnahme vom Boden unterstützten. Die kleinen Augen liegen seitlich. Der Schwanz mit seinem größeren unteren Lappen erzeugte beim Bewegen ein Abheben des Kopfes vom Boden. Der massige knöcherne Panzer diente in Zeiten von Nahrungsknappheit als Speicher für Phosphate.
• HABITAT Fossile Reste werden häufig in Meeres- wie in Süßwasserablagerungen gefunden.

Pteraspis rostrata Agassiz; Old Red-Sandstein, Devon, England

KOPFSCHILD

Typische Länge 25 cm

Reichweite U. Devon	Verbreitung Europa, Asien, Nordamerika	Häufigkeit

Ordnung Osteostraci	Familie Cephalaspidae	Allg. Name Cephalaspider Fisch

Cephalaspis

Der kleine Süßwasserfisch *Cephalaspis* besitzt einen knöchernen, rückenseitig gelegenen Kopfschild mit sich überlappenden Schuppen, die den Rest des Körpers bedecken. Die Augen liegen auf der Oberseite nahe der Mittellinie, der Mund auf der Unterseite. Vieleckige Schuppen, rückenseitig an der Mittellinie und auf beiden Flanken, dienten wohl als Sensororgane.

• Habitat Lebte in Süßwassertümpeln und Flüssen.

Typische Länge 22 cm

Cephalaspis whitei Stensio; Old-Red-Sandstein, Devon, England

Kopfschild

Reichweite U. Devon	Verbreitung Europa	Häufigkeit

Ordnung Anaspida	Familie Birkeniidae	Allgemeiner Name Anaspider Fisch

Birkenia

Der spindelförmige Körper ist mit tiefen, sich überlappenden und eng aneinanderstehenden Schuppenreihen gepanzert. Eine Reihe verläuft entlang der Rückenseite. Das endständige Maul bildet einen vertikalen Schlitz, der von den kleineren, lose angeordneten Kopfschuppen umgeben ist.

• Habitat *Birkenia* lebte im Süßwasser.

Birkenia elegans Traquair; Slot-Burn-Formation, Mittleres Silur, England

Typische Länge 6 cm

Reichweite M. Silur	Verbreitung Europa	Häufigkeit

Panzerfische

Die Placodermen oder Panzerfische bilden eine vielfältige, heute ausgestorbene Gruppe. Sie haben einfache Kiefer mit Schneideplatten. Ferner tragen sie einen gepanzerten Kopfschild, der mit einem den vorderen Körper bedeckenden Schild verbunden ist. Der hintere Teil und der Schwanz sind von kleinen Schuppen bedeckt. Die Augen schützt ein Ring aus Knochenplatten. Panzerfische lebten sowohl im Süßwasser als auch am Grund der Meere, vom späten Silur bis ins frühe Karbon. Die meisten waren mäßig groß, manche wurden aber bis 6 m lang.

Ordnung	Familie	Allgemeiner Name
Arthrodira	Coccosteidae	Arthrodirer Fisch

Coccosteus

Der 40 cm lange Räuber besitzt einen breiten, abgeflachten Schädel, dessen Augen weit vorne, seitlich am Kopf, liegen. Den leicht klaffenden, kräftigen Kiefern fehlen echte Zähne, sie sind aber mit knöchernen Scherhöckern besetzt, die sich ständig abnutzten.

• Habitat *Coccosteus* lebte in flachen Seen.

Coccosteus cuspidatus Miller; Old-Red-Sandstein, Devon, England

Typische Länge 35 cm

Reichweite	Verbreitung	Häufigkeit
M.–O. Devon	Europa, Nordamerika	

Ordnung	Familie	Allgemeiner Name
Antiarcha	Asterolepidae	Antiarcher Fisch

Pterichthyodes

Dieser kleine Fisch besitzt paarige, gepanzerte Körperanhänge, die gelenkig am Rumpf befestigt sind und vermutlich zur Fortbewegung am Meeresboden dienten. Der relativ kleine Kopf ist in einen Knochenschild eingepackt, hat Augen und an der Unterseite einen Kiefer, der sich als Schaufel gebrauchen ließ. Den kräftigen, auf der Unterseite abgeflachten Rumpfschild bedecken sich überlappende Schuppen.

• Habitat *Pterichthyodes* lebte wahrscheinlich am Boden seichter Seen.

Pterichthyodes milleri (Agassiz); Old-Red-Sandstein, Devon, England

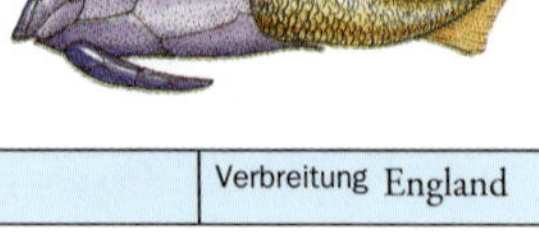

Typische Länge 15 cm

Reichweite	Verbreitung	Häufigkeit
M. Devon	England	

Ordnung Pyctodontida	Familie Ptyctodontidae	Allg. Name Ptyctodonter Fisch

Rhamphodopsis

Der Kopf- und Rumpfpanzer ist kleiner entwickelt als der der übrigen Panzerfische; nur wenige Platten bedecken die obere Kopfregion und die Wangen, gleich dahinter sitzt ein kurzer Rumpfgürtel mit drei Stacheln. Der ungepanzerte Rumpf endet in einem peitschenartigen Schwanz. Auf beiden Seiten des Kiefers sind paarige Zahnplatten ausgebildet.

• Habitat Diese Gattung lebte im Süßwasser.

Rhamphodopsis threiplandi Watson; Old-Red-Sandstein, Mittleres Devon, England

Typische Länge 15 cm

Reichweite M. Devon	Verbreitung Schottland	Häufigkeit

Ordnung Antiarcha	Familie Bothriolepidae	Allgemeiner Name Antiarcher Fisch

Bothriolepis

Dieser gepanzerte Fisch besitzt zwei Rücken-, zwei Brustflossen und eine asymmetrische Schwanzflosse. Der halbkreisförmige Kopfschild und der kräftige Rumpfschild sind von vorne nach hinten stark abgeflacht. Die Brustfortsätze sind länger als bei *Pterichthyodes* und wurden wohl zum Balancieren benötigt. Die paarigen Säcke im Rumpfinnern dienten vielleicht als Lungen, wenn die Gewässer austrockneten. Erhaltene Weichteile deuten, ähnlich wie bei den Haien, auf die Existenz einer spiralförmigen Magenklappe.

• Habitat *Bothriolepis* lebte im Süßwasser. Manchmal werden auch Reste in marinen Sedimenten gefunden.

Körperschild

Bothriolepis canadensis Whiteaves; Escuminac-Formation, Oberes Devon, Kanada

Typische Länge 40 cm

Reichweite O. Devon	Verbreitung Nordhalbkugel	Häufigkeit

KNORPELFISCHE (CHONDRICHTHYES)

ALLE FORMEN dieser Klasse haben ein knorpeliges Skelett aus winzigen calcitischen Prismen. Heute lebende Formen sind Haie, Rochen und Meerengel. Da Knorpel nur selten überliefert wird, finden sich gewöhnlich nur Zähne, Schuppen und Flossenstachel. Haizähne werden ständig im Kiefer erneuert, da sie am vorderen Kieferrand abgeworfen werden oder beim Fressen ausfallen. Als Spurenfossilien *(s. Seite 42)* kommen spiralförmige Koprolithen und Magenausgüsse in Betracht. Seit dem Devon entwickelten die Knorpelfische eine große Artenvielfalt und sind auch in den heutigen Meeren recht häufig.

Ordnung	Familie	Allgemeiner Name
PETALODONTIDA	Petalodontidae	–

PETALODUS

Die Vorderzähne dieses Räubers tragen eine symmetrische, dreieckige Krone mit einem erhöhten zentralen Höcker und einem seitlichen Schneiderand. Die Seitenzähne sind kürzer und weniger symmetrisch.

• HABITAT *Petalodus* lebte wahrscheinlich in der Nähe von Korallenriffen.

Typische Länge 3,50 m

Reichweite	Verbreitung	Häufigkeit
U. Karbon–Perm	Nordhalbkugel	

Ordnung	Familie	Allgemeiner Name
EUGENEODONTIDA	Agassizodontidae	Hai

HELICOPRION

Die Vorderzähne von *Helicoprion* wuchsen in einer Spirale, die bis zu 180 Zähnen hatte, die im Gegensatz zu anderen Haien im Kiefer blieben, auch wenn neue nachwuchsen. Die älteren Zähne sind in einer Vertiefung im Unterkiefer verborgen. Die einzelnen Zähne bestehen aus aufrechten, dreieckigen Kronen, die auf langen Wurzeln sitzen.

• HABITAT *Helicoprion* war vermutlich ein Räuber seichter Gewässer.

Geschätzte Länge 3,50 m

Reichweite	Verbreitung	Häufigkeit
U. Perm	Weltweit	

Ordnung Hybodontiformes	Familie Acrodontidae	Allgemeiner Name Hai

Acrodus

Die Rückenflosse dieses hybodontiden Hais wird durch einen verlängerten Stachel gestützt. Dieser weist grobe Längsrippen und einen mit Zähnchen besetzten verlängerten Rand auf. Der lange untere Teil, der im Weichkörper des Rückens steckt, wird durch eine Knorpelflosse gestützt. Diese Flosse teilte das Wasser während des Schwimmens und verhinderte seitliche Drehbewegungen des Körpers. Das zurückversetzte Maul trägt eine Batterie kräftiger Mahlzähne zum Zermalmen der Beute. Grobe Rippen, die aus dem Kronenzentrum entspringen, verstärken die Reibefläche der einzelnen Zähne. Die Vorder- und Hinterzähne sind klein, während seitliche Zähne stark verlängerte Kronen haben, die auf kräftigen Wurzeln sitzen.

• Habitat *Acrodus* war ein gemächlicher Schwimmer und lebte in der Nähe des Meeresbodens, wo er Muscheln und Krebse „knackte".

Acrodus nobilis Agassiz; Unterer Lias, England

Rückenflossenstachel

Bezahnung

Typische Länge 2,70 m

Reichweite Trias–O. Kreide	Verbreitung Weltweit	Häufigkeit

Ordnung Hybodontiformes	Familie Ptychodontidae	Allgemeiner Name Hai

Ptychodus

Dieser mäßig große Hai ist nur von seinen Schalenknackerzähnen und vielleicht auch calcitisierten Wirbeln bekannt. Die Zähne sind in einer dichtbepackten Batterie angeordnet und besitzen kräftige, rechteckige Kronen mit scharfen, aber groben Rippen, die randständig in knopfartige Erhebungen auslaufen. Die viereckige Wurzel unmittelbar unterhalb des Zahns ist von winzigen Blutkanälen durchbohrt.

• Habitat *Ptychodus* lebte im flachen Wasser und ernährte sich von dickschaligen Wirbellosen.

Ptychodus iatissimus Agassiz; Obere Schreibkreide, Obere Kreide, England

Einzelzahn

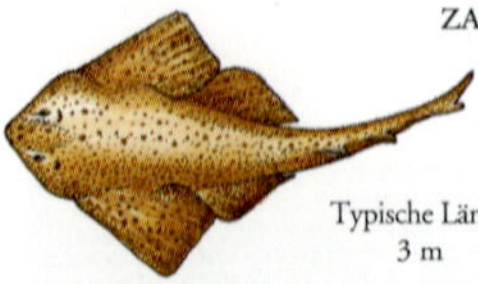

Typische Länge
3 m

Reichweite Kreide	Verbreitung Weltweit	Häufigkeit

Ordnung Lamniformes	Familie Anacoracidae	Allgemeiner Name Hai

Squalicorax

Gleich dem heutigen Tigerhai besitzt *Squalicorax* dreieckige, flache Zähne mit feingezähnten Schneidekanten. Im vorderen Kieferbereich stehen die Zähne aufrecht, im hinteren sind sie stärker rückwärts gebogen. Die einfache, flache Wurzel zeigt keine Nahrungsrinne auf.

• Habitat Diese Haigattung lebte im flachen Meerwasser.

Squalicorax pristidontus (Agassiz); Maastrichter Tuff, Obere Kreide, Holland

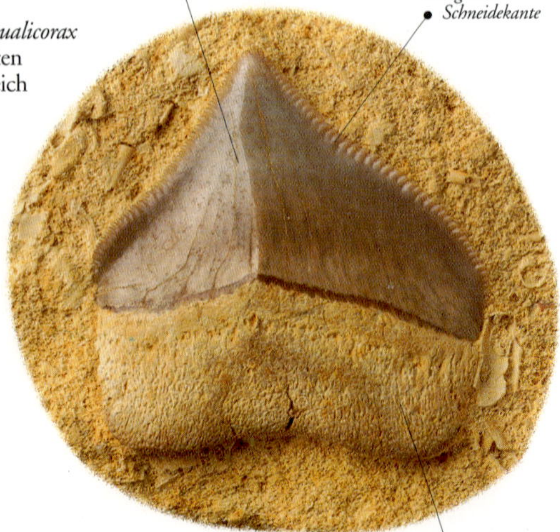

Einzelzahn

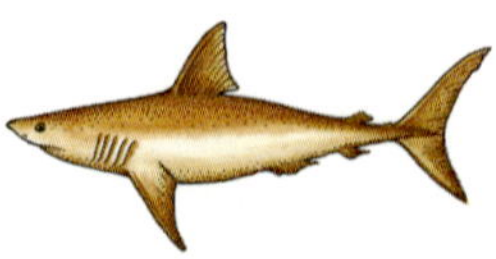

Typische Länge
2,50 m

Reichweite Kreide	Verbreitung Weltweit	Häufigkeit

Ordnung HEXANCHIFORMES	Familie Palaeospinacidae	Allgemeiner Name Hai

PALAEOSPINAX

Eine kleine, langsam schwimmende Form, die dem Hundsfisch ähnelt. Dieser Hai besitzt eine nur schwach calcitisierte Gehirnkapsel, eine kurze Schnauze und ein nach hinten versetztes Maul mit vielhöckerigen Zähnen. Diese tragen senkrecht stehende Rippen, die Kronen sind parallel zur Zunge aufgereiht. Der hohe, zentrale Höcker wird seitlich von bis zu vier kürzeren Seitenhöckern begleitet. Die Vorderzähne stehen aufrecht, nach hinten nimmt die Symmetrie ab, die Seitenhöcker werden kürzer, die Haupthöcker sind stärker geneigt. Die Seitenfläche des kurzen Rückenflossenstachels sind gerundet, mit Schmelz überzogen und tragen an der Basis Schmelzfortsätze. Die calcitisierten Wirbel haben eine zentrale Öffnung für das rückenseitige Stützelement. Die einfach gebauten Schuppen wuchsen nicht.

• HABITAT *Palaeospinax* lebte im flachen Meer, fraß Fische und kleine, bodenlebende Wirbellose.

Palaeospinax priscus Egerton; Unterer Lias, England

TEILWEISE ERHALTENES SKELETT

Typische Länge 2,50 m

Reichweite U. Trias–O. Kreide	Verbreitung Europa, Asien	Häufigkeit

Ordnung Lamniformes	Familie Odontaspidae	Allgemeiner Name Sandhai

Striatolamia

Diese ausgestorbene Form ist nur von Zähnen und calcitisierten Wirbeln bekannt. Die Vorderzähne besitzen eine schmale, sich langsam verjüngende Krone, seitlich und nach hinten werden sie dreieckig. Zu den Lippen hin haben sie feine Streifen, und auf beiden Seiten sitzen konische oder breite und flache Seitenhöcker. Die Wurzel wird von einer deutlichen Nahrungsrinne zweigeteilt.

• Habitat *Striatolamia* ist dem heutigen Sandhai nahe verwandt und konnte niedrigere Salzgehalte des Meerwassers gut ertragen.

• Anmerkung In paleozänen und eozänen Ablagerungen sind Zähne von *Striatolamia* recht verbreitet.

Typische Länge 3,50 m

Striatolamia macrota (Agassiz); Barton-Ton-Formation, Mittleres Eozän, England

Oberer vorderer Seitenzahn

Reichweite Paleozän–Oligozän	Verbreitung Weltweit	Häufigkeit

Ordnung Hexanchiformes	Familie Hexanchidae	Allgemeiner Name Grauhai

Notorynchus

Eine Haiform mit sieben Kiemen und vielhöckrigen Zähnen, von denen die unteren eine Krone mit einem Haupthöcker und drei bis acht Seitenhöckern aufweisen. An der Vorderseite des Haupthöckers sitzt eine Reihe kleiner Höckerchen. Die rechteckige Wurzel ist abgeflacht. Die oberen Zähne sind kleiner und schmaler.

• Habitat *Notorynchus* lebte im kalten, flachen Wasser.

Notorynchus kempi Ward; Barton-Ton-Formation, Mittleres Eozän, England

Unterer vorderer Seitenzahn

Typische Länge 3 m

Reichweite Eozän–Rezent	Verbreitung Weltweit	Häufigkeit

Ordnung LAMNIFORMES	Familie Otodontidae	Allgemeiner Name Makrelenhai

CARCHAROCLES

Die Gattung *Carcharocles* ist eine ausgestorbene Seitenlinie der Haie, die kräftige Zähne mit starken Schneidekanten besitzt. Mit einer geschätzten Länge von 13 m war diese Form einer der größten Räuber der tertiären Meere.
Die Krone der messerscharfen Zähne ist dreieckig und weist manchmal Seitenhöcker auf; die kräftigen Wurzeln sind ohne Nahrungsrinne. Im Oberkiefer saßen zirka 24, im Unterkiefer 20 Zähne. Die Art *Carcharocles megalodon* ist die erdgeschichtlich jüngste, aber auch größte Form und besitzt keine Seitenhöcker.
• HABITAT *Carcharocles* lebte im warmen Wasser. Seine Zähne werden immer wieder zusammen mit Säugerfossilien in marinen Ablagerungen gefunden, die seine Beute waren.
• ANMERKUNG Diese Gattung wird oft mit dem heutigen Weißen Hai *Carcharodon* verwechselt, da sie sich, oberflächlich betrachtet, in Gestalt und Jagdverhalten stark ähneln – beide sind aber nur entfernt miteinander verwandt. Gezähnelte Schneidekanten, ähnlich jenen von *Carcharocles*, treten häufig bei großen Fleischfressern auf.

Carcharocles megalodon (Agassiz); Yorktown-Formation, Unteres Pliozän, USA

ERSTER ODER ZWEITER RECHTER OBERER ZAHN

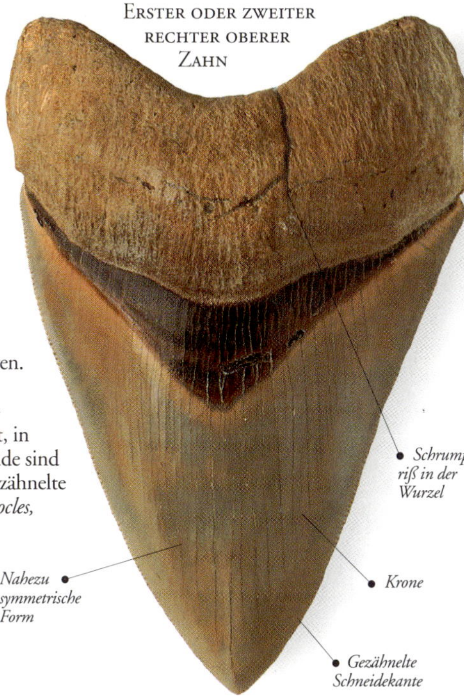

ACHTER UNTERER LINKER ZAHN

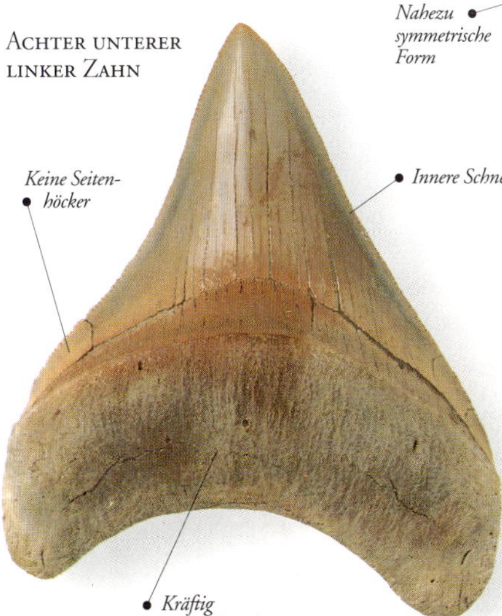

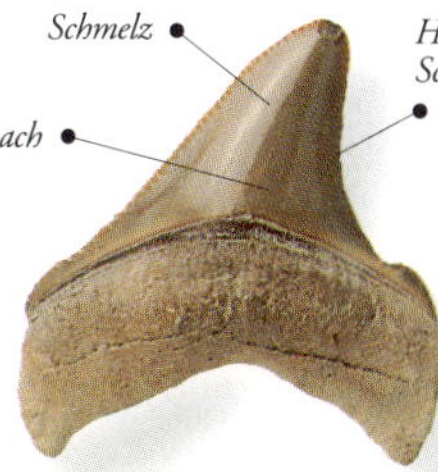

ZEHNTER UNTERER RECHTER ZAHN

Typische Länge 13 m

Reichweite U. Eozän–Pliozän	Verbreitung Weltweit	Häufigkeit

Ordnung CARCHARINIFORMES	Familie Carcharinidae	Allgemeiner Name Tigerhai

GALEOCERDO

Die Zähne dieser Haiart haben Kronen mit feingezähnten Seitenhöckern und einem stärker gezähnelten Haupthöcker. Die Wurzel besitzt einen Kanal und mehrere Gefäßöffnungen.

• HABITAT Diese Form lebt in Küstengewässern.

Galeocerdo cuvier (Peron & LeSueur); Yorktown-Formation, Unteres Pliozän, USA

UNTERER VORDERER SEITENZAHN

Typische Länge 5 m

Reichweite Eozän–Rezent	Verbreitung Weltweit	Häufigkeit

Ordnung CARCHARINIFORMES	Familie Hemigaleidae	Allgemeiner Name Tigerhai

HEMIPRISTIS

Die oberen Zähne dieser Art sind dreieckig und haben gezähnte Schneidekanten. Die Symphysenzähne (jene nahe der Trennlinie zwischen linkem und rechtem Unterkiefer) sind nahezu symmetrisch, während die Seitenzähne stärker vom Zentrum weggebogen sind. Die unteren Zähne sind schlanker und besitzen V-förmige Wurzeln. Der Symphysenzahn zeigt nur eine schwache Zähnelung, die Seitenzähne hingegen werden stärker gezähnt und sind auch breiter.

• HABITAT Lebte in warmen, flachen Küstenzonen.

• ANMERKUNG Viele fossile Haie, wie auch *Hemipristis,* besitzen unten und oben eine unterschiedliche Bezahnung.

Hemipristis serra Agassiz; Pungo-River-Formation, Mittleres Miozän, USA

REKONSTRUIERTE BEZAHNUNG

OBERE ZÄHNE

UNTERE ZÄHNE

Typische Länge 5 m

Reichweite Eozän–Rezent	Verbreitung Weltweit	Häufigkeit

Ordnung	Familie	Allgemeiner Name
Rajiformes	Sclerorhynchidae	Sägefisch

Ischyrhiza

Die heute ausgestorbene Gattung *Ischyrhiza* gehört zu den Sägerochen; sie besitzen kleine Mundzähne und große Zähne auf der Schnauze. Die Kappe (Krone) der Schnauzenzähne ist verlängert, abgeflacht und leicht zugespitzt, vorne und hinten befinden sich Schneidekanten. An der unteren Seite der hinteren Schneidekante ist eine kleine Beule. Die Wurzel ist unten und oben gefaltet und an der Basis zweigeteilt.

• Habitat Als Bewohner der Küstengewässer konnte diese Gattung unterschiedliche Salzgehalte ertragen.

• Anmerkung Gebrauchte seine bezahnte Schnauze, um Nahrung, wohl Würmer und Krebse, aus dem Sediment zu wühlen – vielleicht auch zur Verteidigung.

Typische Länge 2,20 m

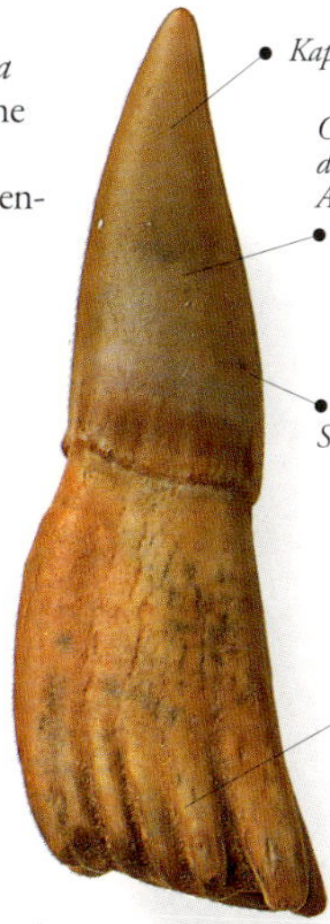

Ansicht von unten

Ansicht von hinten

Ischyrhiza nigeriensis (Tabaste); Dukamaje-Formation, Obere Kreide, Niger

Reichweite	Verbreitung	Häufigkeit
O. Kreide	N.- u. S.-Amerika, Afrika, Europa	

Ordnung	Familie	Allgemeiner Name
Myliobatiformes	Myliobatidae	Adlerrochen

Myliobatis

Die Kiefer des Adlerrochens *Myliobatis* sind mit einer unteren und oberen Mahlplatte ausgerüstet, die aus je sieben Reihen besteht. Die mittlere Reihe ist breit und sechseckig mit einer glatten, leicht konvexen Oberseite, gegen die Zunge und Lippe hin sind die Zähne leicht gerunzelt. Die Seitenreihen sind schmal und entweder sechs-, fünf- oder dreieckig.

• Habitat *Myliobatis* lebte im warmen, flachen Wasser und verzehrte Krebse, Muscheln und kleine Fische.

• Anmerkung Nach dem Tod zerfallen die Zahnplatten relativ schnell.

Untere Mahlplatte

Myliobatis toliapicus Agassiz; London-Ton-Formation, Unteres Eozän, England

Typische Länge (einschl. Schwanz) 1,50 m

Reichweite	Verbreitung	Häufigkeit
Paleozän	Weltweit	

Ordnung MYLIOBATIFORMES	Familie Dasyatidae	Allgemeiner Name Stachelrochen

HELIOBATIS

Heliobatis, ein Stachelrochen mit rundlichem Umriß, besitzt eine zugespitzte Schnauze und einen langen, mit Widerhaken versehenen Schwanz. Entlang der Rückenmittellinie verläuft eine Reihe von Hautzähnchen. Der Peitschenschwanz ist mit bis zu drei hakenartigen Dornen besetzt. In der Nähe des Vorderschädels treffen die neunzig Flossenstrahlen scheinbar aufeinander, mit denen zusammen die sechzehn dahinterliegenden Beckenflossenstrahlen einen Kreis bilden. Die Zähne weisen eine relativ kleine Kaufläche auf, sind klein und tetraederförmig. Die Männchen haben am Becken ein Paar Klammerorgane. Der Schwanz besteht aus 170 bis 190 kalkigen Wirbeln.

• HABITAT Dieser Rochen hielt sich in Flüssen und Seen auf und ernährte sich von Garnelen, Krebsen und anderen Wirbellosen.

• ANMERKUNG In Ruhezeiten lag *Heliobatis* im Sand vergraben. Die giftigen Schwanzstacheln konnten jedem potentiellen Räuber gefährliche Verletzungen beifügen.

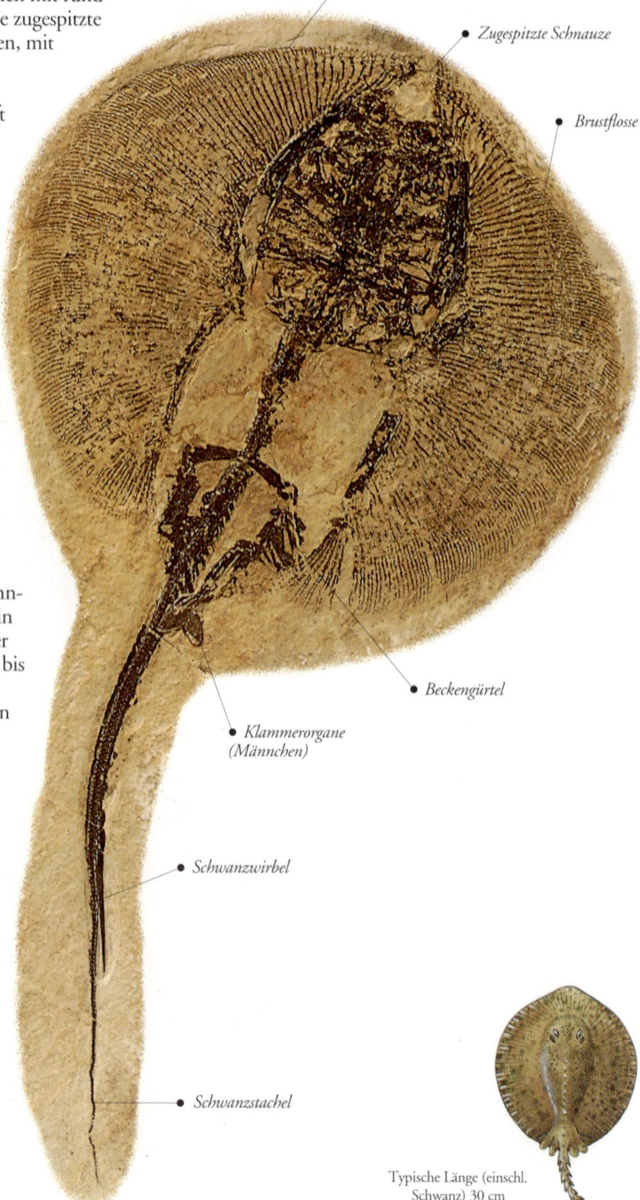

Heliobatis radians Marsh; Green-River-Formation, Oberes Eozän, USA

Typische Länge (einschl. Schwanz) 30 cm

Reichweite O. Eozän	Verbreitung USA	Häufigkeit

Ordnung CHIMAERIFORMES	Familie Cochliodontidae	Allgemeiner Name Meerengel

SANDALODUS

Wenngleich von dieser Form nur einzelne Zähne bekannt sind, läßt sich eine Körperlänge von ungefähr 2 m schätzen. Die unteren Zähne sind stark einwärts gebogen, die oberen erscheinen im Umriß als verlängerte Dreiecke mit spitzem Vorderende und rundlichem und breitem Hinterende. Die Beißfläche ist mit Längsrippen überzogen und verleiht der Oberfläche ein wellenförmiges Profil. Aus der Zahnplatte ragen senkrechtstehende Dentinpfeiler auf.

• HABITAT Der im warmen Flachwasser lebende *Sandalodus* vermochte Schalentiere und vielleicht auch Korallen zu knacken.

Sandalodus morrisii Davis; Karbonkalke, Unteres Karbon, England

OBERE ZAHNPLATTE

Geschätzte Länge 2 m

Reichweite Karbon	Verbreitung Europa	Häufigkeit

Ordnung CHIMAERIFORMES	Familie Edaphodontidae	Allgemeiner Name Meerengel

EDAPHODON

Dieser Meerengel ist nur dank einzelner Zahnplatten fossil überliefert. Sein Kieferapparat besteht aus einem paarigen Unterkiefer und einem doppelpaarigen Oberkiefer. Die Mahlfläche jeder Knochenplatte enthält diskrete Flächen mit rauhem Zahnschmelz, deren Dentinsäulen senkrecht zur Oberfläche stehen. Die Kiefer dienten dazu, dickschalige marine Schalentiere zu knacken.

• HABITAT Heutige Meerengel, auch Chimären genannt, leben im kalten Wasser unterschiedlichster Tiefe.

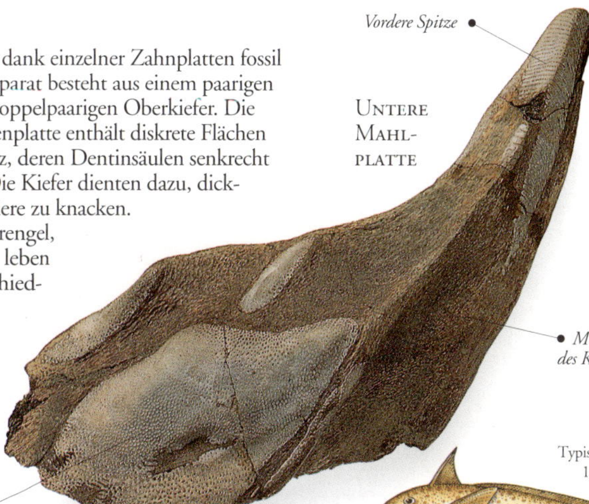

UNTERE MAHLPLATTE

Edaphodon bucklandi Agassiz; Bracklesham-Schichten, Mittleres Eozän, England

Typische Länge 1,10 m

Reichweite Kreide–Pliozän	Verbreitung Weltweit	Häufigkeit

STACHELHAIE

DIESE GRUPPE verfügte als eine der frühesten Chordatiere über echte Kiefer. Sie hatte ihre Blütezeit während des Devon. Es waren aktive Schwimmer mit langen, nach hinten schlanker werdenden schuppenbesetzten Körpern mit Längen zwischen 10 und 200 cm. Eine kräftige, ungleichseitige Schwanzflosse sorgte für schnellen Vortrieb. Alle paarigen und medianen Flossen, mit Ausnahme des Schwanzes, tragen vorne kräftige, unbewegliche Stacheln. Die Kiemen schützte ein großer Deckel, während die Zahnreihen oft in Spiralen wuchsen.

Ordnung CLIMATIIDA	Familie Diplacanthidae	Allgemeiner Name Dornhai

DIPLACANTHUS

Der mäßig breite Körper dieser Form verjüngt sich nach hinten in einen kräftigen Schwanz. Beide Rücken- und Bauchflossen werden von Stacheln aufgespannt. Zwei paarige Stacheln liegen auf der Bauchseite.

• HABITAT *Diplacanthus* war ein Bewohner flacher Seen.

Typische Länge 10 cm

Diplacanthus sp.; Unterer Old-Red-Sandstein, Devon, England

Reichweite Devon	Verbreitung Europa	Häufigkeit

Ordnung ACANTHODIDA	Familie Acanthodidae	Allgemeiner Name Dornhai

CHEIRACANTHUS

Dieser Dornhai hat einen breiten, kräftigen Rumpf mit unpaariger Schwanzflosse. Die Augen sind nach vorne verlagert. Je eine Rücken- bzw. Schwanzflosse sowie die paarigen Brust- und Beckenflossen werden von Stacheln gestützt; paarige Zwischenstacheln fehlen. Die kleinen Schuppen sind schwach verziert.

• HABITAT Diese im Süßwasser lebende Gattung konnte mit ihren leicht klaffenden Kiefern Nahrung aus dem Wasser filtern.

Cheiracanthus sp.; Mittlerer Old-Red-Sandstein, Devon, England

Typische Länge 30 cm

Reichweite Devon	Verbreitung Europa, Antarktis	Häufigkeit

Knochenfische

Alle Fische dieser Klasse besitzen ein knöchernes Innenskelett. Zwei Untergruppen lassen sich aufgrund ihrer Flossenstrukturen unterscheiden. Die Actinopterygier haben Flossen, die von Knochenstrahlen gestützt werden, die Sarcopterygier hingegen weisen fleischige Flossen mit einem basalen Knochen auf. Die Actinopterygier sind eine sehr vielfältige Gruppe (Devon–Rezent) und stellen die meisten der heutigen Meer- und Süßwasserfische. Die Sarcopterygier, zu deren wichtigste Vertreter Lungenfische und Quastenflosser zählen, waren während des Devons weit verbreitet.

Ordnung	Familie	Allgemeiner Name
Ceratodontiformes	Ceratodontidae	Lungenfisch

Ceratodus

Ceratodus, ein Verwandter des heutigen Australischen Lungenfisches, hat oben und unten paarige Zahnplatten, die im Kiefer verankert sind. Auf den Zahnplatten erstrecken sich von innen nach außen sechs deutliche Rippen, die von Falten getrennt sind.

• Habitat *Ceratodus* lebte im Süßwasser und ernährte sich von Bodentieren.

Typische Länge 50 cm

Ceratodus tiguidensis Tabaste; Ihrazer-Schiefer, Untere Kreide, Niger

Reichweite	Verbreitung	Häufigkeit
U. Trias–Paleozän	Weltweit	

Ordnung	Familie	Allgemeiner Name
Crossopterygii	Coelacanthidae	Quastenflosser

Macropoma

Dieser fossile Quastenflosser hat einen kräftigen Schädel, große, seitlich liegende Augen, ein reduziertes Gebiß und einen kurzen, mit Schuppen bedeckten Körper. Neben zwei Rückenflossen ist eine dreigeteilte Schwanzflosse vorhanden, deren mittlerer Teil länglich ist, während die anderen lappenartig erscheinen. Zu Lebzeiten benutzte dieser Fisch seine calcifizierte Schwimmblase als Gleichgewichtsorgan.

• Habitat Lebte in flachen Küstengewässern.

Macropoma mantelli Agassiz; Untere Schreibkreide, Obere Kreide, England

Typische Länge 40 cm

Reichweite	Verbreitung	Häufigkeit
Kreide	Europa	

Ordnung Palaeonisciformes	Familie Cheirolepidae	Allgemeiner Name –

Cheirolepis

Dieser Fisch hat einen spindelförmigen Rumpf, große Augen und eine kurze, aber charakteristische Schnauze. Die Schuppen bestehen aus einer dicken Schmelzschicht. Die paarigen, dreieckigen Flossen sind am Ansatz ziemlich breit. Schuppige Lappen an der Basis stützen die Flossenstrahlen.

• Habitat *Cheirolepis* war ein Raubfisch und lebte in flachen Seen und Flüssen.

Cheirolepis trailli Agassiz; Old-Red-Sandstein, Devon, England

Typische Länge 17 cm

Reichweite M. Devon	Verbreitung Europa, Nordamerika	Häufigkeit

Ordnung Palaeonisciformes	Familie Palaeoniscidae	Allgemeiner Name –

Palaeoniscus

Der lange, spindelförmige Körper von *Palaeoniscus* ist von sich überlappenden Schuppen bedeckt. Der asymmetrische Schwanz und der rückenseitige Rand werden durch Schuppen verstärkt.

• Habitat Dieser flinke Schwimmer lebte im Meer.

Palaeoniscus magnus Agassiz; Kupferschiefer, Oberes Perm, Deutschland

Typische Länge 20 cm

Reichweite Perm–Trias	Verbreitung Weltweit	Häufigkeit

Ordnung Palaeonisciformes	Familie Birgeriidae	Allgemeiner Name _

Birgeria

Beide Kiefer tragen große, senkrechte Fangzähne, denen kleinere Zähne zwischengeschaltet sind. Sie besitzen ein konisches Profil mit einer durchsichtigen Schmelzkappe, einer gefalteten Wurzelwand und einer gestreiften Basis.
• Habitat Mariner Raubfisch.

Birgeria acuminata (Agassiz); Obere Trias, England

Oberkiefer

Typische Länge 50 cm

Reichweite Trias	Verbreitung Europa, Grönland	Häufigkeit

Ordnung Palaeonisciformes	Familie Dicellopygidae	Allgemeiner Name _

Dicellopyge

Der stark eingebuchtete Schwanz ermöglichte diesem Fisch eine gute Schwimmlage. Eine einzelne Rückenflosse, eine Afterflosse und kleine paarige Brust- und Beckenflossen verhalfen außerdem zu erhöhter Stabilität. Der lange, leicht geneigte Unterkiefer trägt konische Zähne. Der Oberkiefer ist leicht nach hinten verlängert, um die Wangenregion zu schützen. Der Körper ist mit kleinen, rautenförmigen, sich überlappenden Schuppen bedeckt.
• Habitat Lebte in Flüssen und Bächen. Die großen Augen und der Kiefer lassen auf einen Speisezettel von freischwimmenden Wirbellosen und kleinen Fischen schließen.

Typische Länge 15 cm

Dicellopyge macrodentatus Brough; Untere Trias, Südafrika

Reichweite U. Trias	Verbreitung Südafrika	Häufigkeit

Ordnung Pycnodontiformes	Familie Pycnodontidae	Allgemeiner Name _

Gyrodus

Dieser nahezu kreisrunde Fisch ist relativ breit. Die Schwanzflosse ist stark eingebuchtet, Rücken- und Afterflosse sind symmetrisch angeordnet und die verkleinerten Brustflossen weit nach vorne verlagert. Ein feines Maschenwerk von Knochen stützte den Körper im Innern, während ihn dicke, rechteckige Schuppen nach außen schützten.

• Habitat Ein dichtes Pflaster gerundeter Zähne deutet darauf hin, daß sich *Gyrodus* entweder von Korallen oder von Hartschalern ernährte.

Typische Länge 1,20 m

Gyrodus cuvieri Agassiz; Kimmeridge-Ton, Oberer Jura, England

Reichweite O. Jura–U. Kreide	Verbreitung Weltweit	Häufigkeit

Ordnung Semionotiformes	Familie Semionotidae	Allgemeiner Name _

Dapedium

Dieser dicke Fisch ist seitlich etwas abgeflacht und hat einen ovalen Umriß. Er besitzt größere Rücken-, After- und Beckenflossen als *Gyrodus* und einen fächerartigen Schwanz. Die Schädelknochen haben eine charakteristische Verzierung, und die Augen sind von einem Plattenring umgeben. Am vorderen Ende des Kiefers sitzen kleine Schneidezähne, im hinteren Teil Pflasterzähne.

• Habitat Fische dieser Gattung lebten im warmen Flachwasser und fraßen verschiedenste Wirbellose wie z. B. Krebse.

Dapedium politum Agassiz; Unterer Lias, England

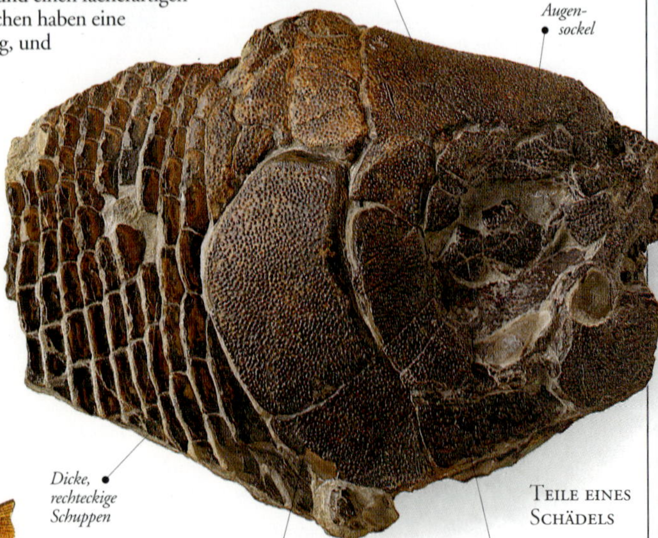

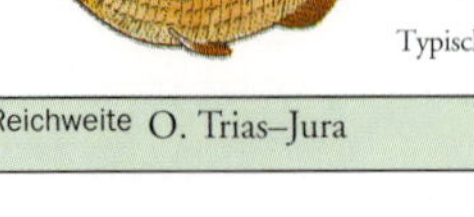

Typische Länge 90 cm

Reichweite O. Trias–Jura	Verbreitung Europa, Asien	Häufigkeit

Ordnung	Familie	Allgemeiner Name
PERLEIDIFORMES	Cleithrolepidae	–

CLEITHROLEPIS

Dieser kleine, dicke Fisch besitzt einen eingebuchteten asymmetrischen Schwanz, dem eine Rücken- und eine Afterflosse gegenüberliegen. Der schwach entwickelte Unterkiefer ist leicht schräg und trägt nur an der Spitze Zähne.

• HABITAT Man nimmt an, daß *Cleithrolepis* mittelgroße Beute regelrecht einsaugen konnte.

Cleithrolepis granuiatus Egerton; Hawkesbury-Sandstein, Untere Trias, Australien

Typische Länge 10 cm

Reichweite	Verbreitung	Häufigkeit
U.–M. Trias	Australien, Südafrika	

Ordnung	Familie	Allgemeiner Name
ASPIDORHYNCHIFORMES	Aspidorhynchidae	–

ASPIDORHYNCHUS

Dieser lange, schuppenbedeckte Fisch hat einen symmetrischen Schwanz sowie Brust- und Beckenflossen. Sein dreieckiger, langschnäuziger Schädel besitzt weit vorne liegende Augen und scharfe Zähne.

• HABITAT Lebte in subtropischen Flachmeeren.

RUMPFVORDERENDE

Aspidorhynchus acutirostris De Blainville; Solnhofener Plattenkalke, Oberer Jura, Deutschland

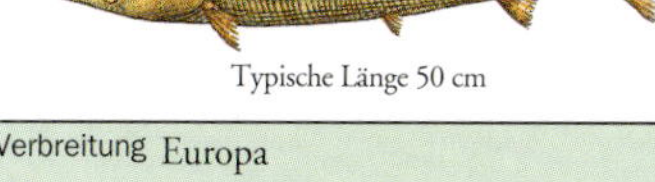

Typische Länge 50 cm

Reichweite	Verbreitung	Häufigkeit
O. Jura–U. Kreide	Europa	

Ordnung PACHYCORMIFORMES	Familie Pachycormidae	Allgemeiner Name –

PACHYCORMUS

Dieser große Fisch besitzt einen kräftigen Körper und einen tief eingebuchteten symmetrischen Schwanz. Die Beckenflossen sind recht klein, die sichelförmigen Brustflossen hingegen stark verlängert.

• HABITAT Dieser schnelle Räuber jagte in flachen Gewässern.

• ANMERKUNG Dieses Exemplar ist dreidimensional in einer Konkretion erhalten geblieben.

Typische Länge 2,50 m

Reichweite Jura	Verbreitung Europa	Häufigkeit

Ordnung SEMIONOTIFORMES	Familie Lepidotidae	Allgemeiner Name –

LEPIDOTUS

Dieser fossile Fisch wird selten ganz gefunden, meist sind nur isolierte Schuppen und Knochenplatten anzutreffen. Die Schädelknochen sind mit Höckerchen verziert, ein kräftiger Deckel schützt die Kiemen, und das Maul ist mit robusten halbkugeligen Zähnen besetzt. Der mäßig dicke Körper wird von Reihen glänzender Schmelzschuppen eingehüllt.

• HABITAT *Lepidotus* fraß dickschalige Wirbellose am Boden flacher Gewässer.

BRUCHSTÜCKE DER SEITE

Typische Länge 1,70 m

Reichweite Trias–Kreide	Verbreitung Weltweit	Häufigkeit

Ordnung	Familie	Allgemeiner Name
Elopiformes	Phyllodontidae	–

Phyllodus

Von diesem Fisch kennt man hauptsächlich seine konvex gebogenen Zahnplatten. Die ovalen, im Zentrum liegenden Zähne sind am größten und stehen in der Mitte in Längsreihen. Daneben befinden sich lange, etwas schmälere Kronen. Am Rand stehen halbkreisförmige, manchmal eiformige Zähne, die konzentrisch angeordnet sind.

- Habitat Fraß wahrscheinlich dickschalige Bodenbewohner (z. B. Muscheln). Da er auch in Lagunen- und Brackwasserablagerungen auftritt, konnte er wohl beträchtliche Salinitätsschwankungen ertragen.
- Anmerkung Die Verwandtschaftsbeziehungen zu anderen Gattungen sind ungewiß.

Geschätzte Länge 40 cm

Phyllodus toliapicus Agassiz; Blackheath-Schichten, Eozän, England

Reichweite	Verbreitung	Häufigkeit
Eozän	Nordamerika, Europa	

Ordnung	Familie	Allgemeiner Name
Elopiformes	Megalopidae	Tarpun

Pachythrissops

Pachythrissops ist ein spindelförmiger Fisch mit kurzem Schädel und deutlich gegabeltem symmetrischem Schwanz. Die einzelnen Rücken- und Afterflossen sind wesentlich größer als die paarigen Brust- und Beckenflossen. Dünne, rundliche Schuppen bedecken den Körper.

- Habitat Dieser Fisch gebrauchte seine kleinen, konischen Zähne, um kleine Weichtiere, Krebse und kleine Fische zu fressen.

Pachythrissops furcatus (Eastman); Solnhofener Plattenkalke, Oberer Jura, Deutschland

Typische Länge 70 cm

Reichweite	Verbreitung	Häufigkeit
O. Jura–U. Kreide	Europa	

Ordnung ELOPIFORMES	Familie Pachyrhizodontidae	Allgemeiner Name –

RHACOLEPIS

Der spindelförmige Körper hat rautenförmige kleine Schuppen. Der Unterkiefer des spitzen Schädels ist länglich, nach oben gebogen und trägt eine einzelne Reihe kleiner Zähne.

• HABITAT *Rhacolepis* lebte im Flachwasser. Er tritt häufig in Kalkkonkretionen auf und ist häufig dreidimensional erhalten geblieben.

Rhacolepis buccalis Agassiz; Santana-Formation, Untere Kreide, Brasilien

Typische Länge 20 cm

Reichweite U. Kreide	Verbreitung Südamerika	Häufigkeit

Ordnung ELLIMMICHTHYIFORMES	Familie Ellimmichthyidae	Allgemeiner Name Hering

DIPLOMYSTUS

Diplomystus besitzt einen mäßig dicken Rumpf, einen symmetrischen gegabelten Schwanz, einzelne Rücken- und Afterflossen und eine Beckenflosse, die genau unterhalb der Rückenflosse sitzt. Die Schuppen sind dünn und eiförmig. Das stark nach oben gebogene Maul ist typisch für eine an der Wasseroberfläche fressende Form.

• HABITAT *Diplomystus* war in den eozänen Seen Nordamerikas recht häufig.

• ANMERKUNG Es wurden Exemplare mit kleineren Fischen in der Maul- oder Magenregion gefunden.

Diplomystus humilis Cope; Green-River-Formation, Oberes Eozän, USA

Typische Länge 21 cm

Reichweite Kreide–Eozän	Verbreitung Nord- und Südamerika	Häufigkeit

Ordnung SILURIFORMES	Familie Bagridae	Allgemeiner Name Wels

MACRONES

Macrones aor (Bucanon); Unteres Pliozän, Indien

Dieser versteinerte Wels ist nur durch seinen Schädel bekannt. Wahrscheinlich besaß er einen langen Rumpf, einen gegabelten Schwanz und eine mäßig lange Afterflosse, die deutlich vom Schwanz abgesetzt war, sowie eine vordere, durch Knochenstrahlen gestützte Rückenflosse. Die hintere Rückenflosse besteht aus einer schlaffen Fettflosse. Der Körper ist schuppenlos. Gaumenbein wie Kiefer tragen Zähne. Längliche Tastorgane, die Barteln, entspringen dem Oberkiefer.

- HABITAT Dieser Bodenbewohner fraß Wirbellose.

Geschätzte Länge 50 cm

Reichweite Pliozän	Verbreitung Indien	Häufigkeit

Ordnung AULOPIFORMES	Familie Enchodontidae	Allgemeiner Name –

ENCHODUS

Enchodus lewesiensis (Mantell); Untere Schreibkreide, Obere Kreide, England

Die rückenseitige Mittellinie trägt große Knochenplatten. Am Rücken befinden sich eine kurze Rückenflosse, eine schlaffe Fettflosse und große Knochenplatten. Der Unterkiefer ist mit großen und kleinen Zähnen bestückt, am Oberkiefer sitzen große Fangzähne.

- HABITAT *Enchodus* war ein mariner Raubfisch.
- ANMERKUNG Isolierte Zähne und Kieferfragmente sind in den späten Schreibkreideablagerungen von Kansas und Alabama (USA) recht häufig.

Typische Länge 50 cm

Reichweite O. Kreide–Eozän	Verbreitung Weltweit	Häufigkeit

Ordnung CYPRINIFORMES	Familie Cyprinidae	Allgemeiner Name Hasel

LEUCISCUS

Dieser Hasel hat eine kleinen, länglichen Rumpf, kleine Flossen, große Schuppen und einen leicht gegabelten Schwanz. Er war ein spezialisierter Pflanzenfresser mit zahnlosen Kiefern. Die vorderen Wirbel und Rippen sind beweglich. Durch die Übermittlung von Vibrationen von der Schwimmblase zum inneren Ohr konnte dieser Fisch hochfrequente Töne erfassen. Heutige Formen von *Leuciscus* können, wenn sie verletzt werden, eine chemische Substanz ausstoßen, die alle Hasel in der Umgebung alarmiert und sie sofort zum Boden abtauchen läßt.

- HABITAT *Leuciscus* lebt in Flüssen und Seen.
- ANMERKUNG Diese Platte zeigt ein „Massengrab". Strömungen regelten die Körper sichtbar ein.

Leuciscus pachecoi Gomez; Miozän, Spanien

Typische Länge 9 cm

Reichweite Oligozän–Rezent	Verbreitung Eurasien, Nordamerika, Afrika	Häufigkeit

Ordnung BERYCIFORMES	Familie Berycidae	Allgemeiner Name –

CENTROBERYX

Manche Fische lassen sich, wie hier, anhand ihrer Otolithen (Gehörsteine) bestimmen. Dies sind konzentrisch laminierte Gebilde im Innenohr aus Aragonit. Eingebettet in ein cilientragendes Sinnesorgan, können sie Veränderungen der Körperlage registrieren. Von allen drei Paaren ist der abgebildete Sacculith das größte.
• HABITAT *Centroberyx* lebte in Schwärmen in mäßig tiefen Meeren.

Typische Länge 60 cm

OTOLITH

Centroberyx eocenicus (Frost); London-Ton, Unteres Eozän, England

Reichweite O. Kreide–Oligozän	Verbreitung Weltweit	Häufigkeit

Ordnung BERYCIFORMES	Familie Trachichthyidae	Allgemeiner Name –

HOPLOPTERYX

Hoplopteryx hat eine Rückenflosse, die von neun Knochenstrahlen gestützt wird, sowie einen gegabelten symmetrischen Schwanz, eine entwickelte Afterflosse und eine nach vorn verlagerte Beckenflosse. Die Schnauze ist kurz, die Augen groß, die Kiefer des nach oben gerichteten Mauls tragen kleine Zähne.
• HABITAT Lebte im flachen Wasser des Schreibkreidemeers.

Hoplopteryx lewesiensis (Mantell); Untere Schreibkreide, Obere Kreide, England

Typische Länge 27 cm

Reichweite O. Kreide	Verbreitung Nordhalbkugel	Häufigkeit

Ordnung PERCIFORMES	Familie Pomacentridae	Allgemeiner Name Barsch

PRISCACARA

Dieser fossile Barsch hat einen dicken Körper, der von Rücken- und Afterstacheln geschützt wird; sein Schwanz ist fächerartig. Der Unterkiefer ist leicht nach oben gebogen, und beide Kiefer sind mit feinen Zähnen besetzt.

• HABITAT *Priscacara* lebte in Seen und Flüssen und fraß Schnecken und Krebstiere.

Priscacara liops Cope; Green-River-Formation, Oberes Eozän, USA

Typische Länge 15 cm

Reichweite Eozän	Verbreitung Nordamerika	Häufigkeit

Ordnung PERCIFORMES	Familie Trichiuridae	Allgemeiner Name Seebarsch

WETHERELLUS

Wenn auch nur sein Schädelskelett bekannt ist, kann die Länge dieses Meerbarsches auf etwa 25 cm geschätzt werden. Die Augen sind mit einem Knochenring umgeben und liegen zentral im schmalen Schädel. Die Kiefer sind mit aufrechtstehenden Zähnen besetzt, die seitlich von kleineren flankiert werden.

• HABITAT *Wetherellus* lebte in mäßig tiefem Wasser.

• ANMERKUNG Dieser Schädel ist in einer phosphatischen Konkretion eingebettet.

Wetherellus cristatus Casier; London-Ton, Unteres Eozän, England

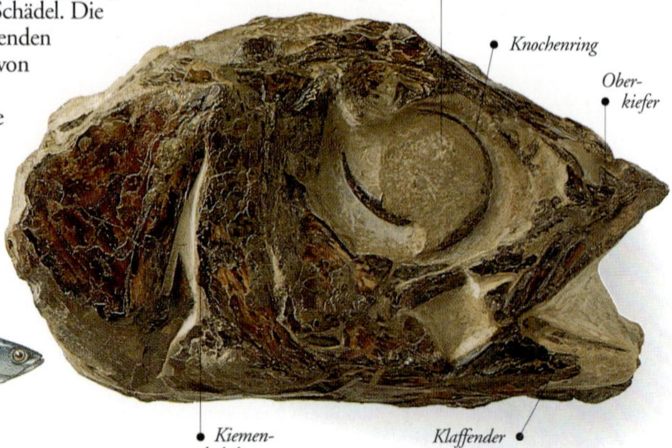

Geschätzte Länge 25 cm

Reichweite U. Eozän	Verbreitung Europa	Häufigkeit

AMPHIBIEN

DIE ERSTEN WIRBELTIERE, die vor über 400 Millionen Jahren das Land eroberten, waren die Amphibien. Trotz ihrer festländischen Lebensweise legten sie ihre Eier im Wasser ab – sie lebten also lediglich halbterrestrisch. Gegen Ende des Karbons schlug die Entwicklung zwei verschiedene Richtungen ein: die eine führte zur Gruppe der Frösche, Salamander und Schleichen, der andere Zweig zu den Reptilien, die ein wasserdichtes Ei entwickelten. Dies erlaubte ihnen, an Land Eier zu legen und sich vollständig an ein terrestrisches Leben anzupassen – im Gegensatz zu den heutigen semiterrestrischen Amphibien.

Ordnung	Familie	Allgemeiner Name
TEMNOSPONDYLI	Baphetidae	–

MEGALOCEPHALUS

Diese frühe Form ist nur durch ihren krokodilartigen Schädel bekannt. Die Augensockel sind nach vorne ausgezogen und gleichen einem Schlüsselloch.
• HABITAT Dieses Amphibium war einer der größten Räuber in den Kohlesümpfen des Oberkarbons.

Typische Länge 2 m

Megalocephalus pachycephalus (Barkas); Coal Measures, Oberes Karbon, England

Reichweite	Verbreitung	Häufigkeit
O. Karbon	Europa, Nordamerika	

Ordnung	Familie	Allgemeiner Name
NECTRIDEA	Diplocaulidae	–

DIPLOCAULUS

Die Schädel von erwachsenen Tieren sind bumerangförmig und bis zu 40 cm breit. Das untere Kiefergelenk liegt gleich hinter den Augen, die Mundöffnung ist also ziemlich klein. Die Wirbel besitzen keine Nähte und weisen breite, flache Gelenke auf, die eine seitliche Bewegung erlaubten.
• HABITAT *Diplocaulus* lebte in Flüssen und Seen.
• ANMERKUNG Der bumerangförmige Kopf diente als eine Art Wassergleitboot. Nach oben gerichtet, erzeugte er Auftrieb und erleichterte somit das Schwimmen.

Diplocaulus magnicornis Cope; Red Beds, Unteres Perm, USA

Typische Länge 1 m

Reichweite	Verbreitung	Häufigkeit
Perm	Nordamerika, Nordafrika	

Ordnung Temnospondyli	Familie Branchiosauridae	Allgemeiner Name –

Apateon

Dieses kleine Amphibium gleicht einem Salamander und war schon früh geschlechtsreif. Sein Schädel erreicht zwischen 8 und 24 mm Länge. Der hintere Teil ist recht kurz und trägt drei verlängerte federartige Kiemen. Die Rippen sind stark reduziert, die Gelenke der Extremitäten sind unverknöchert. Die Hand besitzt vier Finger, und der Schwanz trägt eine lange, breite Flosse.

• Habitat *Apateon* war ein aquatisch lebendes Amphibium und lebte in Tümpeln und in periodisch wasserführenden Seen.

• Anmerkung Jahreszeitlich bedingte drastische Klimaschwankungen führten immer wieder zu Massensterben. In feinkörnigen Süßwasserkalken sind ihre Fossilreste bestens erhalten geblieben.

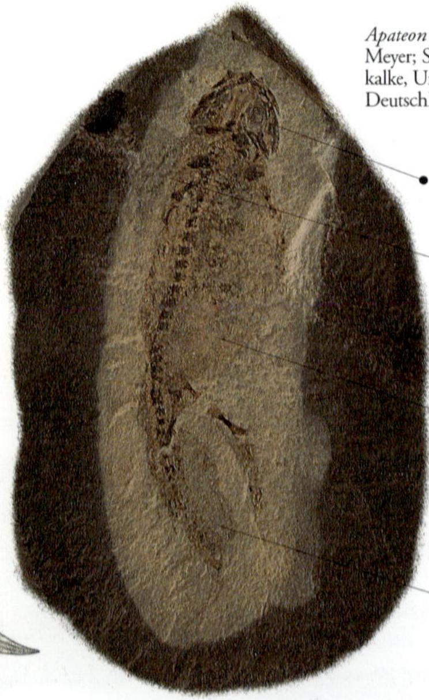

Apateon pedestris Meyer; Süßwasserkalke, Unteres Perm, Deutschland

Typische Länge 12 cm

Reichweite U. Perm	Verbreitung Europa	Häufigkeit

Ordnung Temnospondyli	Familie Trematosauridae	Allgemeiner Name –

Aphaneramma

Der schmale Schädel mündet in einer sehr langen und schlanken Schnauze. Die länglichen, schlitzartigen Nasenöffnungen sitzen zwischen der Schnauzenspitze und den Augenhöhlen. Letztere sind rundlich und von einem leicht erhöhten Rand umgeben. Die seitlichen Linienkanäle sind deutliche, tiefe Kanäle; jene ober- und unterhalb der Augenhöhle treffen sich nicht. Der Schädel ist mit länglichen Knochenwülsten versehen.

• Habitat *Aphaneramma* war ein Fischfresser, der im Süß- und Brackwasser lebte.

Schädel

Aphaneramma sp.; Red Beds, Untere Trias, USA

Typische Länge 2 m

Reichweite U. Trias	Verbreitung Weltweit	Häufigkeit

Ordnung TEMNOSPONDYLI | Familie Brachyopidae | Allgemeiner Name –

BATRACHOSUCHUS

Der breite, dreieckige und kurze Schädel von *Batrachosuchus* besitzt nahe nebeneinanderliegende Nasenöffnungen. Die Augenhöhlen stehen weit auseinander, und der Oberkieferknochen bildet einen Teil des äußeren Randes.

• HABITAT War ein Oberflächenschwimmer, ernährte sich von kleinen Tieren, die er einsaugte. Er war schon früh geschlechtsreif.

Typische Länge
50 cm

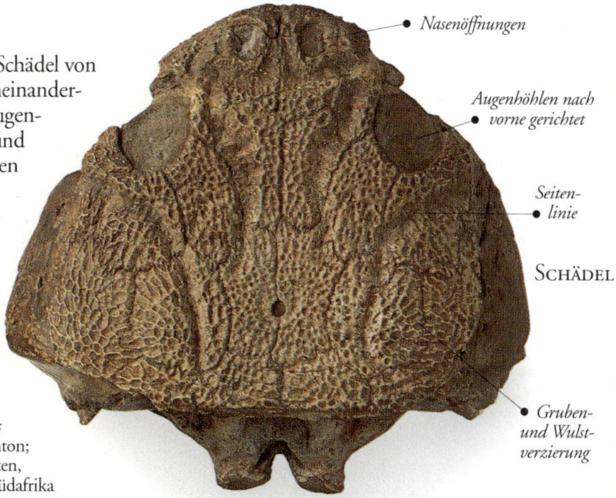

Batrachosuchus watsoni Haughton; Karroo-Schichten, Untere Trias, Südafrika

Reichweite Trias | Verbreitung Afrika | Häufigkeit

Ordnung URODELA | Familie Cryptobranchidae | Allgemeiner Name Riesensalamander

ANDRIAS

Dieser größte aller Salamander wird bis 2,30 m lang. Der Schädel ist kurz und bei erwachsenen Formen recht kräftig. *Andrias* besitzt vier Finger, fünf Zehen und einen kurzen Schwanz.

• HABITAT Heutige Arten, wie frühere, leben in Flüssen und großen Strömen und verlassen das Wasser nie.

Andrias scheuchzeri (Holl); Oberes Miozän, Deutschland

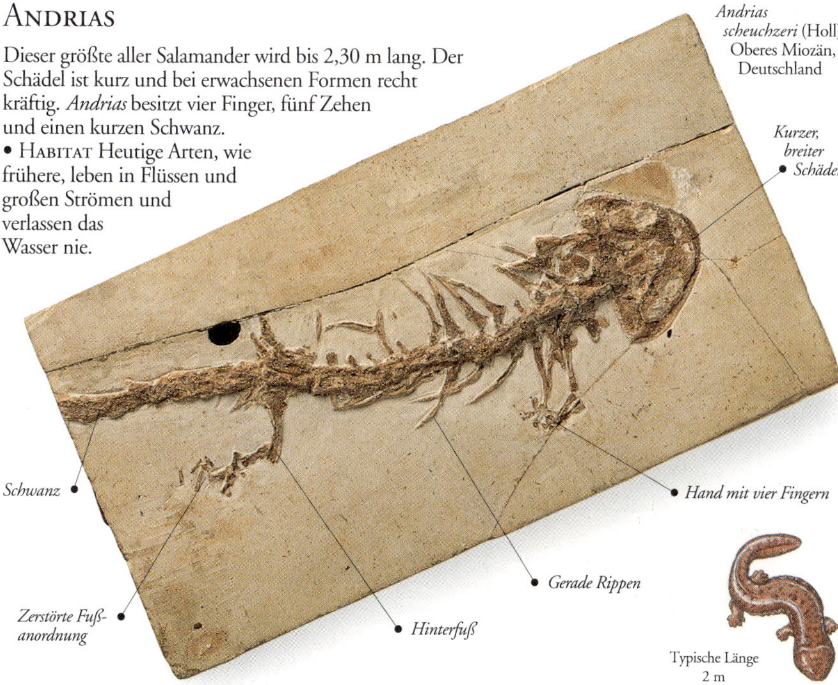

Typische Länge
2 m

Reichweite Miozän–Rezent | Verbreitung Europa, Japan, Nordamerika | Häufigkeit

Ordnung Anura	Familie Ranidae	Allgemeiner Name Frosch

Rana

Diese echten Frösche besitzen schlanke Körper, einen zugespitzten Kopf mit großen Augen und Trommelfelle. Das Skelett ist an die schwimmende und hüpfende Fortbewegung angepaßt. Der Körper ist kurz und unbeweglich; der Schultergürtel dient als Stoßdämpfer. Die langen, kräftigen Hinterbeine und die großen Füße sind vorzügliche Schwimm- und Sprungwerkzeuge.

• Habitat Die meisten Arten legen ihre Eier im Wasser ab, aus denen sich Kaulquappen entwickeln. Erwachsene Tiere leben zumeist im Wasser und finden sich von den Tropen bis hin zu den gemäßigten Gebieten der hohen Breiten.

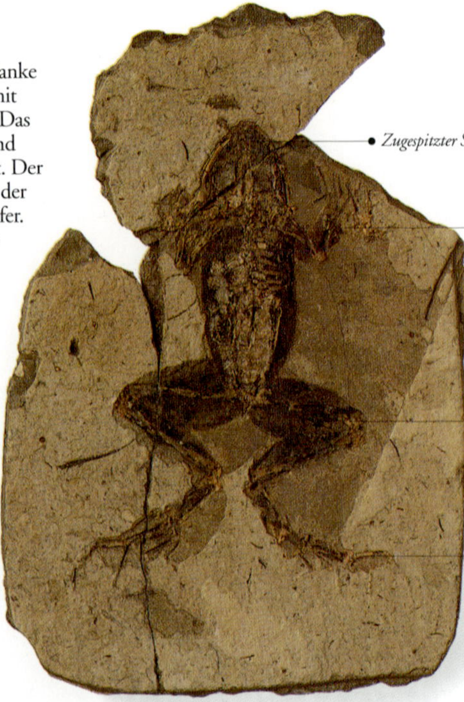

Rana pueyoi
Navas; Rotschiefer, Oligozän, Spanien

Typische Länge 9 cm

Reichweite Eozän–Rezent	Verbreitung Weltweit, außer Australasien	Häufigkeit

Ordnung Anthracosauria	Familie Archeriidae	Allgemeiner Name –

Archeria

Dieser schlanke Schwimmer kann bis zu 2 m lang werden. Hinten, unmittelbar über dem tief eingeschnittenen Wangengelenk, ist der Schädel aufgrund eines kleinen Horns leicht erhöht. Die Schnauze ist abgeflacht und spatelförmig. Wenigstens vierzig kleine, meißelförmige Zähne sitzen auf beiden Kieferseiten und bilden eine lange Schneidekante.

• Habitat Lebte in Seen und fraß unbeschalte Wirbellose.

Archeria crassidisca
(Cope); Red Beds, Unteres Perm, USA

Typische Länge 2 m

Reichweite U. Perm	Verbreitung Nordamerika	Häufigkeit

ANAPSIDE REPTILIEN

DIE KLASSE DER REPTILIEN wird in die drei Unterklassen Anapsida, Diapsida und Synapsida entsprechend der Anzahl der Schädelöffnungen und der Anordnung der Schädelknochen hinter den Augen aufgeteilt. Bei den Anapsiden fehlen solche Öffnungen – ein Hinweis darauf, daß sie zu den ersten Reptilien gehören. Die ersten Formen, kleine, echsenartige Tiere, tauchten vor etwa 300 Millionen Jahren auf. Sie sind aber sehr wichtig, denn aus ihnen entwickelten sich neben den Vögeln und Säugetieren auch die Dinosaurier, die das Mesozoikum beherrschten. Üblicherweise werden die Schildkröten in die Unterklasse der Anapsiden gestellt, obwohl sie erst 30 Millionen Jahre nach dem Aussterben der letzten Anapsiden erscheinen.

Ordnung CAPTORHINIDA	Familie Procolophonidae	Allgemeiner Name –

PROCOLOPHON

Procolophon trigoniceps Owen; Karroo-Formation, Untere Trias, Südafrika

Diese Form entwickelte sich aus den frühen Anapsiden. Sie ist eidechsenartig, hat einen dreieckigen Kopf, besitzt aber noch viele primitive Skelettmerkmale. Der Schädel enthält ein deutliches „drittes Auge" – ein Merkmal der anapsiden Amphibienverwandten. Kiefer und Gaumenbein tragen zahlreiche Reihen einfacher Zähne. Die schweren Beine und der kräftige Schulter- und Beckengürtel deuten auf einen langsamen, gespreizten Gang.

• HABITAT Alle Arten scheinen landlebende Pflanzenfresser gewesen zu sein.

• ANMERKUNG Diese Familie erscheint in der frühen Trias, überlebte diese Epoche aber nicht.

WIRBEL UND RIPPEN

SCHÄDEL

Typische Länge 33 cm

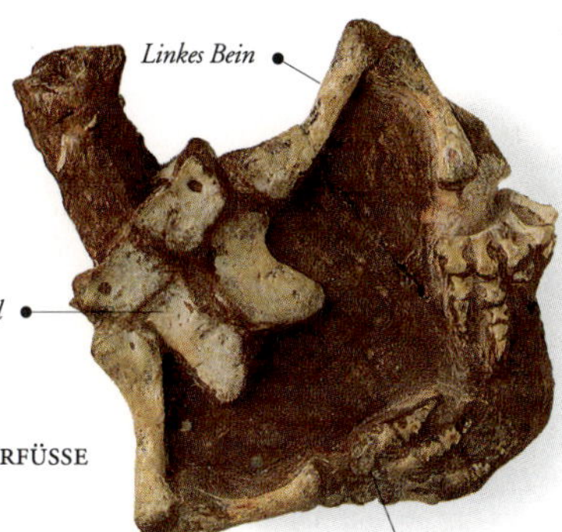

HINTERFÜSSE

Reichweite U. Trias	Verbreitung Südafrika	Häufigkeit

Ordnung CAPTORHINIDA	Familie Pareiasauridae	Allgemeiner Name –

ELGINIA

Diese kleine Form aus der Pareiasaurierfamilie trägt deutliche Knochenfortsätze auf dem dreieckigen Schädel. Sie dienten als Abschreckung gegen Feinde und als Schmuck bei der Balz.

• HABITAT Die vierfüßige *Elginia* lebte von Landpflanzen und starb während des Oberen Perm aus.

Typische Länge
1,50 m

Elginia mirabilis Newton; Elgin-Sandstein, Oberes Perm, England

Reichweite O. Perm	Verbreitung Europa	Häufigkeit

Ordnung MESOSAURIA	Familie Mesosauridae	Allgemeiner Name Mesosaurier

STEREOSTERNUM

Der langgestreckte Körper mit zehn Nackenwirbeln, die kurzen Beine und der abgeplattete Schwanz deuten auf ein ständiges Leben im Wasser. Der Kopf ist lang, und die Kiefer tragen nadelartige Zähne.

• HABITAT Die feinen Zähne dieses Räubers wurden wohl als eine Art Sieb benutzt, um Krebstiere aus dem Meeresbodensediment herauszuseihen.

Stereosternum tumidum Cope; Unteres Perm, Brasilien

Typische Länge
30 cm

Reichweite U. Perm	Verbreitung Südafrika, Südamerika	Häufigkeit

Ordnung CHELONIA	Familie Proganochelydae	Allgemeiner Name Schildkröte

PROGANOCHELYS

Land- und Meeresschildkröten weisen große Augenhöhlen, zahnlose Kiefer mit Hornplatten, die den Schnabel bedecken, und einen Knochenpanzer auf. Das frühe Entwicklungsstadium äußert sich bei *Proganochelys* durch zahnartige Häkchen auf dem Gaumenbein und von Nasenknochen. Der Panzer ist mit einer zusätzlichen Randplattenreihe versehen.
• HABITAT Lebte von Pflanzen.

Typische Länge 1 m

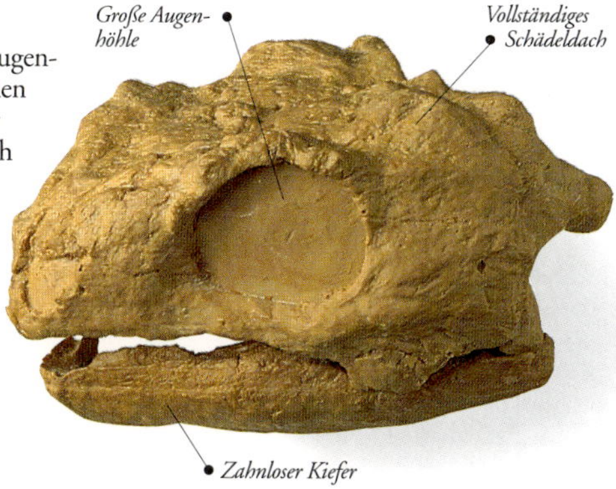

Proganochelys quenstedti Baur; Oberer Stubensandstein, Keuper, Deutschland

Reichweite O. Trias	Verbreitung Europa, Südasien	Häufigkeit

Ordnung CHELONIA	Familie Pelomedusidae	Allg. Name Schlangenhalsschildkröte

PELUSIOS

Typische Merkmale der Familie der Pelomedusidae sind die Möglichkeit, den Kopf seitlich einzuziehen, das Verwachsensein des Beckengürtels mit dem Panzer und die Existenz eines mesoplastralen Elements, das nicht auf den äußeren Rand des Bauchpanzers beschränkt ist. Die ersten Schlangenhalsschildkröten traten bereits in der frühen Kreide Afrikas auf, sie waren aber erst im Tertiär weltweit verbreitet.
• HABITAT Alle Vertreter dieser Familie scheinen semiaquatische Allesfresser gewesen zu sein. Heute lebende Arten sind auf Südafrika und Südamerika beschränkt.

INNENANSICHT

AUSSENANSICHT

Pelusios sinuatus (Smith); Olduvai-Schichten, Unteres Pleistozän, Tansania

Typische Länge 50 cm

Reichweite U. Pleistozän–Rezent	Verbreitung Afrika	Häufigkeit

Ordnung Chelonia	Familie Meiolaniidae	Allg. Name Gehörnte Landschildkröte

Meiolania

Der bizarre Kopf dieser Landschildkröte ließ sich wegen seiner Größe und der Hörner nicht in den Panzer zurückziehen. Der Schwanz ist schwer gepanzert und wurde wahrscheinlich zur Verteidigung des Territoriums wie eine Keule benutzt.

- Habitat *Meiolania* gehörte zu den Landschildkröten und war Allesfresser.
- Anmerkung Es wird davon ausgegangen, daß diese Familie aus der späten Kreide Südamerikas stammt, da dort eine ähnliche Gattung schon früher auftritt.

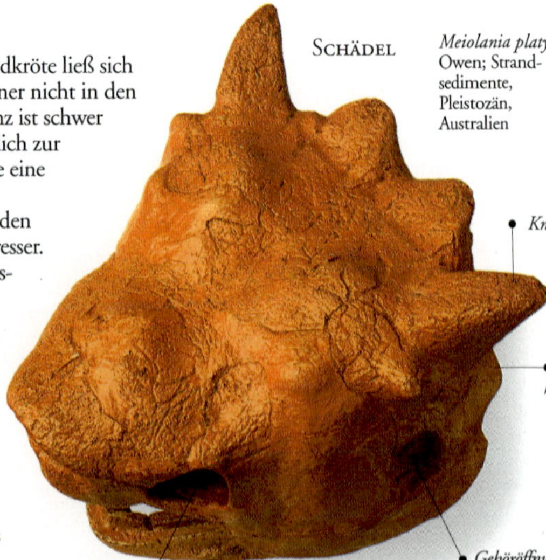

Schädel

Meiolania platyceps Owen; Strandsedimente, Pleistozän, Australien

Typische Länge 2 m

Reichweite Pleistozän	Verbreitung Australien	Häufigkeit

Ordnung Chelonia	Familie Trionychidae	Allgemeiner Name Weichschildkröte

Trionyx

Der knöcherne Panzer von *Trionyx* unterscheidet sich von anderen durch das Fehlen von Randplatten und die stark gefältelte Oberfläche. Das Fehlen von Schildpatt und die nur schwach verbundenen Rückenpanzerplatten sind ein weiteres Merkmal.

- Habitat Alle Trionychiden waren wasserbewohnende Allesfresser und sind heute noch in Seen, Flußmündungen und langsamen Flüssen anzutreffen. Im frühen Tertiär wurden sie bis zu 2 m groß.

Trionyx foveatus (Leidy); Laramie-Formation, Obere Kreide, Kanada

Typische Länge 90 cm

Reichweite Kreide–Rezent	Verbreitung Asien, Afrika, N.-Amerika, Europa	Häufigkeit

Ordnung CHELONIA	Familie Cheloniidae	Allgemeiner Name Meeresschildkröte

PUPPIGERUS

Diese Gattung ist an ihren marinen Lebensraum angepaßt: große Augenhöhlen mit sekundärem Schädeldach und gut ausgebildetem zweiten Gaumendach. Letzteres war besonders wichtig, da es ein Eindringen des Wassers während des Fressens verhinderte. Erwachsene Tiere weisen einen verknöcherten Panzer auf, dessen Rückenteil eine Reihe Randplatten trägt. Das Plastron oder der Bauchpanzer besteht aus vier Hauptelementen und einem zentral liegenden fünften Element, die alle lose mit Knochenfortsätzen verbunden sind. Die Vorderfüße sind als Schwimmpaddel entwickelt.

• HABITAT *Puppigerus* fraß, wie ihre heutigen Verwandten, Seegras. Die Hinterfüße waren weniger paddelartig und ermöglichten eine größere Beweglichkeit an Land.

• ANMERKUNG Wie die heutigen Meeresschildkröten vergruben die Weibchen ihre Eier an Sandstränden.

Puppigerus crassicostata (Owen); London-Ton, Unteres Eozän, England

Puppigerus camperi (Gray); London-Ton, Unteres Eozän, England

Typische Länge 90 cm

Reichweite Eozän	Verbreitung Europa	Häufigkeit

Ordnung CHELONIA	Familie Cheloniidae	Allgemeiner Name Meeresschildkröte

CIMOCHELYS

Der niedrige Panzer dieser Schildkröte ist nicht vollständig verknöchert. Diese Erscheinung läßt sich zwischen den Rippenenden und den Randplatten beobachten und ist typisch für eine Reihe von Meeresschildkröten. Die zentralen Rückenpanzerplatten (Neuralia) tragen bei dieser Gattung einen Kiel.

• HABITAT *Cimochelys* war ein mariner Pflanzenfresser.

• ANMERKUNG Da diese Schildkröten im Wasser recht beweglich sind, werden sie auch seltener angegriffen. Der Panzer ist daher bei vielen Formen reduziert.

Cimochelys benstedi (Owen); Schreibkreide, Obere Kreide, England

Typische Länge 30 cm

Reichweite O. Kreide	Verbreitung Europa	Häufigkeit

Ordnung CHELONIA	Familie Testudinidae	Allgemeiner Name Landschildkröte

GEOCHELONE

Ein typisches Merkmal von Landschildkröten wie *Geochelone* ist ein stark gewölbter, vollständig verknöcherter, buckliger Panzer mit konzentrischen Wachstumslinien. Weitere Merkmale sind ein fehlendes zweites Schädeldach und die Fähigkeit, den Kopf vollständig in den Panzer zurückzuziehen.

• HABITAT Wie viele Landschildkröten lebt diese Gattung in ariden Gebieten und ernährt sich von verschiedenen Pflanzen.

Geochelone pardalis (Bell); Laetolil-Schichten, Pliozän, Tansania

Typische Länge 35 cm

Reichweite Eozän–Rezent	Verbreitung Europa, Asien, Afrika	Häufigkeit

DIAPSIDE REPTILIEN

DIE ZWEITE HAUPTGRUPPE der Reptilien, die Diapsiden, entwickelte sich während des Karbons, kurz nach der Abspaltung der anapsiden Reptilien von den Amphibien. Diapside Reptilien besitzen zwei Schädelöffnungen hinter den Augen. Dieses Merkmal wird aber oft durch Modifikationen der einzelnen Formen verdeckt, was auf ihre unterschiedlichen Lebensweisen zurückzuführen ist. Innerhalb der Diapsiden sind alle modernen Formen und die meisten ausgestorbenen Arten, mit Ausnahme der Schildkröten, beheimatet. Ihre Blütezeit lag im Mesozoikum, als ihre Verwandten – Dinosaurier, verschiedene Meeresreptilien und Pterosaurier – Land, Wasser und Luft beherrschten.

Ordnung SPHENODONTA	Familie Sphenodontidae	Allgemeiner Name Brückenechse

HOMEOSAURUS

Homeosaurus, ein kleines, eidechsenähnliches Reptil, gleicht in vieler Hinsicht dem letzten überlebenden Tier dieser Ordnung – dem Tuatara aus Neuseeland. Die Gruppe, zu der es gehört, unterscheidet sich von den Eidechsen, da sie einen Schädel mit einer festen Gelenkverbindung (Quadratbein) aufweist. Typisch ist auch die Verankerung der wenigen randlichen Zähne, die fest mit dem Kiefer verbunden sind. Sie wurden nach Verschleiß nicht ersetzt, sondern wuchsen hinten nach. Am Gaumendach sitzen noch mehr Zähne. Die Schnauze ist nach unten gebogen und bildet eine meißelartige Schneidekante.

• HABITAT *Homeosaurus* lebte wahrscheinlich an Land und ernährte sich von Pflanzen und Insekten.

• ANMERKUNG Diese erstmals in der Trias auftretende Ordnung war im frühen Mesozoikum recht erfolgreich. Die Artenzahl nahm aber später rasch ab, und bis heute hat nur eine Art überlebt.

Homeosaurus maximiliani Meyer; Solnhofener Plattenkalke, Oberer Jura, Deutschland

Typische Länge 20 cm

Reichweite O. Jura	Verbreitung Europa	Häufigkeit

Ordnung SQUAMATA	Familie Kuehneosauridae	Allgemeiner Name Flugechse

KUEHNEOSUCHUS

Dieses primitive, gleitende, eidechsenähnliche diapside Reptil besitzt ziemlich lange, feste Rippen, die eine Spannweite von fast 30 cm erreichen. Möglicherweise waren sie untereinander mit Gewebe zu einer Gleitfläche verbunden, ähnlich wie bei den heutigen Flugdrachen (z. B. *Draco*).

• HABITAT *Kuehneosuchus* lebte in offenen Waldgebieten und jagte Insekten.

Kuehneosuchus latissimus Robinson; Spaltenfüllung, Obere Trias, England

Typische Spannweite 30 cm

Reichweite O. Trias	Verbreitung Europa	Häufigkeit

Ordnung SQUAMATA	Familie Amphisbaenidae	Allgemeiner Name Schleiche

LYSTROMYCTER

Diese wurmartige Echse besitzt einen kräftigen, keilförmigen Schädel mit einfachen, pflockartigen Zähnen, von denen einer zentral am vorderen Ende des Oberkiefers liegt. Heute lebende Arten dieser im Boden grabenden Formen haben unterentwickelte Augen und keine Beine.

• HABITAT Lebende Arten der Gattung *Lystromycter* graben in lockeren Böden und jagen nach Würmern und Insekten.

SEITENANSICHT DES SCHÄDELS

SCHÄDEL UNTERSEITE

Typische Länge 30 cm

Lystromycter leakeyi Charig & Gans; Rusinga-Schichten, Unteres Miozän, Kenia

Reichweite U. Miozän	Verbreitung Ostafrika	Häufigkeit

Ordnung Squamata	Familie Varanidae	Allgemeiner Name Waran

Megalania

Dieser Waran war doppelt so lang wie der heutige Komodowaran. Sein Unterkiefer hat in der Mitte ein Gelenk, und die weitstehenden, zurückgebogenen Zähne sind an der Kieferinnenseite befestigt; Ersatzzähne wuchsen zwischen den abgenutzten Zähnen nach. Der lange Hals besteht aus neun der insgesamt neunundzwanzig präsakralen Wirbel mit starken Gelenkköpfen und aufgeblähten Hinterenden.

- Habitat *Megalania* war ein furchtloser Fleischfresser und lebte während des Pleistozäns in Australien.
- Anmerkung Diese Warane lauerten ihren Beutetieren an Wasserlöchern auf und bissen ihnen die Sehnen der Kniekehlen durch.

Typische Länge 6 m

Megalania prisca Owen; Flußablagerungen, Pleistozän, Australien

Wirbel

Reichweite Pleistozän	Verbreitung Australien	Häufigkeit

Ordnung Squamata	Familie Mosasauridae	Allgemeiner Name Mosasaurier

Leiodon

Leiodon ist ein mittelgroßer Vertreter der Mosasaurier, deren größte Formen bis zu 10 m erreichten. Wie alle Mosasaurier hat diese Art nahezu glatte, rückwärts gebogene Zähne, die leicht dreieckig im Querschnitt sind und eine blasenförmige Wurzel haben. Die einzelnen Zähne sitzen in verschiedenen Gruben und sind, anders als bei den andern Echsen, seitlich nicht am Kiefer festgemacht.

- Habitat Mosasaurier waren schnelle Raubechsen, die Fische und andere Meerestiere jagten.

Leiodon sp.; Obere Schreibkreide, Obere Kreide, Niederlande

Kieferfragment mit Zähnen

Typische Länge 5 m

Reichweite O. Kreide	Verbreitung Europa	Häufigkeit

Ordnung SQUAMATA	Familie Mosasauridae	Allgemeiner Name Mosasaurier

TYLOSAURUS

Die Mosasaurier besitzen große, leicht gebaute Schädel mit rückwärtsgebogenen, in Gruben sitzenden Zähnen. Die Unterkiefer sind in der Mitte gelenkig verbunden. Ihr Nacken ist mit sieben Wirbeln kurz, während der Rest des Körpers langgestreckt ist. Die einzelnen Wirbel weisen gut ausgebildete Gelenkpfannen auf, welche ihnen eine gute seitliche Beweglichkeit verliehen. Vorder- und Hinterfüße sind als Paddel ausgebildet und wurden zum Steuern gebraucht.

• HABITAT Die Mosasaurier entwickelten sich aus Landbewohnern, die später wieder ins Wasser zurückkehrten. Die Gruppe scheint mit den heutigen Waranen verwandt zu sein. Sie waren aktive Jäger und stellten einer Vielzahl von Flachwasserorganismen nach.

• ANMERKUNG Obwohl sie eine kurzlebige Gruppe waren – sie sind auf die Obere Kreide beschränkt –, sind die Mosasaurier die wichtigste und am weitesten verbreitete Gruppe von Meeresräubern in dieser Zeit. Ihre Reste werden auf der ganzen Welt gefunden.

WIRBEL

Tylosaurus nepaeolicus (Cope); Kansas-Schreibkreide, Obere Kreide, USA

QUADRATBEIN

VORDERFUSSKNOCHEN

Typische Länge 6 m

Reichweite O. Kreide	Verbreitung Nordamerika	Häufigkeit

Ordnung SQUAMATA	Familie Dinilysiidae	Allgemeiner Name Landschlange

DINILYSIA

Typische Merkmale von Landschlangen sind eine niedrige, abgeflachte Gehirnkapsel mit einem gut beweglichen Gaumendach. Kieferelemente, Quadratbein und die Schläfenregion besitzen eine große Oberfläche für den Ansatz der Kiefermuskeln.

• HABITAT *Dinilysia* war ein Landbewohner und lebte von kleinen Wirbeltieren.

• ANMERKUNG Der Schädelbau spricht gegen die Theorie, daß Schlangen grabende Vorfahren besaßen.

Dinilysia patagonica Woodward; Río-Colorado-Formation, Kreide, Argentinien

SCHÄDEL MIT UNTERKIEFER

Typische Länge 3 m

Reichweite O. Kreide	Verbreitung Südamerika	Häufigkeit

Ordnung SQUAMATA	Familie Palaeophidae	Allgemeiner Name Seeschlange

PALAEOPHIS

Die Wirbel dieser Seeschlange besitzen an den Wirbeln vorne und hinten gut ausgebildete Gelenkpfannen und, was typisch für Schlangen ist, lange Neuralgelenkfortsätze. Die Rippen sind überaus lang.

• HABITAT Wie heutige Seeschlangen lebte *Palaeophis* in flachen Küstengewässern und Flußmündungen.

• ANMERKUNG Obwohl fossile Wirbel von *Palaeophis* recht häufig sind, liefern sie uns keine Informationen über ihre Verwandtschaftsverhältnisse.

VERSCHIEDENE WIRBEL

Palaeophis sp.; Bracklesham-Gruppe, Unteres Eozän, England

Typische Länge 1,50 m

Reichweite O. Kreide–Oligozän	Verbreitung Europa, Afrika, Amerika	Häufigkeit

Ordnung NOTHOSAURIA	Familie Pachypleurosauridae	Allgemeiner Name Pachypleurosaurier

NEUSTICOSAURUS

Zur Zeit von Perm und Trias kehrten manche Reptiliengruppen zu einer aquatischen Lebensweise zurück, was zu einer Dominanz der Reptilien im Meer führte. Eine davon waren die Pachypleurosaurier mit der Gattung *Neusticosaurus.* Die bevorzugte Lebensweise im Meer wird durch ihren kleinen, leicht gebauten Schädel angezeigt. Typisch auch ein langer, schlanker Körper, kurze Beine und die Reduzierung der Oberarmknochen zu stromlinienförmigen Gebilden. Hände und Füße hingegen sind nicht zu Paddeln umgewandelt.

• HABITAT *Neusticosaurus* fraß kleine Meerestiere.

Neusticosaurus pusillus (Fraas); Bituminöse Kalke, Mittel- bis Obertrias, Italien

Typische Länge 30 cm

Reichweite M.–O. Trias	Verbreitung Europa	Häufigkeit

Ordnung PLESIOSAURIA	Familie Cryptoclididae	Allgemeiner Name Plesiosaurier

CRYPTOCLIDUS

Der mittelgroße Plesiosaurier *Cryptoclidus* hat einen kleinen, leicht gebauten Schädel, der auf einem langen Hals sitzt. Die Zähne sind bumerangförmig, kaum berippt, spitz und rund im Querschnitt. Die Wirbel weisen flache Gelenkflächen mit zwei unterhalb des Zentrums liegenden Öffnungen auf. Die Rippen besitzen nur einen Kopf, Schulter- und Beckengürtelelemente sind groß und schaufelförmig. Die Extremitäten tragen Paddel, und der Oberarmknochen ist leicht nach außen geneigt.

• HABITAT Die Plesiosaurier jagten in warmen Meeren Fische.

Cryptoclidus eurymerus (Philips); Oxford-Ton, Oberer Jura, England

RECHTES VORDERPADDEL

Typische Länge 4 m

Reichweite O. Jura	Verbreitung Europa	Häufigkeit

Ordnung PLESIOSAURIA	Familie Pliosauridae	Allgemeiner Name Pliosaurier

LIOPLEURODON

Liopleurodon hat einen großen Kopf, einen kurzen Hals und lange, paddelförmige Flossen. Die Zentren der Nackenwirbel sind stark flachgedrückt und haben flache Gelenke mit Knochenansätzen für die Rippen. Die Zähne, die in Gruben sitzen, sind lang und bogenförmig, mit einigen Längsstreifen. Große Tiere haben bis zu 3 m lange Schädel und 30 cm lange Zähne.

• HABITAT Pliosaurier fraßen Fische und tintenfischähnliche Tiere (Belemniten), die im späten Jura häufig waren.

Typische Länge 10 m

WIRBELZENTRUM

Liopleurodon ferox Andrews; Oxford-Ton, Oberer Jura, England

NACKENRIPPE

Reichweite O. Jura	Verbreitung Europa	Häufigkeit

Ordnung PLACODONTIA	Familie Cyamodontidae	Allgemeiner Name Placodontier

CYAMODUS

Für Placodontier sind kleine Köpfe und ein kurzer Rumpf mit kräftigen Extremitäten, die teilweise zu Paddeln umgewandelt sind, typisch. Der kräftige Schädel ist dreieckig und trägt gerundete Zähne, die als Mahlplatten dienen. Die Wirbelzentren sind stark konkav, mit langen Querfortsätzen. Einige Arten trugen einen schildkrötenähnlichen Panzer. Trotz ihrer aquatischen Lebensweise waren die Beine nur teilweise als Paddel ausgebildet.

• HABITAT Die typischen knopfartigen Mahlzähne konnten hartschalige Mollusken knacken.

RÜCKENANSICHT DES SCHÄDELS

Cyamodus laticeps (Owen); Muschelkalk, Mittlere Trias, Deutschland

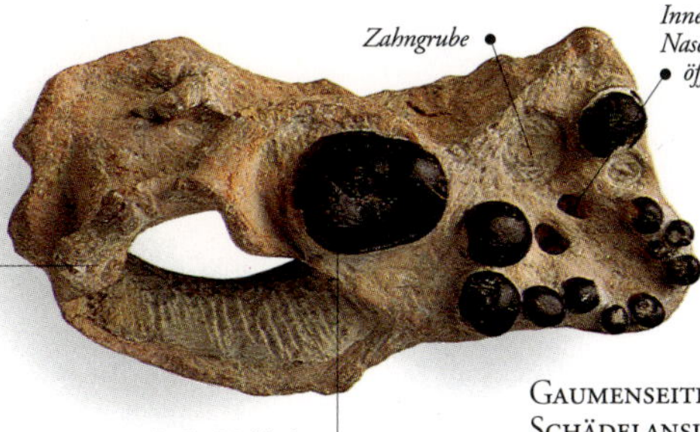

GAUMENSEITIGE SCHÄDELANSICHT

Typische Länge 2 m

Reichweite M. Trias	Verbreitung Europa	Häufigkeit

Ordnung ICHTHYOPTERYGIA	Familie Mixosauridae	Allgemeiner Name Ichthyosaurier

MIXOSAURUS

Der Körper ist stromlinienförmig und gleicht einem Delphin. Der Schwanz ist nach unten geknickt. Der langschnäuzige Schädel ist mit Zähnen, die in Gruben sitzen, bestückt. Die Beine sind paddelförmig und tragen fingerartige Elemente.

• HABITAT Ichthyosaurier waren gut an das Leben im Meer angepaßt und waren sogar lebendgebärend. Es waren schnell schwimmende, fischfressende Räuber.

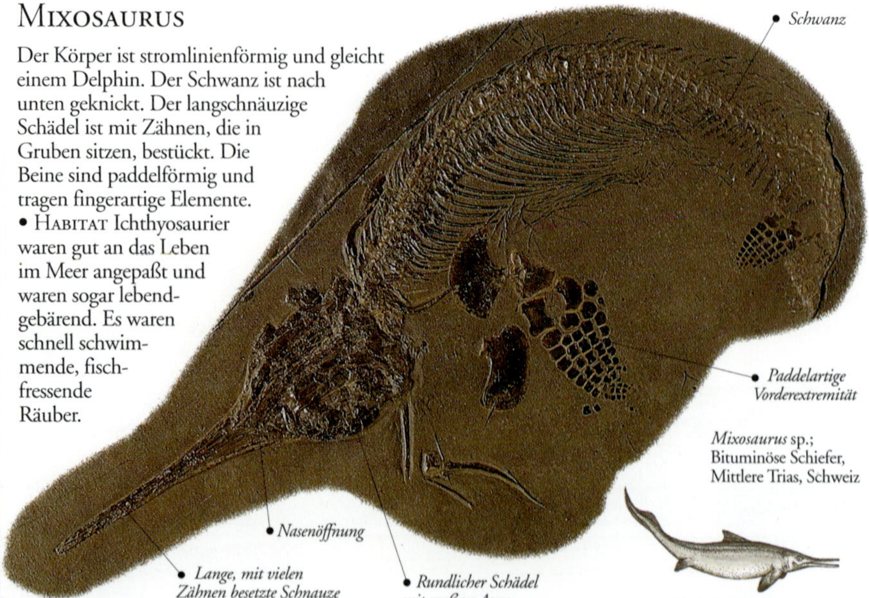

Mixosaurus sp.; Bituminöse Schiefer, Mittlere Trias, Schweiz

Typische Länge 1 m

Reichweite M. Trias	Verbreitung Europa, Asien, Indonesien, USA	Häufigkeit

Ordnung ICHTHYOPTERYGIA	Familie Ichthyosauridae	Allgemeiner Name Ichthyosaurier

ICHTHYOSAURUS

Typische Merkmale der Ichthyosaurier sind: zahlreiche Zähne, die in einer Kieferfurche sitzen; ein Ring aus Knochenplatten um jedes Auge; eine Reduktion der Beckengürtelknochen und des dazugehörenden Paddels; ein nach unten gebogener Schwanz, der das untere Schwanzpaddel verstärkt; unterteilte Fingergliederreihen.

• HABITAT Der verstärkte Knochenring um die Augen erleichterte das Tauchen in größere Tiefen, um den Fischen nachzujagen.

Ichthyosaurus communis Conybeare; Unterer Lias, England

SCHÄDEL

Typische Länge 2 m

Reichweite U. Jura	Verbreitung Europa, Grönland, USA	Häufigkeit

Ordnung ICHTHYOPTERYGIA	Familie Leptopterygiidae	Allgemeiner Name Ichthyosaurier

PLATYPTERYGIUS

Diese Form hat ein Schnabelmaul mit vielen Zähnen. Die Vorderflossen haben neun Fingerreihen. Wie bei allen Ichthyosauriern sind die Wirbelzentren kurz und zweiseitig konkav, und der Neuralfortsatz ist nicht mit ihnen verschmolzen und besitzt keinen Längsfortsatz. Die zweiköpfigen Rippen entspringen zwei unscheinbaren Buckeln am Zentrum.

• HABITAT War ein Fischfresser.

Typische Länge 5 m

Platypterygius australis (McCoy); Toolebuc-Kalk, Untere Kreide, Australien

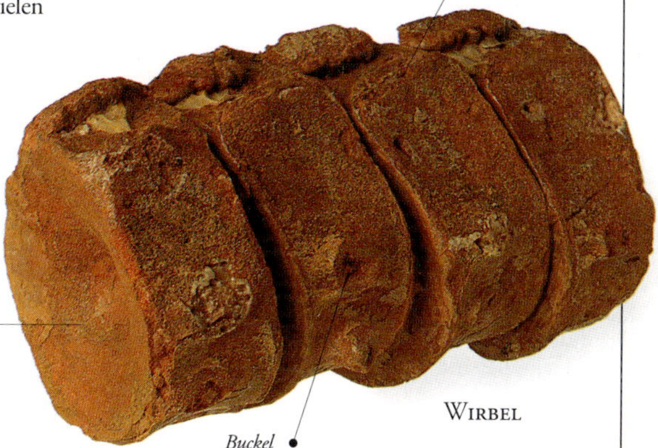

WIRBEL

Reichweite U.–O. Kreide	Verbreitung Europa, Nordamerika, Australien	Häufigkeit

Ordnung RHYNCHOSAURIA	Familie Rhynchosauridae	Allgemeiner Name Rhynchosaurier

HYPERODAPEDON

Dieser Rhynchosaurier hat einen breiten Schädel. Die Vorderseite der beiden Kiefer münden in gekrümmten, zahnartigen Fortsätzen. Die Wangenzähne sitzen in Gruben und stehen in mehreren Längsreihen.

• HABITAT Rhynchosaurier waren vierfüßige, schweinegroße Vegetarier arider Gebiete.

• ANMERKUNG Zuerst glaubte man an eine Verwandtschaft mit der neuseeländischen Brückenechse Tuatara. Ungeachtet der Ähnlichkeit wird *Hyperodapedon* jedoch heute in eine eigene Ordnung gestellt.

SEITENANSICHT DES SCHÄDELS

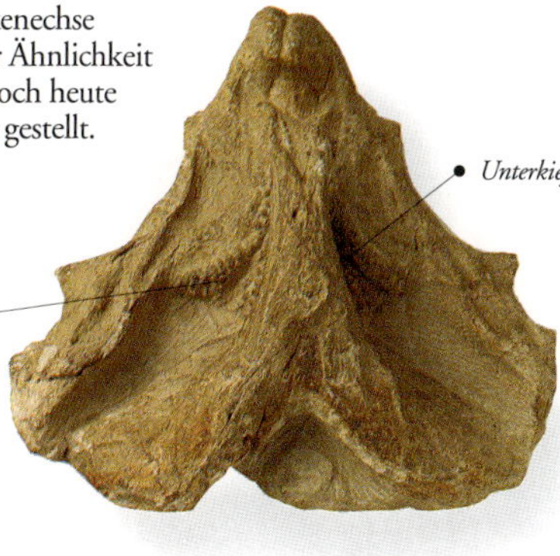

SCHÄDELANSICHT VON UNTEN

Hyperodapedon gordoni Huxley; Elgin-Sandstein, Obere Trias, England

Typische Länge 2 m

Reichweite O. Trias	Verbreitung Europa, Asien	Häufigkeit

Ordnung THECODONTIA	Familie Ornithosuchidae	Allgemeiner Name Ornithosuchier

RIOJASUCHUS

Der Kopf ist groß und leicht gebaut. Der Oberkiefer übergreift den Unterkiefer. Eine Schädelöffnung liegt unmittelbar vor der Augenhöhle. Die großen Zähne sind klingenförmig, seitlich abgeflacht und nach hinten gebogen. Das Hüftgelenk ist nur teilweise offen, der Gelenkkopf des Oberschenkels ist leicht einwärts gedreht. Es sind drei Paar Sakralrippen vorhanden.

• HABITAT Alle Ornithosuchier waren vierfüßige Fleischfresser, die an Land lebten.

• ANMERKUNG Diese Familie gehört zu den Archosauriern, zu denen auch die Dinosaurier, Krokodile und Pterosaurier gehören.

Riojasuchus tenuisceps Bonaparte; Los-Colorados-Formation, Obere Trias, Argentinien

Typische Länge 3 m

Reichweite O. Trias	Verbreitung Südamerika	Häufigkeit

Ordnung THECODONTIA	Familie Phytosauridae	Allgemeiner Name Phytosaurier

BELODON

Im Lebensbild gleicht der Körper dieses Phytosauriers mit kurzen Beinen, ornamentierter Schädeloberfläche und kräftiger Panzerung den langschnäuzigen Krokodilen. Bei näherer Betrachtung zeigen sich aber Unterschiede beim Fußknöchelgelenk und bei den plattenartigen Beckengürtelknochen, die eher einen primitiven Bauplan aufweisen; deshalb war der Gang auch etwas plumper. Die Nasenöffnung liegt an der Schädeloberseite gleich vor den Augenhöhlen – anders als bei den Krokodilen, bei denen die Nasenöffnungen an der Schnauzenspitze liegen. Bei *Belodon* liegen sie am höchsten Punkt, so daß sie immer noch über Wasser lagen, wenn der Rest des Körpers unter Wasser war.

• HABITAT Die lange Schnauze deutet auf einen Fischfresser; fossile Mageninhalte zeigten aber, daß *Belodon* verschiedenste Reptilien fraß.

Belodon plieningeri Meyer; Keupersandsteine; Obere Trias, Deutschland

Typische Länge 3 m

Reichweite O. Trias	Verbreitung Europa	Häufigkeit

Ordnung	Familie	Allgemeiner Name
Crocodylia	Metriorhynchidae	Meereskrokodil

Metriorhynchus

Die Familie der Metriorhynchidae gehört zu den am höchsten spezialisierten Krokodilen und stellt möglicherweise die einzige Gruppe der Archosaurier dar, die zu einer vollständig aquatischen Lebensweise übergegangen war. Der Skelettbau spiegelt deutlich die Veränderungen in ihrer ursprünglichen Lebensweise wider: die Vorderfüße sind in Paddel umgewandelt, der Hals wurde kürzer, der Schwanz ist leicht nach unten gebogen und trägt eine Flosse, und die Panzerhaut ist vollständig verschwunden. Im Gegensatz zu ihren Vettern, den amphibisch lebenden Krokodilen, besitzen sie einen langen, leicht gebauten Schädel, eine weitere Voraussetzung für ein Leben nur im Wasser.

• Habitat Die verschiedenen Arten von *Metriorhynchus* waren im Jurameer Europas recht verbreitet, wo sie nach Fischen und tintenfischähnlichen Tieren jagten. Möglicherweise kamen sie, ähnlich wie die heutigen Meeresschildkröten, nur zum Eierlegen an den Strand. Vielleicht krochen sie auch nach ihren Fischzügen auf Sandbänke, um sich zu sonnen.

• Anmerkung Die Metriorhynchiden gehören zu den Mesosuchiern, einer primitiven Unterordnung der Krokodilier. Erstmals treten sie in der Trias auf, sterben aber zu Anfang des Tertiärs, also vor rund 60 Millionen Jahren, aus.

Metriorhynchus laeve Andrews; Oxford Clay, Oberer Jura, England

Schädel

Wirbel

Typische Länge 3 m

Reichweite	Verbreitung	Häufigkeit
U.–M. Jura	Europa, Südamerika	

Ordnung CROCODYLIA	Familie Goniopholididae	Allgemeiner Name Krokodil

GONIOPHOLIS

Anders als die Metriorhynchiden haben Goniopholiden einen kräftig gebauten, niedrigen Schädel mit ornamentierten Knochenoberflächen und einen gemusterten Rumpfpanzer. Wie ihre Vettern im Meer besitzen sie nahezu flache Wirbelzentren, ganz im Gegensatz zu den modernen Formen, die deutliche Gelenkverbindungen aufweisen.

• HABITAT Wie die meisten nichtspezialisierten Krokodile lebte *Goniopholis* halb im Wasser und ernährte sich von Tieren und Pflanzen.

Goniopholis crassidens Owen; Wealden-Schichten, Untere Kreide, England

Typische Länge 3 m

Reichweite O. Jura–O. Kreide	Verbreitung Europa, Asien, Nordamerika	Häufigkeit

Ordnung CROCODYLIA	Familie Gavialidae	Allgemeiner Name Gavial

RHAMPHOSUCHUS

Moderne Krokodile werden in drei Familien eingeteilt: Alligatoren, Krokodile und Gaviale. *Rhamphosuchus* gehört zu den Gavialen. Die Gavialiden werden als spezialisierte Fischfresser angesehen: Sie fangen ihre Beute mit langen, spitzen Zähnen, die in einem langen, schlanken Kiefer sitzen. Die Zähne von *Rhamphosuchus* hingegen sind kräftig und rund, was auf eine gemischte Kost schließen läßt.

• HABITAT Dieser Riese bewohnte große Flüsse und Seen in Zentralasien.

Rhamphosuchus crassidens Falconer & Cautley; Siwalik-Serien, Pliozän, Pakistan

Typische Länge 15 m

Reichweite Pliozän	Verbreitung Asien	Häufigkeit

Ordnung Crocodylia	Familie Alligatoridae	Allgemeiner Name Alligator

Diplocynodon

Alligatoren wie *Diplocynodon* lassen sich von echten Krokodilen durch das Fehlen einer Grube, die den vierten Unterkieferzahn aufnimmt, unterscheiden. Die Schädelanatomie der modernen Familien ist prinzipiell sehr ähnlich: ein stark verstrebter Schädel mit kräftig ornamentierter Oberfläche, ein nach hinten versetztes Kiefergelenk, welches ein weites Öffnen des Mauls erleichtert, und eine Vielzahl von runden bis scharf zugespitzten Zähnen, die in tiefen Gruben sitzen. Der Rest des Skeletts ist überaus konservativ, sein Bauplan hat sich seit der Trias kaum geändert.

• Habitat Im Gegensatz zu den modernen Alligatoren, die auf Amerika beschränkt sind, war *Diplocynodon* über Nordamerikas wie über Europas oligozäne Sümpfe weit verbreitet und ernährte sich von Pflanzen wie von Tieren.

• Anmerkung Die Krokodile überlebten das große Massensterben am Ende des Mesozoikums und waren in den wärmeren Abschnitten des Tertiärs zahlreicher und weiter verbreitet als heute. Ihre etwas primitiveren Vettern, die Mesosuchier, starben zu Beginn dieser Epoche allerdings aus.

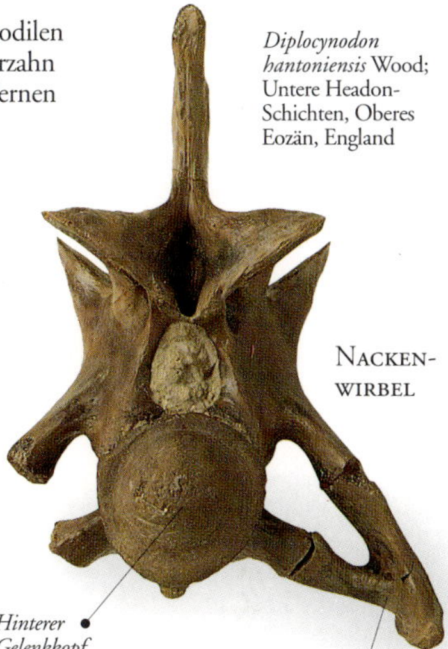

Diplocynodon hantoniensis Wood; Untere Headon-Schichten, Oberes Eozän, England

Nacken-wirbel

Schädel

Typische Länge 3 m

Reichweite Eozän–Pliozän	Verbreitung Europa, Nordamerika	Häufigkeit

Ordnung PTEROSAURIA	Familie Pterodactylidae	Allgemeiner Name Flugsaurier

PTERODACTYLUS

Pterodactylus, ein Insektenfresser mit kleinen Zähnen, gehört zu einer Ordnung der Archosaurier mit folgenden Merkmalen: zierlicher Schädel und Skelett in Leichtbauweise; papierdünne Röhrenknochen; stark verlängerte erste Finger, die eine Flughaut aufspannen, und kurze Beine. Alle Familienglieder hatten kurze Schwänze und lange Schädel.

• HABITAT Die Pterosaurier waren die einzigen Reptilien, die fliegen konnten. Sie jagten und fingen ihre Beute mit den Flügeln, ähnlich einigen Vögeln.

Pterodactylus kochi Wagner; Solnhofener Plattenkalke, Oberer Jura, Deutschland

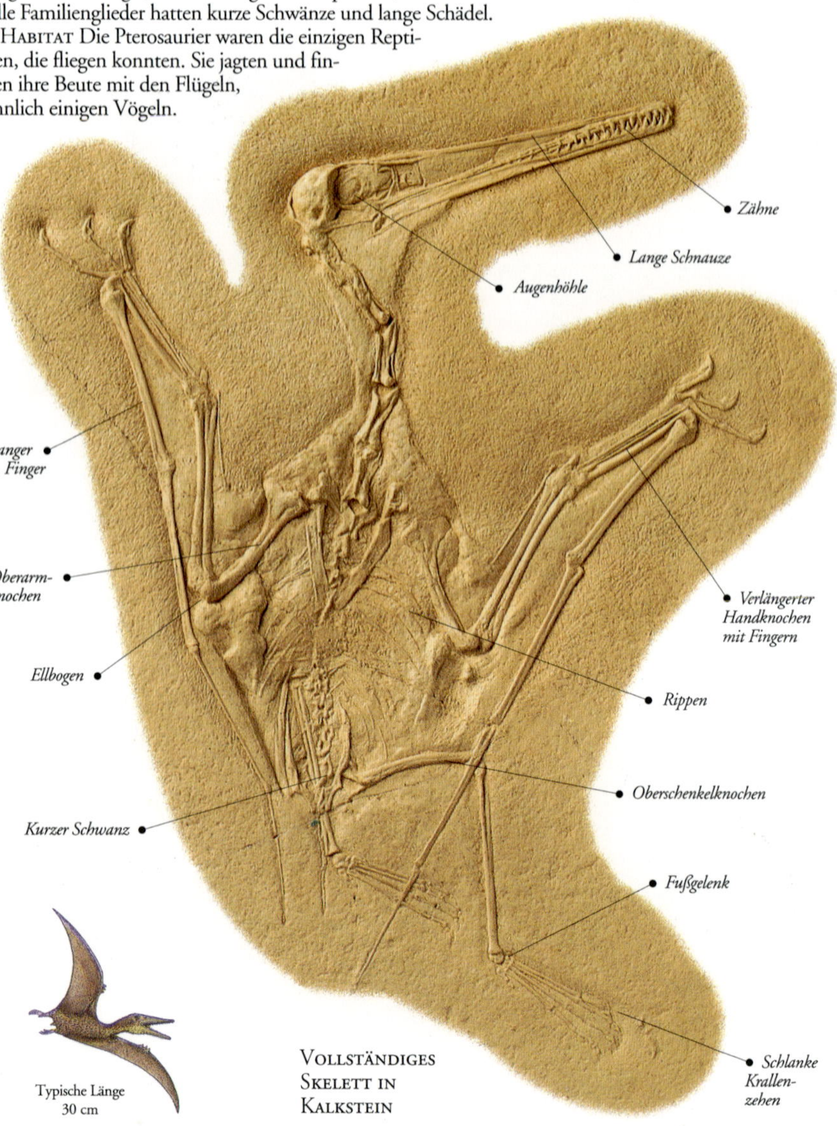

Typische Länge 30 cm

VOLLSTÄNDIGES SKELETT IN KALKSTEIN

Reichweite O. Jura	Verbreitung Europa, Asien	Häufigkeit

DINOSAURIER

DIESE ERFOLGREICHE GRUPPE vorwiegend landbewohnender diapsider Reptilien erscheint erstmals vor etwa 225 Millionen Jahren. Sie entwickelte sich aus den nahe verwandten thecodonten Archosauriern. Sie wird in zwei Ordnungen geteilt: in die Saurischia (Echsenbeckensaurier), die das Schambein nach vorne gerichtet haben, und in die Ornithischia (Vogelbeckensaurier), bei denen das Schambein nach hinten zeigt. Die Saurischia umfassen vierfüßige Pflanzenfresser und zweifüßige Fleischfresser, während die Ornithischia die übrigen Pflanzenfresser ausmachen. Ihr kometenhafter Aufstieg wird auf Veränderungen des Bewegungsapparats zurückgeführt, die ihre Mobilität derart voranbrachte, daß sie sich neue Lebensräume erschließen konnten. Als sie zusammen mit den meisten wasserbewohnenden Reptilien am Ende des Mesozoikums ausstarben, fand ihre 150 Millionen Jahre dauernde Vorherrschaft über die Erde ein jähes und rätselhaftes Ende.

Ordnung SAURISCHIA	Familie Compsognathidae	Allgemeiner Name –

COMPSOGNATHUS

Dieser kleine, hühnergroße Dinosaurier hat nach hinten gebogene, gezackte Zähne, die in einem leicht gebauten Schädel sitzen. Die Beine sind lang, schlank und hohl, und das Schambein weist nach vorne.

• HABITAT Dieser flinke, zweifüßige Räuber jagte Insekten und kleine echsenartige Tiere, denen er auflauerte und dann blitzschnell vom Boden wegfing.

• ANMERKUNG Seine Jagdgewohnheiten waren möglicherweise dieselben wie die seines Nahrungskonkurrenten, des ähnlich großen Urvogels *Archaeopteryx* *(s. Seite 258)*.

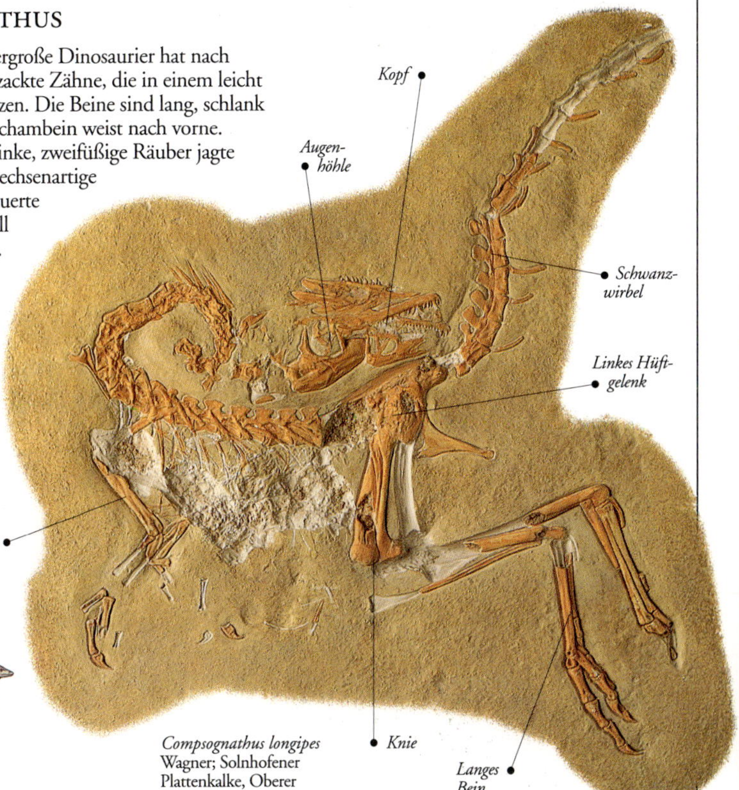

Compsognathus longipes Wagner; Solnhofener Plattenkalke, Oberer Jura, Deutschland

Typische Länge 60 cm

Reichweite O. Jura	Verbreitung Europa	Häufigkeit

Ordnung SAURISCHIA	Familie Ceratosauridae	Allgemeiner Name Raubsaurier

PROCERATOSAURUS

Von diesem mittelgroßen Dinosaurier existiert bislang nur dieser leicht gebaute Schädel. Er trägt ein Nasenhorn, und in den Kiefern sitzen scharfe, gezackte und nach hinten gebogene Zähne.

• HABITAT Obwohl nur wenige Reste vorliegen, läßt sich mit einer gewissen Sicherheit sagen, daß *Proceratosaurus* ein flinker, zweifüßiger Räuber war und langsame Reptilien überwältigen konnte.

Proceratosaurus bradleyi (Woodward); Greater Oolite, Mittlerer Jura, England

SEITENANSICHT EINES SCHÄDELTEILS

Geschätzte Länge 3 m

Reichweite M. Jura	Verbreitung Europa	Häufigkeit

Ordnung SAURISCHIA	Familie Tyrannosauridae	Allgemeiner Name Raubsaurier

DASPLETOSAURUS

Typisch für diese Familie fleischfressender Dinosaurier sind ein großer Kopf, kräftige Kiefer und verkürzte, nur zwei Finger tragende Vorderfüße.

• HABITAT Vermutlich aggressive Räuber, die pflanzenfressende Dinosaurier überfielen. Er lebte aber wohl meist von Aas.

RECHTER UNTERKIEFER

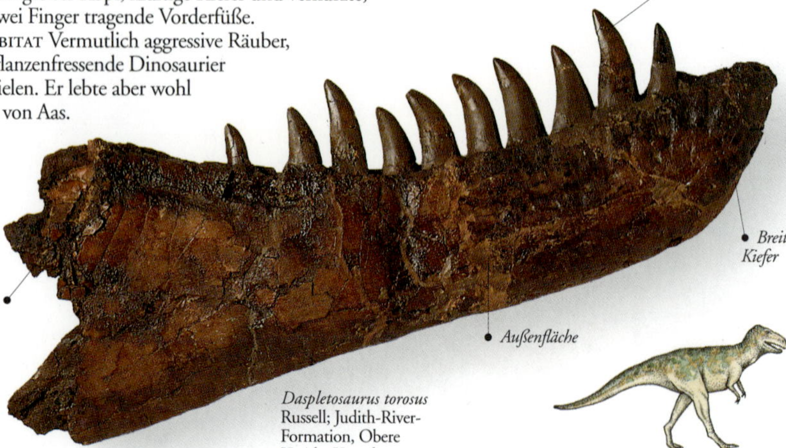

Daspletosaurus torosus Russell; Judith-River-Formation, Obere Kreide, Kanada

Typische Länge 9 m

Reichweite O. Kreide	Verbreitung Nordamerika	Häufigkeit

Ordnung Saurischia | Familie Ornithomimidae | Allg. Name Straußendinosaurier

Gallimimus

Diese Straußendinosaurier hatten lange Beine, einen kleinen Kopf, waren leicht gebaut und manchmal sogar zahnlos. Bei *Gallimimus* werden die zahnlosen Kiefer von einem Hornschnabel bedeckt.

• Habitat Zwar wird eine räuberische Lebensweise angenommen, aber *Gallimimus* könnte auch die Eier anderer Reptilien aus den Nestern geraubt haben.

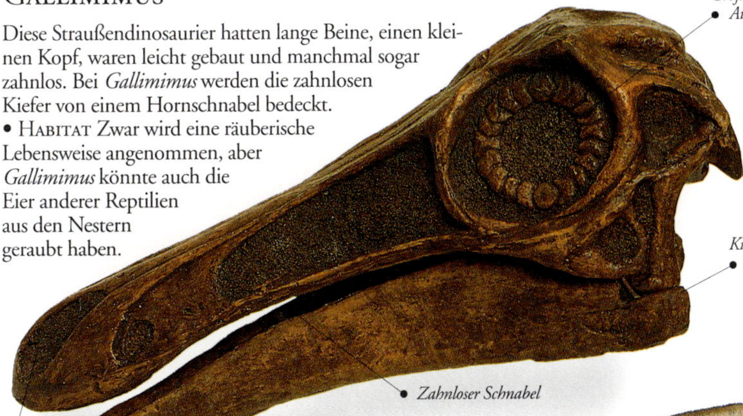

Gallimimus bullatus
Roniewicz & Barsbold;
Obere Nemegt-Schichten,
Obere Kreide, Mongolei

Typische Länge
4 m

Reichweite O. Kreide | Verbreitung Asien | Häufigkeit

Ordnung Saurischia | Familie Cetiosauridae | Allgemeiner Name _

Cetiosaurus

Kleiner Kopf, langer Nacken, langer Schwanz und kräftige Beinknochen stellen diesen Riesen zu den reptilienfüßigen Dinosauriern. Seine Wirbel in Form eines Banjos sind sehr typisch.

• Habitat *Cetiosaurus* war ein Pflanzenfresser. Es ist aber nicht sicher, ob er an Seeufern und Flüssen lebte, oder ob er – was momentan eher angenommen wird – weite Ebenen durchwanderte.

Wirbel

Cetiosaurus leedsi
Hulke; Oxford-Ton,
Mittlerer Jura, England

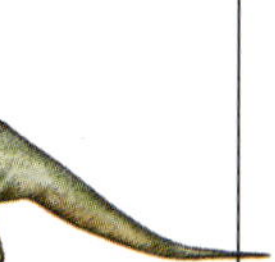

Typische Länge
20 m

Reichweite M.–O. Jura | Verbreitung Europa | Häufigkeit

Ordnung SAURISCHIA	Familie Diplodocidae	Allgemeiner Name –

DIPLODOCUS

Dieser Pflanzenfresser hat einen langen Hals, einen langen Schwanz und einen kleinen, länglichen Kopf. Die Zähne sitzen rechenartig im vorderen Kieferteil und sind mit den kurzen Vorderfüßen und den strahlenförmigen Knochenfortsätzen der Schwanzwirbel typisch für diesen Dinosaurier.

• HABITAT Lebte wohl in der Nähe von Süßwasserseen und Flüssen, wo seine gut angepaßten Zähne zum Abgrasen der ufernahen Vegetation dienten.

• ANMERKUNG Ein erwachsenes Tier wog wahrscheinlich doppelt soviel wie ein afrikanischer Elefantenbulle.

SCHWANZ-WIRBEL

Diplodocus longus Marsh; Morrison-Formation, Oberer Jura, USA

Typische Länge 27 m

Reichweite O. Jura	Verbreitung Nordamerika	Häufigkeit

Ordnung SAURISCHIA	Familie Camarasauridae	Allgemeiner Name –

REBBACHISAURUS

Die Grundform seines Körpers entspricht der anderer Sauropoden, nur Nacken und Schwanz von *Rebbachisaurus* waren etwas kürzer. Der rundliche Gesichtsbereich des Schädels war abgeflacht, während die blattförmigen Zähne entlang des gesamten Kiefers entsprangen.

• HABITAT Wie andere Saurischia dieses Typs ernährte sich dieser Vierfüßer vegetarisch im Uferbereich großer Gewässer. Die großen Zähne waren an diese Lebensweise bestens angepaßt.

BLATTFÖRMIGER ZAHN

Rebbachisaurus tamesnensis Lapparent; Irhazar-Ton, Untere Kreide, Niger

BRUCHSTÜCK VOM UNTERKIEFER MIT ZÄHNEN

Typische Länge 20 m

Reichweite U. Kreide	Verbreitung Afrika	Häufigkeit

Ordnung Saurischia	Familie Titanosauridae	Allgemeiner Name _

Titanosaurus

Die Titanosaurier waren die letzten der pflanzenfressenden Echsenbeckensaurier, sie sind aber nur bruchstückhaft überliefert. Sie zeigen wie gewohnt den üblichen Bauplan mit kleinem Kopf, langem Schwanz und Elefantenfüßen, der Hals hingegen war etwas kürzer. Das wichtigste Unterscheidungsmerkmal sind die Gelenkflächen der Schwanzwirbel. Der vollständigste Schädelfund weist ähnlich wie *Diplodocus* eine in die Länge gezogene Schädelform auf. Mindestens eine Art besaß Knochenplatten als Panzerung.

• Habitat Wie andere Sauropoden hielt er sich nicht weit vom Wasser auf.

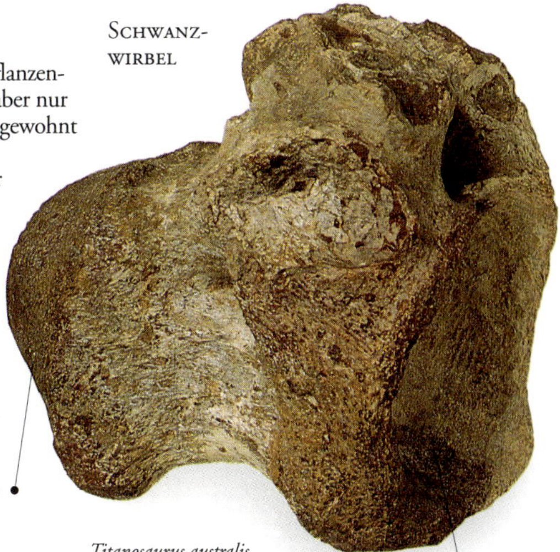

Titanosaurus australis Lydekker; Obere Kreide, Argentinien

Typische Länge 12 m

Reichweite Kreide	Verbreitung Eurasien, Afrika, Südamerika	Häufigkeit

Ordnung Ornithischia	Familie Heterodontosauridae	Allgemeiner Name _

Heterodontosaurus

Der Unterkiefer dieser frühen, zweifüßigen Form war vorne zahnlos – ein typisches Merkmal für diese Ordnung. Außergewöhnlich die zwei Paar Fangzähne neben der einzelnen Mahlzahnreihe der Wangenregion. Zähne am vorderen Teil des Oberkiefers werden als primitives Merkmal angesehen.

• Habitat Dieser landbewohnende Pflanzenfresser grub wohl auch Wurzeln aus.

Heterodontosaurus tuckii Crompton & Charig; Cave-Sandstein, Unterer Jura, Südafrika

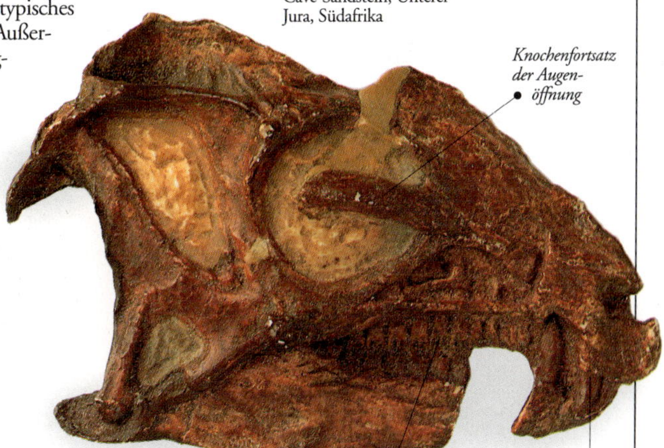

Typische Länge 1 m

Reichweite U. Jura	Verbreitung Südafrika	Häufigkeit

Ordnung Ornithischia	Familie Hypsilophodontidae	Allgemeiner Name –

Hypsilophodon

Die Hypsilophodontiden waren mittelgroße, leicht gebaute, auf dem Land lebende Zweifüßer. Ihr einfacher Bauplan äußert sich durch die Länge des nach hinten zeigenden Schambeins und durch Zähne am vorderen Ende des Oberkiefers. Die Backenzähne sind Mahlplatten, stehen in einer Reihe, und drei davon werden jeweils gleichzeitig ausgewechselt. Die Füße besitzen vier Zehen, jeder Zeh trägt einen zugespitzten Huf.

• Habitat Ernährte sich von den farnartigen Pflanzen, die während der Unterkreide weit verbreitet waren.

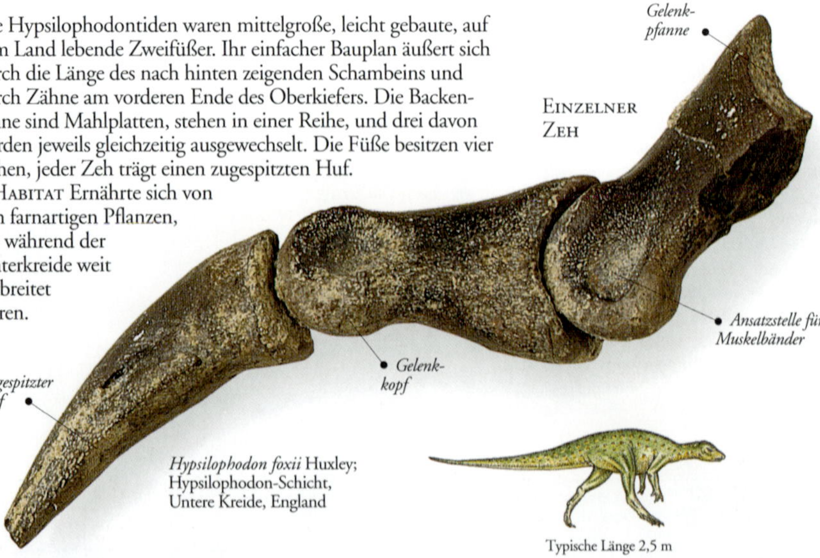

Hypsilophodon foxii Huxley; Hypsilophodon-Schicht, Untere Kreide, England

Typische Länge 2,5 m

Reichweite O. Jura–U. Kreide	Verbreitung Europa, Nordamerika	Häufigkeit

Ordnung Ornithischia	Familie Iguanodontidae	Allgemeiner Name –

Iguanodon

Diese Gattung umfaßt große, kräftig gebaute, landlebende, auf zwei Füßen gehende Dinosaurier. Der Schädel war langgestreckt und trug am schnabelartigen Vorderende des Kiefers keine Zähne. Die Backenzähne standen in einer Reihe und sahen neu blattartig, abgenutzt meißelförmig aus. Der Vorderfuß war kräftig und trug am ersten Fingerglied einen Dorn.

• Habitat *Iguanodon* war in der frühen Kreide Europas weit verbreitet und ernährte sich von Pflanzen.

Iguanodon hollingtoniensis Lydekker; Wealden-Tone, Untere Kreide, England

Typische Länge 9 m

Reichweite U. Kreide	Verbreitung Eurasien, Afrika, Nordamerika	Häufigkeit

Ordnung ORNITHISCHIA	Familie Hadrosauridae	Allg. Name Entenschnabelsaurier

EDMONTOSAURUS

Der Körperumriß dieses Entenschnabelsauriers gleicht in Größe und Bau den Iguanodontiden, der Schädel ist aber wesentlich flacher. Die diamantförmigen Zähne sind zu ganzen Batterien angeordnet, wenigstens 700 sind immer sichtbar. Auch der Schwanz ist mehr abgeflacht, behält aber im Innern das knöcherne Stützband.

• HABITAT Dieser Pflanzenfresser lebte zeitweise wohl auch im Wasser.

Edmontosaurus annectens (Marsh); Lance-Formation, Obere Kreide, USA

RECHTER UNTERKIEFER

Typische Länge 13 m

Reichweite O. Kreide	Verbreitung Nordamerika	Häufigkeit

Ordnung ORNITHISCHIA	Familie Hadrosauridae	Allg. Name Entenschnabelsaurier

PARASAUROLOPHUS

Der Schädel zeichnet sich durch eine merkwürdige Verlängerung der Nasenknochen aus, die einen röhrenförmigen Kamm von bis zu 1,50 m Länge bilden.

• HABITAT Wie alle Hadrosaurier ein Pflanzenfresser.

• ANMERKUNG Der Kamm der Hadrosaurier mag den einzelnen Arten als Erkennungsmerkmal gedient haben, doch deutet seine hohle Konstruktion auf den Gebrauch als tonerzeugendes Instrument hin, z. B. um andere Sippenmitglieder vor Gefahr zu warnen.

SCHÄDEL UND UNTERKIEFER

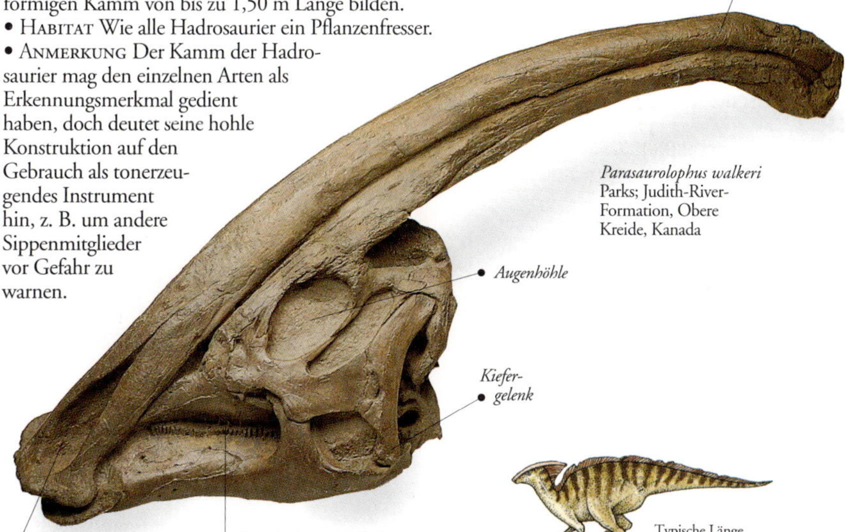

Parasaurolophus walkeri Parks; Judith-River-Formation, Obere Kreide, Kanada

Typische Länge 10 m

Reichweite O. Kreide	Verbreitung Nordamerika	Häufigkeit

Ordnung Ornithischia	Familie Stegosauridae	Allgemeiner Name Stegosaurier

Stegosaurus

Diese vierfüßige Gattung mit kräftigem Körperbau läßt sich leicht an ihrem kleinen, niedrigen Schädel und an den kräftigen, eckigen Rückenplatten erkennen, die wechselseitig mit der Spitze nach oben stehen. Der Schwanz trägt vier kräftige Stacheln. Die Kombination von blattförmigen Zähnen und extrem kurzen Vorderbeinen (etwa halb so lang wie die Hinterbeine) hilft ebenfalls bei der Bestimmung.

- Habitat *Stegosaurus* war ein Pflanzenfresser.
- Anmerkung Anordnung und Orientierung der eckigen Rückenplatten wirkten wie Temperaturregler: sie dienten dazu, um Wärme abzuführen. Die Schwanzstacheln setzte *Stegosaurus* zur Verteidigung ein.

Stegosaurus sp.; Kimmeridge Clay, Oberer Jura, England

Typische Länge 9 m

Reichweite O. Jura	Verbreitung Nordamerika, Europa	Häufigkeit

Ordnung Ornithischia	Familie Pachycephalosauridae	Allg. Name Kuppelkopfdinosaurier

Stegoceras

Das verdickte Schädeldach war kuppelförmig und teilweise von Knochenfransen umgeben, was diese Form eindeutig von allen anderen zweifüßigen Ornithopoden unterscheidet. Weitere typische Merkmale sind Zähne im Vorderteil des Oberkiefers, eine Reihe von blattförmigen Backenzähnen und ein verkürztes Schambein.

- Habitat Alle Vertreter dieser Familie waren Pflanzenfresser und bevorzugten offenes Gelände.

Stegoceras validus Lambe; Judith-River-Formation, Obere Kreide, Kanada

Typische Länge 2,50 m

Reichweite O. Kreide	Verbreitung Nordamerika	Häufigkeit

Ordnung ORNITHISCHIA	Familie Ankylosauridae	Allgemeiner Name Ankylosaurier

EUOPLOCEPHALUS

Der Schädel trägt einen Panzer von miteinander verschmolzenen Knochenplatten. Der Körper ist mosaikartig von dornigen, ineinandergreifenden Knochenplatten bedeckt. Der Schwanz endet in einer riesigen Keule.

• HABITAT Diese Gattung lebte wahrscheinlich in ariden Gebieten.

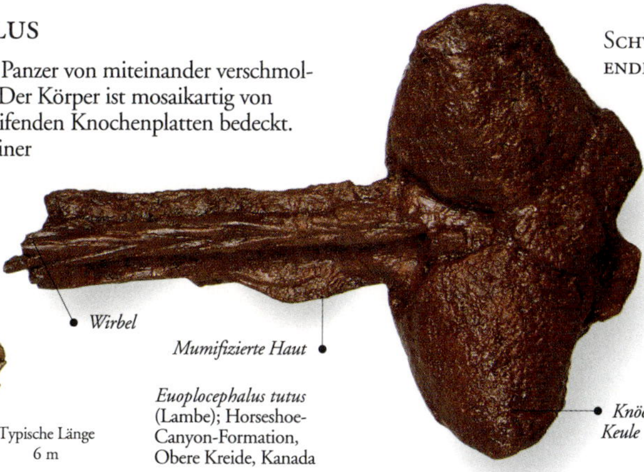

Euoplocephalus tutus (Lambe); Horseshoe-Canyon-Formation, Obere Kreide, Kanada

Typische Länge 6 m

Reichweite O. Kreide	Verbreitung Nordamerika	Häufigkeit

Ordnung ORNITHISCHIA	Familie Ceratopsidae	Allgemeiner Name Horndinosaurier

TRICERATOPS

Ein einzigartiges Merkmal der Horndinosaurier ist ihr seitlich abgeflachtes Schnabelmaul und der über den Unterkiefer greifende Oberkiefer. *Triceratops* repräsentiert eine weit fortgeschrittene Ceratopsiden-Gattung, da er drei Knochenhörner trägt und der Hinterkopf zu einem großen Nackenkragen ausgezogen ist.

• HABITAT Dieser große vierfüßige Pflanzenfresser benutzte seinen Nackenkragen, um sich durchs Pflanzendickicht zu schlagen. Wahrscheinlich durchzogen große *Triceratops*-Herden offene Landstriche, vergleichbar vielen Großsäugetieren, die heute in weiten Ebenen leben.

Triceratops prorosus Marsh; Lance-Formation, Obere Kreide, USA

Typische Länge 9 m

Reichweite O. Kreide	Verbreitung Nordamerika	Häufigkeit

Ordnung ORNITHISCHIA	Familie Protoceratopsidae	Allgemeiner Name Horndinosaurier

PROTOCERATOPS

Dieser kleine, gedrungene Vierfüßer hat ein horniges Schnabelmaul, ein kleines Nasenhorn, blattförmige Zähne in einer Reihe und einen stark reduzierten Nackenkragen mit großen Löchern.

• HABITAT *Protoceratops* lebte in offenen Landschaften und fraß Pflanzenstengel, die er mit seinen kräftigen Schnabelkiefern durchtrennen konnte. Sie wurde dann mit Hilfe der Backenzähne weiter zerkleinert.

• ANMERKUNG Eine amerikanische Expedition, die 1920 die Mongolei besuchte, entdeckte zahlreiche fossile Nester und Eier, von denen einige noch Embryonen enthielten. Sie waren die ersten Hinweise auf das Sozialverhalten der Dinosaurier. Es wurde deutlich, daß die Eier ringförmig abgelegt und später mit Sand zugedeckt worden waren. Zahlreiche Knochen erwachsener Tiere kamen ebenfalls zum Vorschein. Dies deutete darauf hin, daß sie das Brutgeschäft in lockeren Gruppen organisierten und ihre Nester auch bewachten.

LÄNGLICHES EI

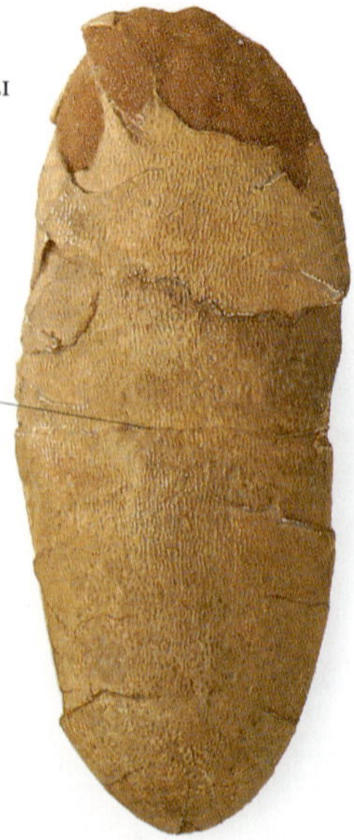

Protoceratops andrewsi Granger & Gregory; Djadochta-Schichten; Obere Kreide, Mongolei

SCHÄDEL

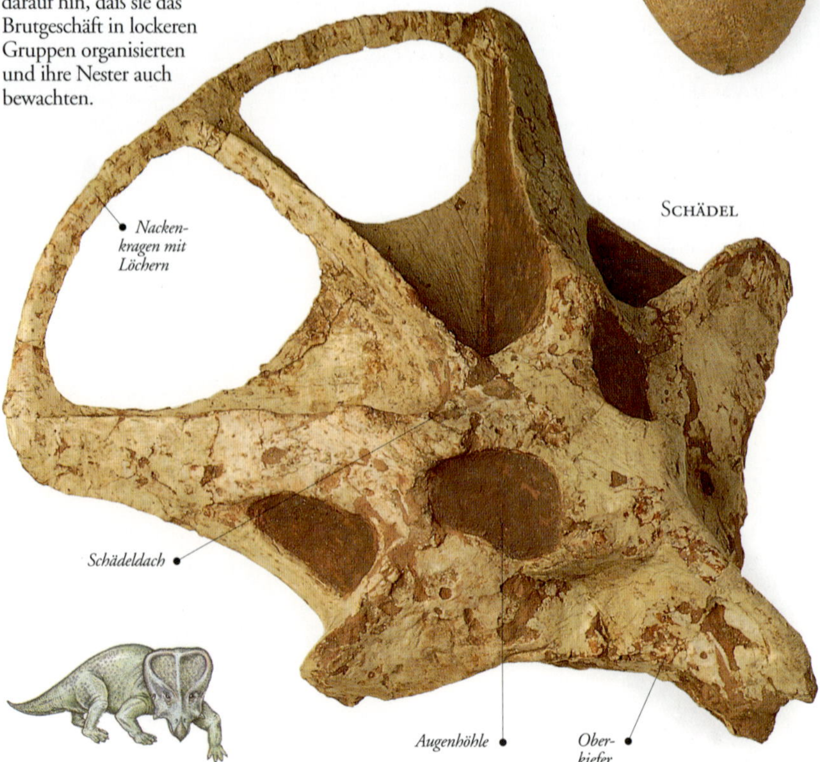

Typische Länge 1,80 m

Reichweite O. Kreide	Verbreitung Asien	Häufigkeit

SYNAPSIDE REPTILIEN

Die Unterklasse der synapsiden Reptilien, besser bekannt unter dem Namen „säugetierähnliche Reptilien“, bildet die dritte Hauptgruppe der Reptilien. Diese haben nur eine Öffnung im Schädeldach und eine unverkennbare Anordnung der Knochenplatten hinter den Augenhöhlen. Die ersten Synapsiden tauchen während des Karbons vor etwa 300 Millionen Jahren auf. Obwohl die frühen Formen klein und echsenartig waren, entwickelten sie sich sehr erfolgreich und brachten in der Folge eine Anzahl verschiedenster Arten hervor. Bereits im Perm waren sie die dominierenden Landlebewesen, konnten sich aber gegen Ende der Trias gegen die immer stärker dominierenden Thecodontier, Krokodile und Dinosaurier nicht behaupten. Sie starben zwar zu Beginn der Jurazeit aus, nicht aber ohne sich vorher noch aus einem Seitenzweig zu den ersten Säugetieren weiterzuentwickeln.

Ordnung PELYCOSAURIA	Familie Sphenacodontidae	Allgemeiner Name _

DIMETRODON

Das wichtigste Merkmal dieser Gattung ist das große Rückensegel, das aus einer starken Verlängerung der Neuralfortsätze der Wirbel hervorgegangen ist; sie sind in ihrer ganzen Länge glatt. Der Schädel ist breit und hat im Maul dolchartige Zähne. Das untere Kiefergelenk sitzt weit hinten und unterhalb der Zahnreihe. Im Vergleich zu anderen Formen besitzt das vierfüßige *Dimetrodon* zierlich gebaute Beine.

- HABITAT Dieses schnelle, gewandte, fleischfressende Reptil jagte in ariden Gebieten nach langsamerer Beute.
- ANMERKUNG Diese Gruppe entwickelte bereits vorteilhafte Adaptionen, die sich dann später bei den Säugetieren voll ausprägten.

Dimetrodon loomisi Romer; Arroyo-Formation, Unteres Perm, USA

Typische Länge 3 m

Reichweite U. Perm	Verbreitung Nordamerika	Häufigkeit

Ordnung PELYCOSAURIA	Familie Edaphosauridae	Allgemeiner Name –

EDAPHOSAURUS

Der Körperumriß dieses kurzfüßigen, langsamen Vierfüßers gleicht dem einer Riesenechse. Die Neuralfortsätze der Wirbel sind sehr lang ausgezogen und mit einem Hautsegel bespannt. Die einzelnen Stacheln weisen kurze Querverstrebungen auf. Zähne befinden sich seitlich am Kiefer und am Gaumendach des kurzen, breiten Schädels. Die Wirbelzentren sind stark bikonkav – ein typisches Merkmal der Synapsiden.

- HABITAT Dieser Pflanzenfresser lebte in ariden Gebieten.
- ANMERKUNG Das spektakuläre Segel diente der Temperaturregelung.

WIRBEL

Edaphosaurus sp.; Wichita-Formation, Unteres Perm, USA

Typische Länge 3 m

Reichweite O. Karbon–U. Perm	Verbreitung Europa, Nordamerika	Häufigkeit

Ordnung THERAPSIDA	Familie Lystrosauridae	Allgemeiner Name Lystrosaurier

LYSTROSAURUS

Der Schädel von *Lystrosaurus* zeigt stark abgewinkelte Gesichtsflanken, hoch liegende Nasenöffnungen und zwei eckständige Zähne im Oberkiefer; der Unterkiefer ist zahnlos. Er hat vier sehr kräftige Beine und einen kurzen Schwanz.

- HABITAT Die hochliegenden Nasenöffnungen deuten auf eine semiaquatische Lebensweise. Dieser Pflanzenfresser zermalmte seine Nahrung mit seinen kräftigen Kiefern.

SCHÄDEL

Lystrosaurus murrayi (Huxley); Karroo-Formation, Untere Trias, Südafrika

Typische Länge 2 m

Reichweite U. Trias	Verbreitung Weltweit	Häufigkeit

Ordnung	Familie	Allgemeiner Name
Therapsida	Cynognathidae	–

Cynognathus

Dieses kräftige, vierfüßige Tier hat einen massigen, 40 cm langen Schädel. Die Kiefer enthalten dolchartige Eckzähne und grob gezackte Backenzähne. Der Unterkiefer gleicht dem der großen fleischfressenden Säugetiere mit einem langen, nach hinten gezogenen Knochenfortsatz. Die Verbindungen der Schädelknochen gleichen aber immer noch denen der Reptilien.

• Habitat Dieser Fleischfresser jagte in ariden Gebieten.

Cynognathus crateronotus Seeley; Karroo-Formation, Untere Trias, Südafrika

Typische Länge 2 m

Reichweite	Verbreitung	Häufigkeit
U. Trias	Südafrika, Südamerika	

Ordnung	Familie	Allgemeiner Name
Therapsida	Tritylodontidae	–

Bienotherium

Viele der typischen Merkmale dieses weitentwickelten säugetierähnlichen Reptils lassen sich am Schädel erkennen. Ober- und Unterkiefer tragen stark vergrößerte Schneidezähne, ähnlich den heutigen Nagetieren. Eckzähne fehlen, daher entsteht eine deutliche Lücke bis zu den Backenzähnen; diese sind viereckig, haben zwei bis drei Höcker und eine verzweigte Zahnwurzel. Dies sind Säugetiermerkmale, die nur bei diesen Reptilien entwickelt sind. Die Schneidekanten der Backenzähne weisen oben drei und unten zwei Längsrippen auf.

• Habitat *Bienotherium* war ein nagender Pflanzenfresser.

Schädel und Unterkiefer

Bienotherium yunnanese Young; Untere Lufeng-Formation; Obere Trias, China

Typische Länge 1 m

Reichweite	Verbreitung	Häufigkeit
O. Trias–U. Jura	Asien	

Vögel (Aves)

Die Klasse der Vögel wird in vier Unterklassen aufgeteilt: Archaeornithes, Odontornithes, Enantiornithes und Neornithes, wobei nur die letzte Gruppe den Beginn des Känozoikums überlebte. Die meisten Wissenschaftler stimmen der Meinung zu, daß sich die Vögel aus einer der fleischfressenden Dinosauriergruppen entwickelt haben. Wann genau, bleibt vorerst unklar – die ersten identifizierbaren Reste stammen jedenfalls aus dem Oberen Jura. Nach ihrem ersten Auftreten blieben die Vögel bis zum Ende der Kreide, als viele Reptilien ausstarben und ihre Vorherrschaft gebrochen war, zunächst unbedeutend. Nach diesem Einschnitt entwickelten sich die Neornithes rasch weiter und bildeten den Grundstock der heute fast 8600 Arten umfassenden modernen Vogelfauna.

Ordnung Archaeopterygiformes	Familie Archaeopterygidae	Allgemeiner Name Urvogel

Archaeopteryx

Das Skelett des hühnergroßen *Archaeopteryx* läßt seine starken Anklänge an Reptilienmerkmale noch leicht erkennen. Der leicht gebaute Schädel trägt echte Zähne, die in Gruben sitzen. Das Brustbein ist schmal, ein Kiel fehlt. Die Handschwinge besitzt immer noch drei funktionelle Finger, eine Reduktion und Verschmelzung wie bei den übrigen Vögeln fehlt. Der Beckengürtel trägt deutliche Dinosauriermerkmale; zusätzlich ist ein langer knöcherner Schwanz ausgebildet. Andere vogeluntypische Merkmale sind: fast flache Wirbelflächen, bauchige Rippen und unvollständig verschmolzene untere Beinknochen. Eindrücke von Federn, die bei allen sieben bekannten Exemplaren zu sehen sind, bestätigen, daß es sich hier um einen Vogel handelt.

• Habitat *Archaeopteryx* konnte sicherlich fliegen, möglicherweise jagte er am Boden nach Insekten und Reptilien. Er lebte strandnah an den oberjurassischen Binnenmeeren.

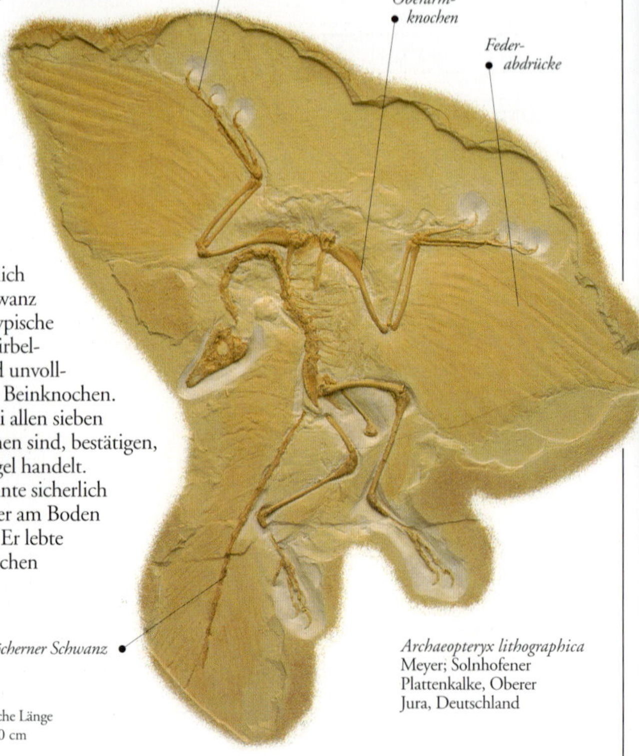

Archaeopteryx lithographica Meyer; Solnhofener Plattenkalke, Oberer Jura, Deutschland

Typische Länge 50 cm

Reichweite O. Jura	Verbreitung Europa	Häufigkeit

Ordnung Hesperornithiformes	Familie Hesperornithidae	Allgemeiner Name –

Hesperornis

Diese Vögel waren spezialisierte flügellose Wesen mit Füßen zum Tauchen. Äußerlich gesehen gleichen sie modernen Tauchvögeln und Seetauchern, sind aber nicht näher verwandt. Das Skelett trägt einen Schädel mit echten Zähnen, ein kielloses Brustbein und verkürzte Vorderfüße. Die sattelförmigen Wirbelzentren sind ein typisches Vogelmerkmal. Dickwandige, drucksichere Knochen und seitlich abgeflachte Fußknochen prädestinierten *Hesperornis* als Wasservogel.

• Habitat *Hesperornis* lebte in warmen Meeren und ernährte sich von Fischen.

Typische Länge 1,50 m

Hesperornis regalis Marsh; Kansas-Schreibkreide, Obere Kreide, USA

Reichweite O. Kreide	Verbreitung Nordamerika	Häufigkeit

Ordnung Aepyornithiformes	Familie Aepyornithidae	Allgemeiner Name Riesenvogel

Aepyornis

Aepyornis war die größte Gattung straußenartiger Vögel. Er hatte schätzungsweise ein Gewicht von 450 kg und war damit bei weitem der schwerste Vogel aller Zeiten. Da sein Gewicht das Fliegen verhinderte, sind die Flügel verkümmert, und das Brustbein hat auch keinen Kiel. Die kurzen Beine sind kräftig, die Füße enden in drei Zehen. Die ovalen Eier werden häufig fossil in Dünenablagerungen gefunden. Sie sind riesig und fassen bis zu 8,5 Liter Flüssigkeit.

• Habitat Diese Vögel ernährten sich von Früchten und Blättern.

Ei

Aepyornis maximus Geoffroy; Dünensande, Quartär, Südmadagaskar

Typische Länge 3 m

Reichweite Pleistozän–Rezent	Verbreitung Madagaskar	Häufigkeit

Ordnung SPHENISCIFORMES	Familie Spheniscidae	Allgemeiner Name Pinguin

PACHYDYPTES

Dieser große Pinguin gleicht den heutigen recht stark. Seine Flügel sind bereits zu Schwimmflossen umgebildet. Weitere Übereinstimmungen zeigen sich in der abgeflachten Gestalt der Vordergliedmaßen, den dickeren Knochenwänden und der Verdickung des Schultergelenkkopfs. Mit Ausnahme der kurzen und breiten Fußwurzel gleicht das Skelett den modernen Tauchvögeln.

• HABITAT Wie alle Pinguine lebte *Pachydyptes* am Meer und fing Fische unter Wasser.

Typische Länge 1,30 m

Pachydyptes ponderosus Oliver; Oberes Eozän, Neuseeland

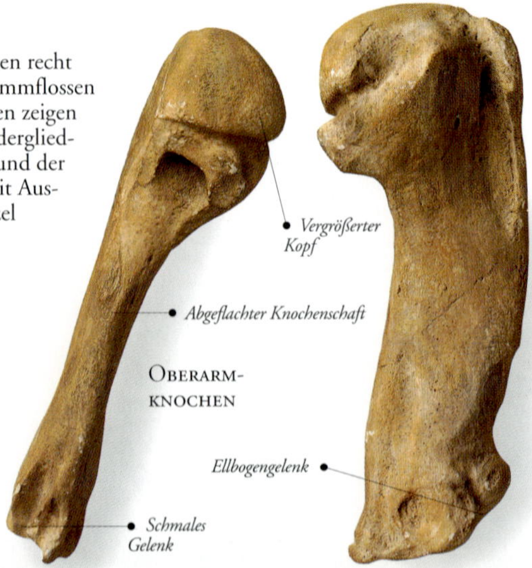

OBERARMKNOCHEN

Reichweite O. Eozän–U. Oligozän	Verbreitung Neuseeland	Häufigkeit

Ordnung PROCELLARIIFORMES	Familie Procellariidae	Allg. Name Gelbschnabelsturmtaucher

CALONECTRIS

Diese große Gattung unterscheidet sich von ihren Verwandten durch den kurzen Hakenschnabel, stärker gerundete Flügelknochen, eine längere Fußwurzel und einen weniger stark vorgezogenen Brustbeinkiel.

• HABITAT Da der Gelbschnabelsturmtaucher wärmeres Wasser bevorzugt, brütet er heute im Mittelmeergebiet und an der Atlantikküste Portugals. Vor 100 000 Jahren bewohnte er noch Seehöhlen in Südwales, wo Reste von adulten Vögeln und Nestlinge gefunden wurden.

VERSCHIEDENE SKELETTEILE

Calonectris diomedea (Scopoli); Höhlensedimente, Pleistozän, Gibraltar

Typische Länge 40 cm

Reichweite Pleistozän–Rezent	Verbreitung Mittelmeer, Atlantik	Häufigkeit

Ordnung PELECANIFORMES	Familie Odontopterygidae	Allgemeiner Name _

ODONTOPTERYX

Die Knochenzahnvögel waren Formen mit langen Schwingen und besonderen zahnartigen Fortsätzen entlang der Schneidekante des Schnabels. Beim kleinwüchsigen *Odontopteryx* sind diese Knochenzähne nach vorne gerichtet und sitzen in einem 15 cm langen Schädel, ähnlich dem der heute lebenden Tölpel. Die größeren Arten hatten Flügelspannweiten bis zu 5 m.

• HABITAT *Odontopteryx* war ein Fischfresser, vielleicht schnappte er seine Beute im Gleitflug über der Meeresoberfläche.

• ANMERKUNG Manchmal wird diese Form zu den Pelikanen und Kormoranen gestellt.

Odontopteryx toliapica Owen; London-Ton, Unteres Eozän, England

SCHÄDEL

Typische Länge 90 cm

Reichweite U. Eozän	Verbreitung Europa	Häufigkeit

Ordnung GRUIFORMES	Familie Phorusrhacidae	Allgemeiner Name _

PHORUSRHACUS

Das hervorstechendste Merkmal dieser großen, flugunfähigen Gattung ist der Riesenhakenschnabel, der dem eines kräftigen Adlers gleicht. Es bestehen Vorschläge, *Phorusrhacus* in die Verwandtschaft der Kraniche zu stellen.

• HABITAT *Phorusrhacus* jagte wahrscheinlich in offenem Gelände.

• ANMERKUNG Diese Familie erscheint erstmals im Oligozän Südamerikas und entwickelte sich zu einer dominierenden Gruppe der Carnivoren. Ihre Vorherrschaft dauerte bis vor 4 Millionen Jahren, als sie vor dem Ende des Pliozäns ausstarben.

Typische Länge 1,50 m

Phorusrhacus inflatus Ameghino; Santa-Cruz-Formation, Miozän, Argentinien

SCHÄDEL

Reichweite Miozän	Verbreitung Südamerika	Häufigkeit

Ordnung Apodiformes	Familie Aegialornithidae	Allgemeiner Name Segler

Primapus

Der Oberarmknochen dieser Gattung zeigt deutliche Anpassungen an ein Leben in der Luft. Er ist kurz und gedrungen, sein Kopf ist hoch entwickelt, und die Ansatzstelle für den Bizeps- und einen anderen Muskel sind besonders gut ausgebildet. Diese Merkmale sprechen für einen Vogel mit besten Flugeigenschaften, der sich am ehesten mit modernen Seglern vergleichen läßt.
• Habitat Die frühe und erfolgreiche Entwicklung der Segler hängt wahrscheinlich mit der Zunahme der Blütenpflanzen und ihrer Bestäuber, den Insekten, zusammen. Letztere bildeten eine reichliche Nahrungsquelle für diesen Insektenjäger.

Typische Länge
17 cm

Primapus lacki
Harrison & Walker;
London-Ton, Unteres
Eozän, England

Oberarmknochen

Reichweite U. Eozän	Verbreitung Europa	Häufigkeit

Ordnung Columbiformes	Familie Columbidae	Allgemeiner Name Dodo

Raphus

Der Riesenwuchs dieser flugunfähigen Taube macht sie einfach bestimmbar. Typische Skelettmerkmale sind ein 17 cm langer Schädel mit deutlichem Hakenschnabel, verkürzte Flügelelemente, ein kielloser Brustknochen und kurze Beine.
• Habitat *Raphus* war ein Bodenbewohner bewaldeter Gebiete. Er fraß vorwiegend Früchte und vielleicht auch Maden und Raupen.
• Anmerkung Der Inselbewohner Dodo wurde im 17. Jh. durch die Menschen und die von ihnen eingeführten Tiere vollständig ausgerottet.

Raphus cucullatus
(Linné); Dünenablagerungen,
Quartär, Mauritius

Schädel und Unterkiefer

Typische Länge
1 m

Reichweite Quartär	Verbreitung Mauritius	Häufigkeit

SÄUGETIERE (MAMMALIA)

DIE SÄUGETIERE SIND eine sehr erfolgreiche, vorwiegend auf dem Festland lebende Gruppe, die fast alle bewohnbaren Flecken der Erde besiedelt hat. Ihre wichtigsten Merkmale, wie Haare, Milchdrüsen und die Einzelheiten des Fortpflanzungssystems, sind nur selten fossil überliefert. Für den Paläontologen ist das Kiefergelenk das wichtigste Bestimmungsmerkmal. Das Quadratbein und das Artikulare, welches bei den übrigen Wirbeltieren das Kiefergelenk bildet, ist bei den Säugern zum Hörapparat umfunktioniert und bildet heute Hammer und Amboß des inneren Ohrs.

Ordnung MULTITUBERCULATA	Familie Taeniolabididae	Allgemeiner Name –

TAENIOLABIS

Die Multituberculaten sind eine ausgestorbene Gruppe kleiner, nagerartiger Tiere mit sehr typischen Zähnen. Einer der unteren Backenzähne ist häufig zu einem großen und kräftigen Mahlzahn umgebildet. Zwei Drittel aller in den kreidezeitlichen Ablagerungen der Mongolei gefundenen Säuger sind Multituberculaten.

• HABITAT Dieser kleine Nager war ein Bewohner tropischer Wälder.

Typische Länge 60 cm

Taeniolabis taoensis (Cope); Unteres Paleozän, USA

UNTERKIEFER

Reichweite U. Paleozän	Verbreitung Nordamerika	Häufigkeit

Ordnung EUPANTOTHERIA	Familie Dryolestidae	Allgemeiner Name –

AMBLOTHERIUM

Dieser kleine Insektenfresser ist vor allem durch einzelne Kieferfunde bekannt worden. Die Gattung hat bis zu zwölf Zähne, die hinter den Eckzähnen liegen. Die Zähne sind breit und kurz und gleichen dem heutigen madagassischen Tanrek, obwohl dieser eine viel weiter entwickelte Form darstellt.

• HABITAT *Amblotherium* war ein Landbewohner.

Typische Länge 25 cm

Amblotherium pusillum Owen; Purbeck-Schichten, Oberer Jura, England

UNTERKIEFER

Reichweite O. Jura	Verbreitung Europa, Nordamerika	Häufigkeit

Ordnung Didelphimorphia	Familie Didelphidae	Allgemeiner Name Opossum

Didelphis

Opossums sind maus- bis katzengroße Beuteltiere mit einer langen Schnauze, kleinen Augen und bis zu fünfzig Zähnen. Der Beutel (Marsupium) ist unterschiedlich entwickelt. Ihre Hände und Füße sind als Greiforgane ausgebildet. Üblicherweise sitzen an jedem Fuß fünf Zehen, wobei die gegenüberliegende große Zehe als Finger verwendet wird. Die meisten Opossums sind Kletterer, einige leben am Boden, und eine Form lebt sogar im Wasser.

• Habitat Opossums sind Baumbewohner und fressen verschiedenste Pflanzen und Tiere.

Schädel

Schädeldach

Hinterhauptsbereich

Backenzahn

Eckzahn

Didelphis albirentris Lund; Höhlenablagerungen, Pleistozän, Brasilien

Typische Länge 30 cm

Reichweite Pleistozän–Rezent	Verbreitung Nord- u. Südamerika	Häufigkeit

Ordnung Diprotodontia	Familie Thylacoleonidae	Allgemeiner Name Beutelwolf

Thylacoleo

Thylacoleo war ein bemerkenswertes Mitglied der ausgestorbenen australischen Beuteltiere und zugleich der größte einheimische Räuber. Trotz vielerlei wolfartiger Merkmale ist diese Form jedoch mit den lebenden Kuskus und Kletterbeutlern verwandt, einer Gruppe, die heute aus kleinen bis mittelgroßen Baumbewohnern besteht. Der breite, aber kurze Schädel trägt vorne große, paarige Schneidezähne, die wie echte Raubtierfangzähne funktionierten, und lange, kräftige, klingenartige Brechscheren, um Haut und Fleisch zu zerschneiden. Die Gehirnkapsel war klein.

• Habitat Dieser Landbewohner überfiel verschiedene heute ausgestorbene Beutetiere, z. B. auch *Diprotodon* *(s. Seite 265)*, den größten der australischen Pflanzenfresser.

Sagittalkamm

Schädel, von rechts betrachtet

Thylacoleo carnifex (Owen); Flußablagerungen, Pleistozän, Australien

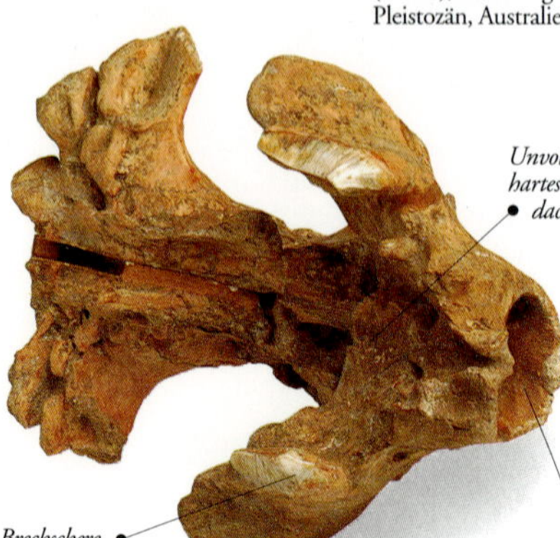

Unvollständiges hartes Gaumendach

Schädel, von unten gesehen

Nasenöffnung

Zahn der Brechschere

Typische Länge 1,50 m

Reichweite Pliozän–Pleistozän	Verbreitung Australien	Häufigkeit

Ordnung DIPROTODONTIA	Familie Macropodidae	Allgemeiner Name Känguruh

PROCOPTODON

Procoptodon goliah
Owen; Flußablagerungen,
Pleistozän, Australien

Dieses große Känguruh hat kräftige Kiefer und ein gedrungenes Gesicht. Heute lebende Känguruhs haben kürzere Vorder- als Hinterbeine, da sie vorwiegend aufrecht gehen. Der schmale Hinterfuß ist langgestreckt, die Zehen sind ungleich lang. Die Backenzähne haben zwei kräftige Scherrücken, die mit einer Längsrippe verbunden sind. Die paarigen Schneidezähne des Unterkiefers sind nach vorne geneigt. Die Kiefer enthalten nur einen Prämolaren, einen Scherzahn, dahinter folgen vier Molaren, die sehr lange zum Auswachsen brauchten und zu Lebzeiten im Kiefer nach vorne wanderten.

• HABITAT *Procoptodon* war ein äsendes Beuteltier.

RECHTER UNTERKIEFER

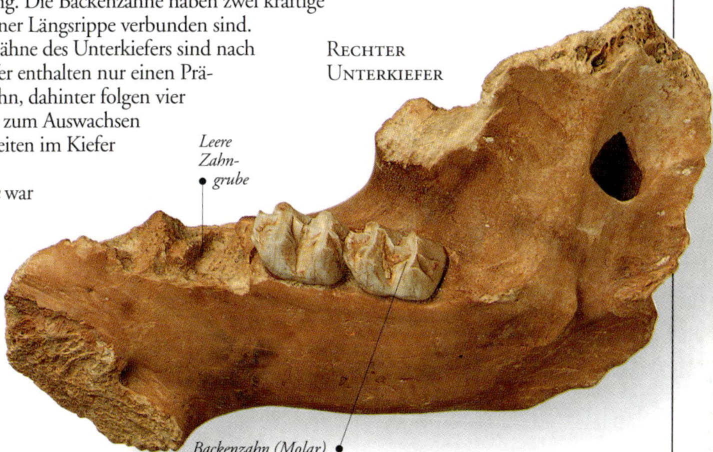

Typische Länge 3 m

Reichweite Pleistozän	Verbreitung Australien	Häufigkeit

Ordnung DIPROTODONTIA	Familie Diprotodontidae	Allgemeiner Name Riesenwombat

DIPROTODON

Diprotodon australis
Owen; Flußablagerungen,
Pleistozän, Australien

Diprotodon, das größte aller ausgestorbenen Beuteltiere, gleicht einem Rhinozeros. Es hat riesige nagerartige Schneidezähne sowie Backenzähne mit zwei deutlichen Querrippen, die abgenützt zu Scherzähnen wurden. Die Kiefer sind besonders dick und schwer. Der Schädel von *Diprotodon* ist unverhältnismäßig massig, mit hoch liegenden Nasenöffnungen, großem Gesichtsfeld und einer kleinen Gehirnkapsel.

• HABITAT *Diprotodon* war ein Waldbewohner und graste niedrige Bäume und Büsche ab.

LINKER UNTERKIEFER

Typische Länge 3 m

Reichweite Pleistozän	Verbreitung Australien	Häufigkeit

Ordnung INSECTIVORA	Familie Talpidae	Allgemeiner Name Russischer Desman

DESMANA

Desmana ist ein wasserbewohnender Insektenfresser, der heute noch in Teilen der GUS lebt. Die kurzen Beine besitzen fünf Zehen mit tiefgefurchten Endgliedern. Die Knochen der Vorderbeine sind kräftig und tragen große Muskelansatzstellen. Ein kurzes, dickes Schulterblatt verbindet die Arme mit dem Brustbein. Die Bezahnung ist typisch für einen Insektenfresser: Die Backenzähne tragen viele scharfe Höcker zum Zerkleinern der Beute.

• HABITAT War im Mittleren Pleistozän ein typischer Anwohner europäischer Seen und Flüsse, wo er in lehmigen Uferwällen Nestkammern anlegte. In Westeuropa ist diese Form vor 250 000 Jahren ausgestorben.

Typische Länge 20 cm

Desmana moschata (Linné); West-Runton-Süßwasserschichten, Mittleres Pleistozän, England

Reichweite Pleistozän–Rezent	Verbreitung Europa, Asien	Häufigkeit

Ordnung CHIROPTERA	Familie Palaeochiropterygidae	Allgemeiner Name Fledermaus

PALAEOCHIROPTERYX

Diese Fledermaus besitzt eine komplizierte Gehöranatomie, die sie zur Echolotung befähigte. Sie hat die typische Flügelstruktur der heute lebenden Formen mit verlängerten Handknochen für die Flughaut. Der erste Finger ist als Greifklaue ausgebildet, der zweite trägt ebenfalls eine Klaue – wie bei den heutigen Flughunden. Der dritte ist der längste und reicht bis zur Flügelspitze. Die Flughaut spannte sich zwischen dem fünften Finger und dem Hinterfuß und von hier weiter bis zum Schwanz.

• HABITAT Diese Fledermaus jagte Fluginsekten in Bodennähe.

Typische Länge 7 cm

VOLLSTÄNDIGES SKELETT

Palaeochiropteryx tupaiodon Revilliod; Messel-Formation, Eozän, Deutschland

Reichweite Eozän	Verbreitung Europa	Häufigkeit

Ordnung	Familie	Allgemeiner Name
Primates	Cercopithecidae	Makake

Macaca

Die Makaken sind eine Gruppe mittelgroßer Affen, die in gutorganisierten Sozialverbänden leben. Große Männchen wiegen bis zu 13 kg. Ihre Zähne sind wie kleine Ausgaben von Menschenzähnen, die einzelnen Höcker sind aber deutlicher und stärker abgesetzt.

• Habitat Makaken leben in Waldgebieten gemäßigter Klimate und ernähren sich von verschiedenen Pflanzen und Tieren.

• Anmerkung Sie sind die einzigen einheimischen Primaten im Pleistozän Europas, mit Ausnahme des Menschen. Fossile Reste sind aber selten.

Typische Länge 70 cm

Macaca pliocaena (Owen); Terrassenablagerungen der Themse, Mittleres Pleistozän, England

Oberer Backenzahn

Reichweite	Verbreitung	Häufigkeit
Pleistozän–Rezent	Europa, Nordafrika, Nordasien	

Ordnung	Familie	Allgemeiner Name
Edentata	Glyptodontidae	Riesengürteltier

Glyptodon

Der Körper dieses Gürteltiers wird fast vollständig von einem gewölbten Knochenpanzer geschützt. Dieser besteht aus Hunderten von miteinander verschmolzenen sechseckigen Platten und reicht vom Kopf bis zum Schwanz. Die Vorderfüße tragen große, kräftige Klauen. *Glyptodon* hat einen kurzen Schädel mit einem breiten Unterkiefer und kräftigen Jochbögen. Die ständig nachwachsenden Zähne sitzen tief im Kiefer und sind schmelzlos.

• Habitat Das Riesengürteltier lebte in der Pampa Südamerikas.

Schädel

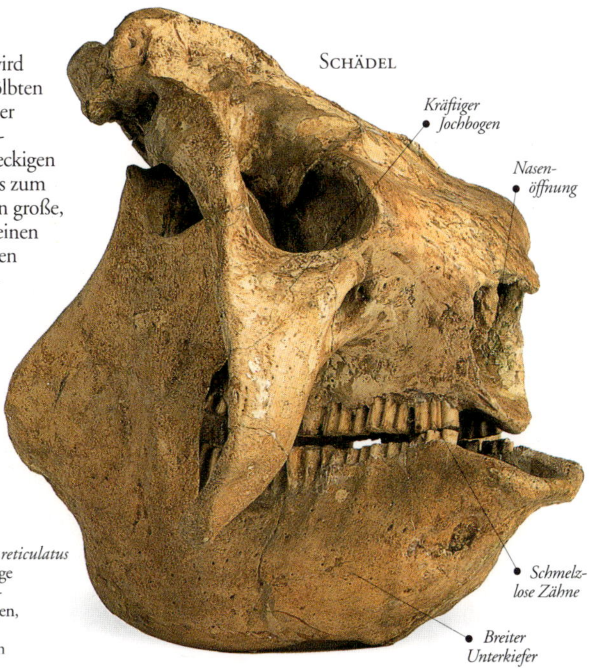

Typische Länge 2 m

Glyptodon reticulatus Owen; junge Schwemmablagerungen, Pleistozän, Argentinien

Reichweite	Verbreitung	Häufigkeit
Pleistozän–Rezent	Südamerika	

Ordnung Edentata	Familie Megatheriidae	Allgemeiner Name Riesenfaultier

Megatherium

Dieses Faultier hat einen kräftigen, aber kurzen und hohen Schädel mit hoch angelegten Nasenöffnungen und ziemlich breiten Kiefern. Die Haut war dick und mit kleinen Knochenplatten verstärkt, alle vier Füße tragen riesige, kräftige Klauen. Die einfachen Zähne waren schmelzlos und zu einer ständig nachwachsenden Batterie viereckiger Säulen angeordnet, die tief im Kiefer saßen.

• Habitat Lebte von pflanzlicher Kost.

Typische Länge 6 m

Megatherium americanum Cuvier; Schwemmablagerungen, Pleistozän, Argentinien

Reichweite Pliozän–Pleistozän	Verbreitung Nord- und Südamerika	Häufigkeit

Ordnung Rodentia	Familie Gliridae	Allgemeiner Name Riesenbilch

Leithia

Die Bilche sind eine primitive Gruppe von Nagern mit niederkronigen Mahlzähnen, welche bestens an eine gemischte Pflanzenkost angepaßt sind. Die Zähne weisen Beißflächen mit Längswülsten auf. Die Nahrung wird zwischen diesen Leisten zermahlen. Wie auch bei anderen Pflanzenfressern ist zwischen den Schneidezähnen und Backenzähnen eine Lücke, die das Maul in zwei funktionelle Räume teilt. Der vordere Teil beliefert die Mahlzähne mit Nahrung.

• Habitat Dieser Riesenbilch lebte zwischen Bäumen und Büschen und war möglicherweise nachtaktiv. Wahrscheinlich hielt er Winterschlaf in Löchern und Höhlen.

Typische Länge 50 cm

Leithia melitensis Falconer; Höhlenbrekzie, Pleistozän, Malta

Reichweite Pleistozän	Verbreitung Malta	Häufigkeit

Ordnung Rodentia	Familie Arvicolidae	Allgemeiner Name Wasserschermaus

Arvicola

Diese Schermaus weist einen vergrößerten, plattenartigen Jochbogen auf. Wie alle anderen Schermäuse läßt sie sich anhand ihrer Zähne leicht bestimmen. Die hochkronigen Zähne bestehen aus dreieckigen Prismen. Das Schmelzmuster des größten Backenzahns im Unterkiefer bestimmt die Gattung. Der Schädel ist wegen der grabenden Lebensweise leicht abgeflacht.

• Habitat Schermäuse legen ein weitverzweigtes Netz flachgründiger Gänge an, die zum Fressen und Nesten dienen.

Typische Länge 7 cm

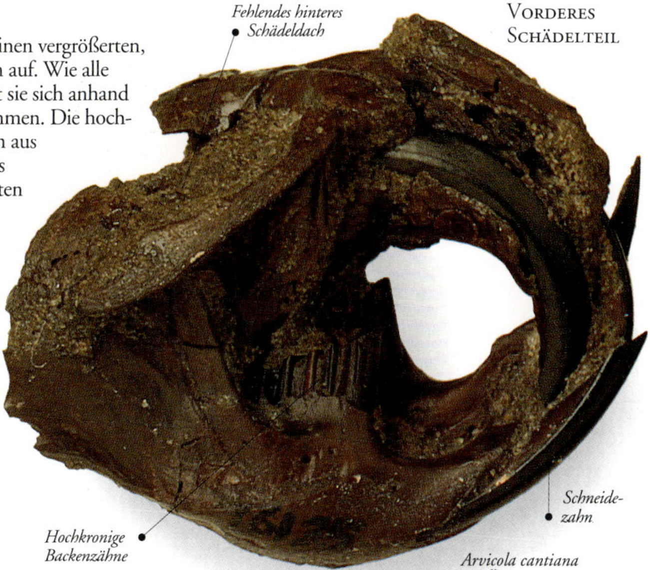

Arvicola cantiana (Hinton); Ästuarsedimente, Mittleres Pleistozän, England

Reichweite Pliozän–Rezent	Verbreitung Europa, Asien	Häufigkeit

Ordnung Cetacea	Familie Basilosauridae	Allgemeiner Name Wal

Basilosaurus

Die basilosauriden Wale besitzen einen langen Körper und rudimentäre oder keine Hinterfüße, die Vorderfüße sind zu Paddeln umgewandelt. Der Schädel ist nur wenig verändert, mit Ausnahme der Schnauze und der spezialisierten Zähne. Die Nasenregion ist kaum verändert, und der hintere Schädelteil gleicht weitgehend dem der zeitgenössischen landlebenden Karnivoren. Der Schädel weist große Jochbögen und einen deutlichen Schädelkamm auf.

• Habitat Basilosaurier lebten in warmen Flachmeeren.

Typische Länge 16 m

Basilosaurus sp.; Mokattam-Formation, Eozän, Ägypten

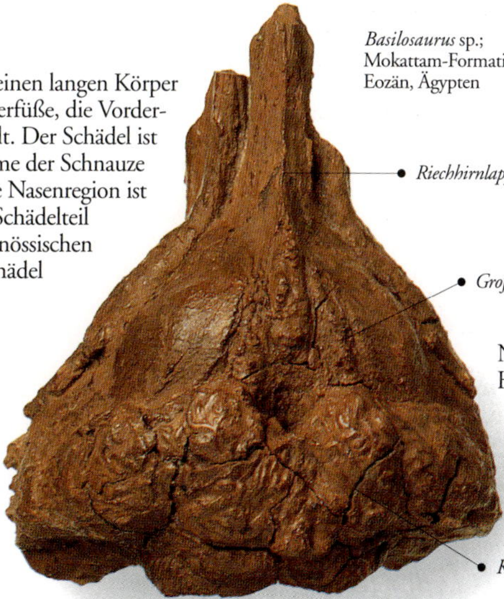

Reichweite Eozän	Verbreitung Weltweit	Häufigkeit

Ordnung Cetacea	Familie Balaenidae	Allgemeiner Name Glattwal

Balaena

Entwickelte anstelle einer Bezahnung ein hochspezialisiertes Filtersystem. Der Filter besteht aus Bartenplatten, ähnlich den Borsten eines riesigen Besens, die zum Herausfiltern kleinerer Meerestiere, etwa Krill, dienen. Die Nasenöffnung hat sich weit nach oben verlagert und ist als verschließbares Blasloch entwickelt. Die Hinterfüße fehlen, die Vorderfüße sind zu großen Paddeln umgebildet und sitzen auf einem kurzen Oberarmknochen. Wale besitzen charakteristische Paukenbeine (Ohrknochen), die häufig fossil auftreten. Bei den Glattwalen gleichen sie einem großen Ohr.

• Habitat Sein Lebensraum reicht von den gemäßigten Breiten bis in die arktischen Gewässer.

Typische Länge
20 m

Ohrenknochen (Paukenbein)

Balaena primigenia Van Beneden; Red Crag, Pliozän, England

Polierte Außenfläche

Typische Erhaltung der Red-Crag-Schichten

Reichweite Pliozän–Rezent	Verbreitung Weltweit	Häufigkeit

Ordnung Creodonta	Familie Hyaenodontidae	Allgemeiner Name Creodontier

Hyaenodon

Hyaenodon, ein Zehengänger, besaß gutentwickelte Eckzähne. Der erste und zweite Backenzahn des Oberkiefers und der zweite und dritte des Unterkiefers bildeten zusammen eine Brechschere, um Fleisch zu durchschneiden. Bei modernen Fleischfressern wird die Brechschere vom ersten oberen Prämolar und dem dritten unteren Backenzahn gebildet.

• Habitat *Hyaenodon* war ein großer, landlebender Fleischfresser.

Hyaenodon horridus Leidy; Brule-Formation, Oligozän, USA

Schädelkamm

Nasenknochen

Kräftige Nackenmuskelansatzstelle

Schädel

Eckzahn

Backenzahn mit Schneidekante im Oberkiefer

Typische Länge
2 m

Reichweite M. Eozän–M. Miozän	Verbreitung Europa, Nordamerika, Asien	Häufigkeit

Ordnung Carnivora	Familie Ursidae	Allgemeiner Name Bär

Ursus

Die Gattung *Ursus* umfaßt den Braun- und den Höhlenbären und auch den Grizzly. Fossile Reste stammen meist vom Höhlenbären. Sein Schädel besitzt eine hohe Stirn, die vorderen Prämolaren fehlen, und die niederkronigen Backenzähne tragen viele Zahnhöcker.

- Habitat Höhlenbären lebten in gemäßigten Waldgebieten und verbrachten ihren Winterschlaf in Höhlen.
- Anmerkung Viele Höhlen in Europa enthalten erstaunliche Mengen von Höhlenbärenresten.

Unterkiefer

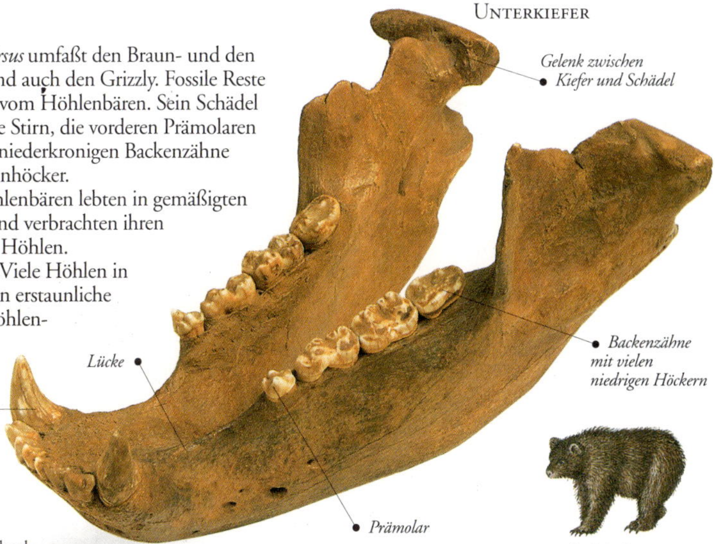

Ursus spelaeus Rosenmüller; Höhlensedimente, Pleistozän, Deutschland

Typische Länge 2 m

Reichweite Pliozän–Rezent	Verbreitung Europa, Nordasien, Nordafrika	Häufigkeit

Ordnung Carnivora	Familie Mustelidae	Allgemeiner Name Otter

Cyrnaonyx

Die Familie der Musteliden besteht aus kleinen bis mittelgroßen kurzschnäuzigen Raubtieren mit kurzen Beinen und ziemlich kräftigen Kiefern. Als Fossilien sind sie nicht gerade häufig. Der größte Zahn, der erste untere Backenzahn, besteht aus zwei Teilen: einem vorderen Scherblatt und einer hinteren konkaven Quetschfläche, die auch als Talonid bezeichnet wird. Diese Besonderheit ist bei den Musteliden wesentlich besser ausgeprägt als bei den übrigen Raubtieren.

- Habitat Die Otter lebten nahe am Wasser und fraßen Wirbellose, kleine Säuger und Wasservögel.

Cyrnaonyx antiqua (de Blainville); „Otter-Schichten", Mittleres Pleistozän, England

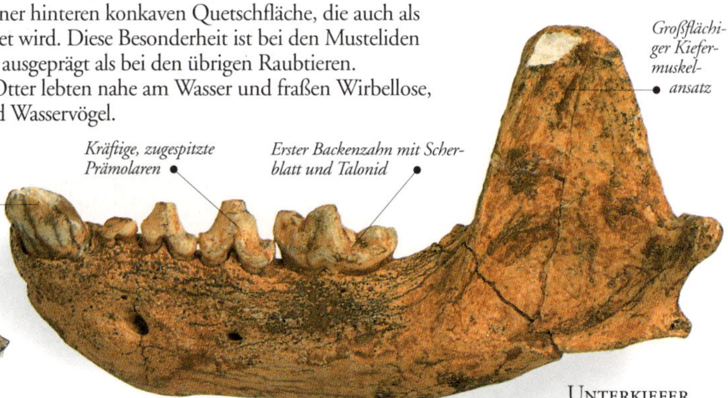

Unterkiefer

Typische Länge 1,50 m

Reichweite Pleistozän	Verbreitung Europa, Asien	Häufigkeit

Ordnung Carnivora	Familie Felidae	Allgemeiner Name Panther

Panthera

Der erste untere Backenzahn dieser großen Katze trägt einen wirkungsvollen Scherkopf, der in die klingenartige Erhebung des letzten oberen Prämolars greift. Der große, konische Eckzahn trägt zwei deutliche parallele Furchen im Zahnschmelz – ein Merkmal, das hier familientypisch ist.

• Habitat *Panthera* war ein Jäger offener Landschaften.

Panthera leo (Linné); Flußablagerungen, Mittleres Pleistozän, England

Typische Länge 2 m

Unterkiefer

Reichweite Miozän–Rezent	Verbreitung Nordhalbkugel	Häufigkeit

Ordnung Condylarthra	Familie Phenacodontidae	Allgemeiner Name –

Phenacodus

Das Skelett dieser Gattung ist vollständig bekannt. Die Größe ist die eines mittelgroßen bis großen Hundes. Jeder Fuß hat fünf Zehen, jeder davon trägt einen kleinen Huf. Die Zähne weisen niedrige, stumpfe Höcker auf, die auf seine Nahrung, nämlich Früchte, ideal abgestimmt waren. Diese Familie steht dem Stamm der Unpaarhufer (Pferde, Rhinozerosse, Tapire), den Rüsseltieren (Elefanten) und den Seekühen nahe.

• Habitat *Phenacodus* war ein Bodentier und ernährte sich von Früchten.

Typische Länge 90 cm

Phenacodus vortmani (Cope); Willwood-Formation, Unteres Eozän, USA

Bruchstück des Unterkiefers

Reichweite O. Paleozän–M. Eozän	Verbreitung Nordamerika, Europa	Häufigkeit

Ordnung	Familie	Allgemeiner Name
Notoungulata	Toxodontidae	Südhuftier

Toxodon

Eine grasende Form von der Größe und Gestalt eines Rhinozeros mit stämmigen Beinen und kurzem Nacken. Die Füße endeten in drei behuften Zehen.

• Habitat Schneide- und Backenzähne waren ständig am Wachsen, deshalb wird eine die Zähne abnutzende Nahrung, wahrscheinlich Gras, vermutet.

• Anmerkung Die Südhuftiere, wie zum Beispiel die Ordnung Litopterna *(siehe unten)*, entwickelten sich im Tertiär Südamerikas vollständig isoliert. *Toxodon* war, genau wie *Macrauchenia*, der letzte Vertreter seiner Ordnung.

Toxodon platensis Owen; Flußkiese, Pleistozän, Argentinien

Schädel

Typische Länge 3 m

Reichweite	Verbreitung	Häufigkeit
Pleistozän	Südamerika	

Ordnung	Familie	Allgemeiner Name
Litopterna	Macraucheniidae	Südhuftier

Macrauchenia

Dieses große, kamelartige Säugetier hat einen langen Hals und dreizehige Füße. Seine Nasenöffnung lag am Schädeldach zwischen den Augen. Dies wurde entweder als Rüsselansatz oder als Anpassung an eine aquatische Lebensweise angesehen.

• Habitat *Macrauchenia* graste am Rand von Tieflandwäldern.

• Anmerkung Dieses Exemplar wurde 1834 von Charles Darwin auf seiner Reise mit der *Beagle* gefunden. Es trägt noch heute die Eingangsnummer des Royal College of Surgeons.

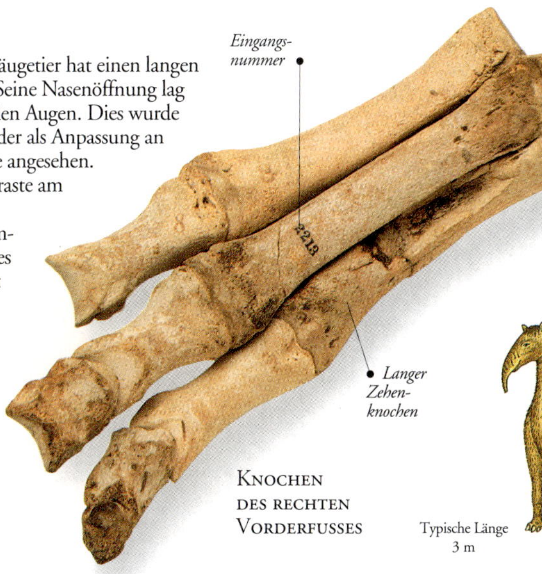

Knochen des rechten Vorderfusses

Macrauchenia patachonica Owen; Flußkiese, Pleistozän, Argentinien

Typische Länge 3 m

Reichweite	Verbreitung	Häufigkeit
Pleistozän	Südamerika	

Ordnung PROBOSCIDEA	Familie Gomphotheriidae	Allgemeiner Name Rüsseltier

PHIOMIA

Phiomia hat kurze, vorstehende, leicht abgeflachte untere Stoßzähne (Schneidezähne) und längere, nach unten gebogene obere Stoßzähne. Die Backenzähne sind niedrig und tragen drei Paar konische (bunodonte) Höcker. Zwischen den Backen- und Stoßzähnen klafft eine Lücke. Die zurückliegende Nasenöffnung spricht für das Vorhandensein eines kurzen Rüssels.
- HABITAT *Phiomia* äste an niedrigen Büschen.
- ANMERKUNG Vermutlich wurden die oberen Stoßzähne zur Verteidigung benutzt.

Phiomia serridens Andrews & Beadnell; Jebel-Qatrani-Formation, Oligozän, Ägypten

FAST VOLLSTÄNDIGER UNTERKIEFER

Typische Schulterhöhe 2,40 m

Reichweite Oligozän	Verbreitung Nordafrika	Häufigkeit

Ordnung PROBOSCIDEA	Familie Gomphotheriidae	Allgemeiner Name Rüsseltier

TETRALOPHODON

Tetralophodon gehört zur Stammesgruppe der echten Elefanten. Dem langen Kopf fehlen oft die unteren Stoßzähne, die des Oberkiefers sind meist recht lang. Die Backenzähne tragen eine Reihe paariger, konischer (bunodonter) Höcker, ähnlich denen der Mastodonten *(s. Seite 275 unten)*.
- HABITAT *Tetralophodon* war Vegetarier, der höhere Pflanzenstockwerke erreichen konnte.

Tetralophodon longirostris Kaup; Mittleres Miozän, Frankreich

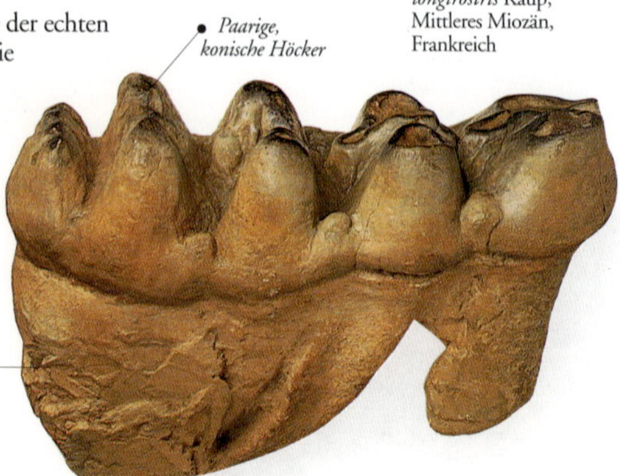

BACKENZAHN

Typische Schulterhöhe 2,50 m

Reichweite Miozän–Pliozän	Verbreitung Eurasien, Nordamerika	Häufigkeit

Ordnung	Familie	Allgemeiner Name
PROBOSCIDEA	Deinotheriidae	Rüsseltier

DEINOTHERIUM

Die Dinotherien sind eine ausgestorbene Gruppe elefantenartiger Rüsseltiere. Obere Stoßzähne fehlen, der Unterkiefer hingegen trägt stark nach unten gebogene Stoßzähne. Die Zähne sind mit drei Querrippen versehen, die zum Zermahlen der Nahrung dienten. Damit stehen sie im Gegensatz zu den Quetschzähnen früherer Rüsseltiere.

• HABITAT *Deinotherium* lebte wahrscheinlich im Wald. Abnutzungserscheinungen an den Stoßzähnen lassen vermuten, daß die Tiere Wurzeln ausgruben oder Bäume schälten.

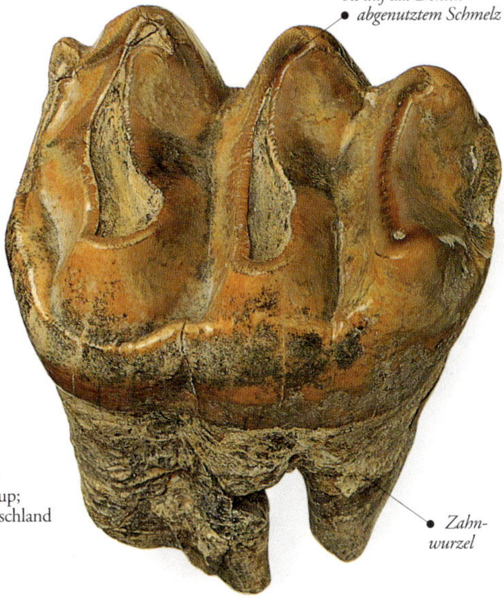

Deinotherium giganteum Kaup; Miozän, Deutschland

Typische Schulterhöhe 4 m

Reichweite	Verbreitung	Häufigkeit
Miozän–Pleistozän	Eurasien, Afrika	

Ordnung	Familie	Allgemeiner Name
PROBOSCIDEA	Mammutidae	Mastodon

MAMMUT

Das Mastodon, ein nordamerikanischer Zeitgenosse des Mammuts, gehört morphologisch zu einer früheren Gruppe der Rüsseltiere. Sie besitzen niederkronige (bunodonte) Backenzähne mit gerundeten Höckern, die mit einer dicken Schmelzschicht überzogen sind.

• HABITAT Mastodonten lebten meistens im Wald, waren aber auch teilweise im Wasser anzutreffen. Dann dürften sie die gleiche ökologische Nische wie die Flußpferde der Alten Welt eingenommen haben.

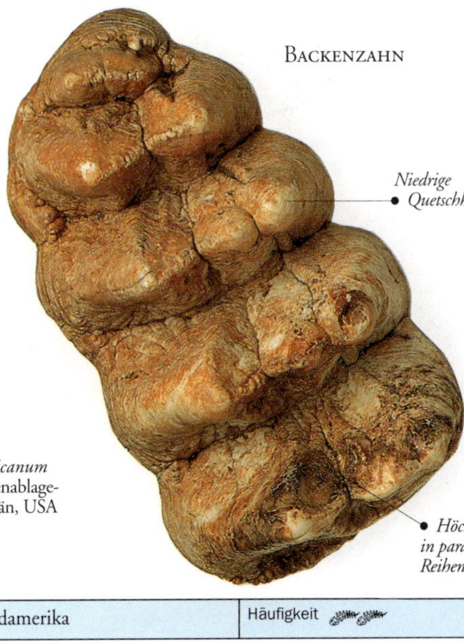

Mammut americanum (Cuvier); Quellenablagerungen, Pleistozän, USA

Typische Schulterhöhe 2,50 m

Reichweite	Verbreitung	Häufigkeit
Miozän–Pleistozän	Nordamerika	

Ordnung PROBOSCIDEA	Familie Elephantidae	Allgemeiner Name Mammut

MAMMUTHUS

Das Mammut, etwas kleiner als ein Afrikanischer Elefant, stellte ein ideales Beutetier für die prähistorischen Jäger dar. Es erscheint erstmals im Pliozän Afrikas und breitete sich dann rasch über Europa und Asien aus. Seine Entwicklungsgeschichte läßt sich leicht an seiner Zahnstruktur verfolgen. Die Mammutzähne zeigen einen schalenförmigen Schmelzaufbau, der um einen Kern aus Dentin gelegt ist; sie werden von Zahnzement zusammengehalten. Jeder Zahn wuchs aus dem Hinterende des Kiefers und wanderte während der Benutzung langsam nach vorne, um später von einem hinteren ersetzt zu werden. Dicke und Anzahl der Zahnplatten sind für die Bestimmung unerläßlich.

• HABITAT Mammute grasten Weiden und niedrige Büsche ab. Vollständige gefrorene Kadaver sind im sibirischen Permafrostboden zum Vorschein gekommen. Diese Funde bestätigten zutreffend die europäischen Höhlenmalereien, die das Wollhaarige Mammut darstellen.

Mammuthus primigenius Blumenbach; Permafrostboden, Pleistozän, Sibirien

HAAR

Mammuthus primigenius Blumenbach; Gletscherablagerungen, Pleistozän, England

OBERER BACKENZAHN

Typische Schulterhöhe 3 m

Reichweite Pliozän–U. Holozän	Verbreitung Europa, Sibirien	Häufigkeit

Ordnung	Familie	Allgemeiner Name
Hyracoidea	Pliohyracidae	Riesenschliefer

Titanohyrax

Einem sehr großen Meerschweinchen gleichend, war *Titanohyrax* der größte bekannte Schliefer und erreichte die Größe eines heutigen Tapirs. Die Schneidezähne sind zum Raspeln vergrößert, die viereckigen Backenzähne sind rhinozerosartig, tragen deutliche Höcker und sind dick mit Schmelz überzogen.

• Habitat Wahrscheinlich graste diese Form niedrige Büsche ab.

Typische Länge 2 m

Titanohyrax ultimus Matsumoto; Jebel-Qatrani-Formation, Oligozän, Ägypten

Oberer Backenzahn

Reichweite	Verbreitung	Häufigkeit
Eozän–U. Oligozän	Nordafrika	

Ordnung	Familie	Allgemeiner Name
Perissodactyla	Equidae	Urpferd

Hyracotherium

Das klassische Urpferd ist mit den echten Pferden, die sich in Nordamerika entwickelten, sowie mit den Paleotherien verwandt, die sich isoliert in Europa entwickelten und während des Oligozäns ausgestorben sind. Dieses Tier hatte vorne vier und hinten drei Zehen, ein jeder trug einen kleinen Huf. Es konnte gut laufen, seine Haltung war aber weniger aufrecht als die der modernen Pferde. Seine niederkronigen Zähne tragen niedrige Höcker.

• Habitat *Hyracotherium* lebte wahrscheinlich in tropischen Wäldern und fraß Früchte und Blätter.

Hyracotherium craspedotum Cope; Wind-River-Formation, Unteres Eozän, USA

Oberkiefer mit Backenzähnen

Typische Schulterhöhe 40 cm

Reichweite	Verbreitung	Häufigkeit
O. Paleozän–U. Eozän	Europa, Nordamerika	

Ordnung Perissodactyla	Familie Equidae	Allgemeiner Name Pferd

Equus

Von allen bekannten Säugetieren ist das Pferd in freier Wildbahn nahezu ausgestorben, überlebte aber als Haustier. Als grasender Pflanzenfresser trägt es im Kiefer rechteckige, hochkronige Zähne mit komplizierten Schmelzmustern. Der Fuß ist zu einem einzigen langen Mittelfußknochen mit einem kurzen, huftragenden Fingerglied verschmolzen; er ermöglichte damit ein schnelles Galoppieren auf hartem Boden. Anatomie und Physiologie des Verdauungstrakts mit großem Blindsack und einem Grimmdarm erlauben es ihnen, Pflanzenfasern mit geringem Proteingehalt zu fressen.

• Habitat Beine und Zähne der heutigen Pferde und ihrer Verwandten sind an ein grasendes Leben in der Steppe angepaßt.

• Anmerkung Die Gattung *Equus* erscheint zum ersten Mal im Pliozän Nordamerikas und verbreitete sich rasch, mit Ausnahme von Australien und der Antarktis, über jeden Kontinent.

Equus ferus Boddaert; Höhlensediment, Oberes Pleistozän, England

Typische Schulterhöhe 1,50 m

Reichweite Pliozän–Rezent	Verbreitung Weltweit	Häufigkeit

Ordnung	Familie	Allg. Name
PERISSODACTYLA	Hyracodontidae	Hornloses Riesenrhinozeros

PARACERATHERIUM

Zusammen mit dem nahe verwandten *Indricotherium* gehörte *Paraceratherium* zu den größten landlebenden Säugetieren. Es sah aus wie ein riesiges hornloses Rhinozeros mit langen Säulenbeinen. Das Fehlen eines Horns liegt an den langen, schlanken Nasenbeinen, die zu schwach gebaut waren, um ein Horn zu tragen. Seine Zähne gleichen denen der heutigen Rhinozerosse.

• HABITAT Dieses Tier konnte die höchsten Äste abweiden.

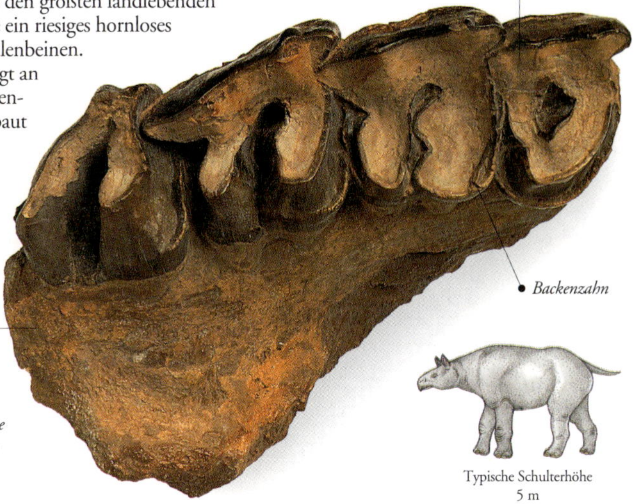

Paraceratherium bugtiense Cooper; Bugti-Schichten, Oligozän, Pakistan

Typische Schulterhöhe 5 m

Reichweite	Verbreitung	Häufigkeit
Oligozän–U. Miozän	Asien	

Ordnung	Familie	Allg. Name
PERISSODACTYLA	Rhinocerotidae	Wollhaariges Nashorn

COELODONTA

Die auffallendsten Merkmale des Wollhaarigen Nashorns sind sein Schulterbuckel, das zottige Fell und zwei Hörner. Die Backenzähne sind hochkronig, haben einen starken, faltigen Schmelz und sind von dickem Zahnzement umgeben.

• HABITAT Das Wollhaarige Nashorn fraß Tundragras und äste an niedrigen Büschen.

• ANMERKUNG Europäische Höhlenmalereien zeigen ein ähnliches Tier mit zwei Hörnern und einem zottigen Fell.

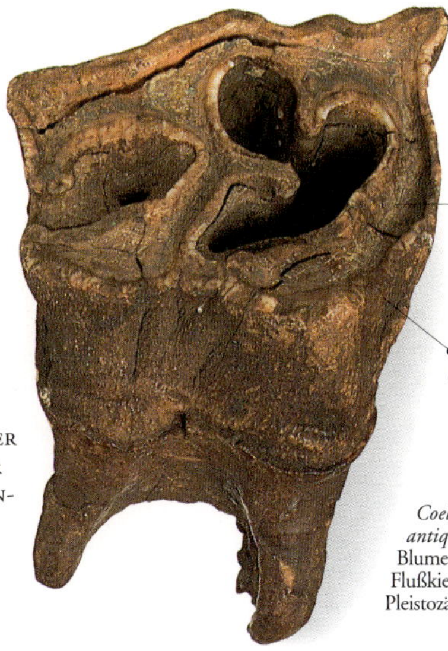

Coelodonta antiquitatis Blumenbach; Flußkiese, Pleistozän, England

Typische Länge 4 m

Reichweite	Verbreitung	Häufigkeit
Miozän–Pleistozän	Eurasien	

Ordnung Artiodactyla	Familie Giraffidae	Allgemeiner Name Giraffe

Samotherium

Diese kurzhalsige Giraffe hat zwei Hörner, die unmittelbar hinter den Augen sitzen. Die Kiefer der länglichen, abgerundeten Schnauze weisen eine große Zahnlücke auf. Die hochkronigen Backenzähne werden zum Seitwärtskauen benutzt – wie bei Schafen und Kühen.

• Habitat Die rundliche Schnauze deutet auf eine Anpassung an eine grasende Lebensweise, wahrscheinlich lebte *Samotherium* im offenen Grasland.

Samotherium boissieri Major; Tuffablagerungen, Miozän, Griechenland

Typische Länge 3 m

Bruchstück des Unterkiefers

Reichweite Miozän	Verbreitung Eurasien, Afrika	Häufigkeit

Ordnung Artiodactyla	Familie Hippopotamidae	Allgemeiner Name Flußpferd

Hippopotamus

Flußpferde haben kurze Beine und sind gedrungene, im Wasser lebende Pflanzenfresser. Sie haben lange, vorstehende Schneidezähne, große Eckzähne (Stoßzähne), eine nur kurze Zahnlücke und eine Batterie hochkroniger Backenzähne. Sie können leicht über drei Tonnen schwer werden. Diese hier abgebildete Zwergform erreichte die Größe eines Schweins.

• Habitat Ihre große Masse macht die Tiere an Land schwerfällig, im Wasser hingegen sind sie recht behende. Dort fressen sie Gräser, Schilf und Wasserpflanzen.

• Anmerkung Das abgebildete Exemplar ist eine Zwergform. Diese und Riesenformen sind für Inselfaunen sehr typisch.

Hippopotamus minor Desmarest; Höhlensedimente, Pleistozän, Zypern

Typische Länge 1 m

Unvollständiger Schädel

Reichweite U. Pliozän–Rezent	Verbreitung Eurasien, Afrika	Häufigkeit

Ordnung ARTIODACTYLA	Familie Merycoidodontidae	Allgemeiner Name –

MERYCOIDODON

Diese Gattung, früher *Oreodon* genannt, ist entfernt mit den Kamelen verwandt, obwohl es ihr Äußeres kaum vermuten läßt. Es war ein kurzbeiniges, gedrungenes Tier von Schafgröße. Sein Aussehen gleicht einem kurzbeinigen Hirsch oder Pferd, es hat aber vier Zehen an jedem Fuß. Die halbmondförmigen Backenzähne haben mittelhohe Kronen, Zahnlücken fehlen.

• HABITAT Während des Oligozäns zogen Herden von *Merycoidodon* blätterfressend durch die weiten Ebenen Nordamerikas.

Merycoidodon culbertsonii Leidy; Brule-Formation, Oligozän, USA

SCHÄDEL

Typische Länge 1,50 m

Reichweite Oligozän	Verbreitung Nordamerika	Häufigkeit

Ordnung ARTIODACTYLA	Familie Bovidae	Allgemeiner Name Bison

BISON

Bei den Bisontieren tragen beide Geschlechter echte, nach oben gebogene Hörner, die aus einem Knochenkern mit Hornbedeckung bestehen. Erwachsene Bullen gebrauchen ihre Hörner bei Rangkämpfen und zur Präsentation. Die unteren Schneidezähne sind spatelförmig, die oberen fehlen. Die Backenzähne weisen hohe Kronen auf.

• HABITAT Vom Pleistozän bis ins 19. Jh. durchstreiften riesige Herden von Bisons die Grassteppen Nordamerikas und Europas.

Bison priscus Bojanus; Überschwemmungsterrasse, Oberes Pleistozän, England

SCHÄDELDACH

Typische Länge 3 m

Reichweite Pliozän–Rezent	Verbreitung Europa, Nordamerika	Häufigkeit

Ordnung Primates	Familie Pongidae	Allgemeiner Name –

Gigantopithecus

Ein sehr großer, gorillaartiger, am Boden lebender Affe, wahrscheinlich der größte aller Primaten. Sein Gewicht wird auf etwa 270 kg geschätzt. Er besitzt kräftige Eckzähne, riesige Backenzähne, für einen Primaten hohe Kronen und niedrige Zahnhöcker.

• Habitat Der Abnutzungsgrad der Zähne deutet auf starkes Kauen bestimmter Pflanzen, vielleicht auch Samen.

• Anmerkung Diese Gattung lebte in China bis vor etwa fünf Millionen Jahren.

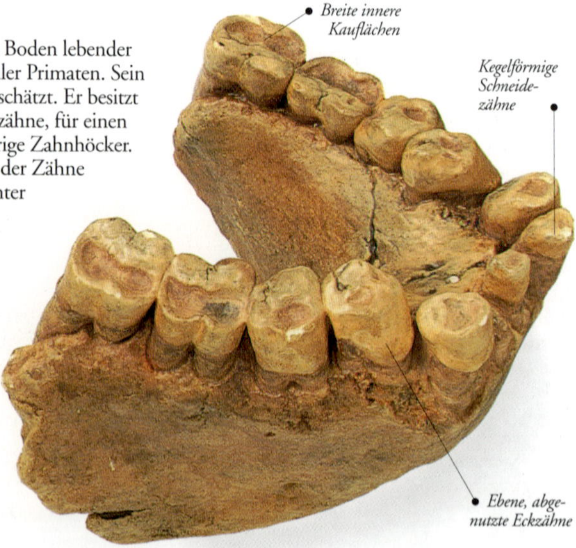

Gigantopithecus blacki von Koenigswald; Höhlenablagerungen, Unteres Pleistozän, China

Unterkiefer

Typische Körpergröße 2 m

Reichweite Miozän–Pleistozän	Verbreitung Asien	Häufigkeit

Ordnung Primates	Familie Hominidae	Allgemeiner Name –

Australopithecus

Die Australopithecinen besaßen massige Schädel mit kräftigen Kiefern und gingen aufrecht. Die Eckzähne sind kleiner als die ihrer angenommenen Vorfahren. Die Backenzähne mit dickem Zahnschmelz sind groß und eigneten sich gut zum Zerkauen zäher Pflanzen.

• Habitat Sie lebten im Wald und offenem Gelände tropischer und subtropischer Gebiete.

Australopithecus boisei Tobias; Shungura-Formation, Pliozän, Äthiopien

Unterkiefer

Typische Körpergröße 1,40 m

Reichweite Pliozän–U. Pleistozän	Verbreitung Afrika	Häufigkeit

Ordnung PRIMATES	Familie Hominidae	Allgemeiner Name Früher Mensch

HOMO HABILIS

Homo habilis besitzt einen größeren und mehr rundlichen Schädel als alle früheren Hominiden. Die Schneidezähne sind relativ groß; die Prämolaren eher klein. Die etwas schmaleren Backenzähne tragen einen dicken Zahnschmelz.

- HABITAT *Homo habilis* lebte in der offenen Savanne.
- ANMERKUNG Die Zahnmerkmale, zusammen mit ersten Werkzeugen, deuten auf die Möglichkeit, daß diese Hominiden zum ersten Mal jagten und auch Fleisch verzehrten.

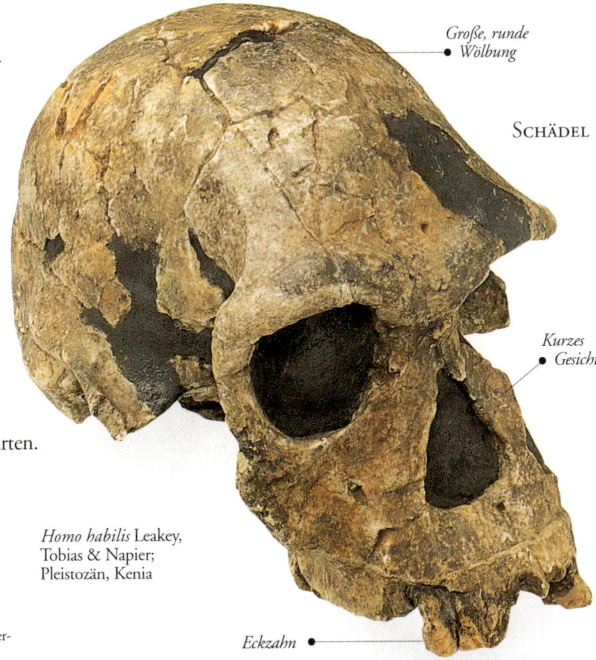

Homo habilis Leakey, Tobias & Napier; Pleistozän, Kenia

Typische Körpergröße 1,2 m

Reichweite O. Pliozän–U. Pleistozän	Verbreitung Afrika	Häufigkeit

Ordnung PRIMATES	Familie Hominidae	Allgemeiner Name Neandertaler

HOMO SAPIENS NEANDERTHALENSIS

Die Neandertaler waren klein und besaßen kräftige Muskeln und wulstige Augenbrauen; Kinn und Stirn waren fliehend. Die Körperform zeugt wahrscheinlich von einer langsamen Anpassung an das Klima. Die Hirngröße war mit der des heutigen Menschen vergleichbar. Sie waren Jäger, stellten Holz- und Knochenwerkzeuge her, besaßen bereits Feuer, und sie bestatteten ihre Toten. Während der Eiszeit bewohnten sie Europa und das westliche Asien.

- HABITAT Die Neandertaler lebten in gemäßigten bis kalten Klimazonen.

Homo sapiens neanderthalensis King; Höhlensedimente, Pleistozän, Frankreich

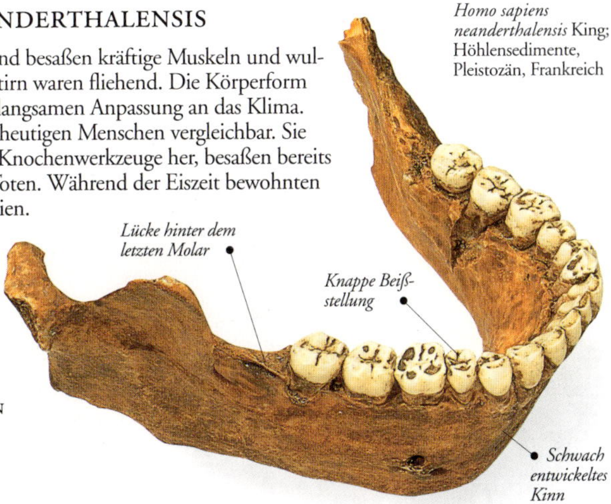

UNTERKIEFER EINES JUNGEN ERWACHSENEN

Typische Körpergröße 1,60 m

Reichweite O. Pleistozän	Verbreitung Eurasien	Häufigkeit

Ordnung Primates	Familie Hominidae	Allgemeiner Name Moderner Mensch

Homo sapiens sapiens

Der heutige Mensch ist größer als der Neandertaler, besitzt schlankere Knochen, ein ausgeprägteres Kinn und eine stärker gewölbte Stirn. Die Zähne sind ähnlich, die Schneidezähne stehen aber nicht so stark hervor.

• Habitat Waren sie in ihren Entwicklungsanfängen noch auf wärmere Klimazonen beschränkt, so besiedeln Menschen heute wesentlich unwirtlichere Gegenden, da sie gelernt haben, Kleider herzustellen und Unterkünfte zu bauen. Gemeinsames Jagen mit einfachen Stein- und Holzwaffen ermöglichte ihnen, Beute zu fangen, die ihnen sonst entgangen wäre.

• Anmerkung Moderne Menschen konnten eine Vielfalt von Werkzeugen herstellen, die sich deutlich von den Vielzweckäxten ihrer Vorfahren unterscheiden. Die abgebildeten Knochen-, Feuerstein- und Hornwerkzeuge werden häufig zusammen mit fossilen Menschenresten gefunden – im Grunde sind dies ja keine Fossilien, sondern Artefakte. Da sie sich nach Alter und Art unterscheiden, zeigen sie eher die hominiden Entwicklungsstufen und nicht das geologische Alter an.

Schädeldach

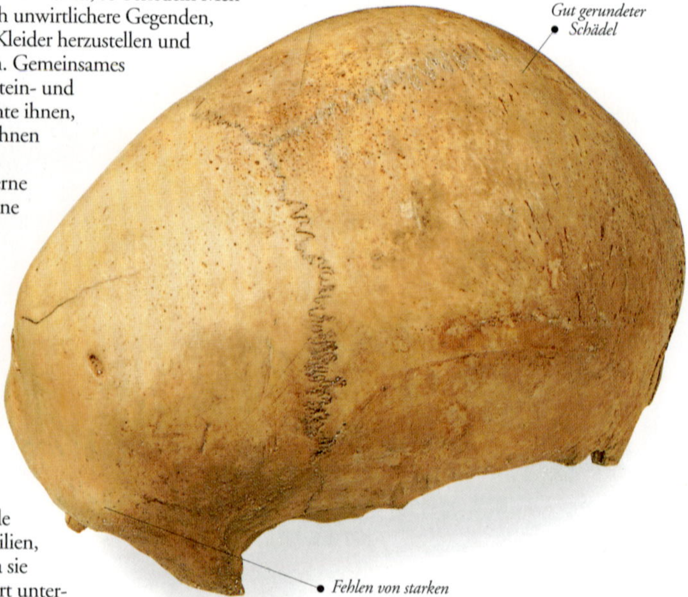

Homo sapiens sapiens Linné; Höhlenerde, Oberes Pleistozän, England

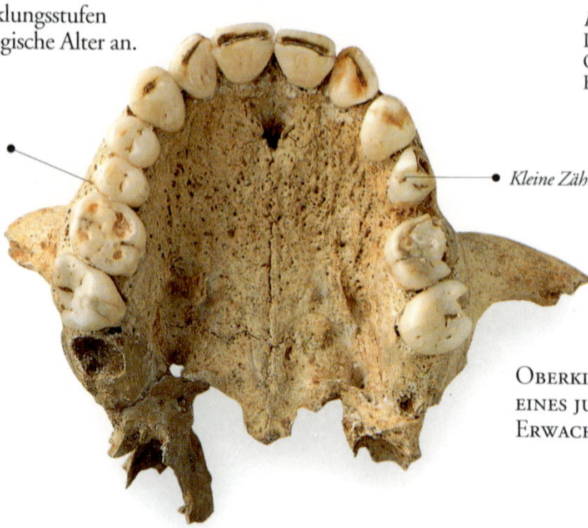

Oberkiefer eines jungen Erwachsenen

Typische Körpergröße 1,80 m

Reichweite O. Pleistozän	Verbreitung Weltweit	Häufigkeit

Von Menschen hergestellte Werkzeuge

Rothirschgeweih;
aus Norfolk, England;
wurde zum Ausgraben
von Feuersteinen benutzt

Vielzweckhandaxt aus
Feuerstein; gefunden
in Kent, England

Harpune mit Widerhaken
aus Hirschgeweih; gefunden in
Yorkshire, England; wurde zum
Jagen und Fischen gebraucht

Feuersteinschaber; gefunden
in Essex, England; wurde
zum Fleischschneiden und
Häuteschaben verwendet

PFLANZEN

ALGEN

DIE ALGEN HABEN eine erdgeschichtliche Spannweite, die vom Präkambrium bis zum heutigen Tag reicht. Einige Formen sind wichtige Altersanzeiger und werden deshalb häufig bei Ölbohrungen zur Altersdatierung verwendet. Sie weisen eine enorme Formenfülle auf, von einfachen Einzellern bis hin zu komplizierten vielzelligen Pflanzen. Versteinert werden aber nur jene, die Hüllen aus Kieselsäure oder Calcit ausscheiden oder wenn sie dickwandige Gebilde, die Zysten, produzieren. Mit ihrer Fähigkeit der Sauerstoffproduktion lieferten sie im Laufe des Präkambriums einen entscheidenden Beitrag zur Herstellung einer sauerstoffreichen Erdatmosphäre.

Ordnung CYANOPHYTA	Familie Nicht klassifiziert	Allgemeiner Name Stromatolith

COLLENIA

Ein Mitglied aus der Gruppe der Stromatolithen, das eine konische bis zylindrische Struktur aus Kalk oder Kieselsäure aufbaut. Eine feine Bänderung ist immer sichtbar, manchmal wechseln sich helle und dunkle Lagen ab. Die winzigen Fäden, aus denen diese Gebilde aufgebaut sind, lassen sich unter dem Mikroskop gut erkennen. Mit ihrer Hilfe werden Sandkörner oder Kalkschlamm in eine von der Alge produzierten Schleimmasse eingebettet.
• HABITAT Wie alle lebenden Stromatolithen findet sich *Collenia* in der Gezeitenzone tropischer Küsten.

Collenia sp.; Stromatolithen-Kalk, Präkambrium, USA

Typische Höhe 3 m

Reichweite Präkambrium–Kambr.	Verbreitung Weltweit	Häufigkeit

Ordnung Dasycladales	Familie Dasycladaceae	Allgemeiner Name Grünalge

Mastopora

Diese Gattung weist an der Oberfläche ganze Bündel von Stengeln (Thalli) auf, die aus einer zentralen Achse wachsen. Die Halbkugel war von einer kalkigen Schleimlage bedeckt. Dieses Netzwerk wird von den ersten Zweigen, die radialstrahlig der Achse entsprangen, gebildet. Jeder Zweig wuchs von der zentralen Achse nach außen, wobei das stumpfe Ende eine schützende Calcitschicht ausschied. Die Oberfläche hat eine charakteristische Struktur aus sechseckigen Waben. Jedes Sechseck hat einen erhöhten Rand und in der Mitte eine Vertiefung, was der ganzen Kolonie eine rauhe Oberfläche verleiht.

- Habitat Häufig zusammen mit Korallenriffen, Armfüßern und Bryozoen.
- Anmerkung Früher irrtümlicherweise zum Reich der Tiere (Protozoa, Schwämme) gestellt.

Typische Höhe 8 cm

Abdruck in feinem Kalkstein

Mastopora favus (Salter); Schillkalk, Silur, England

Reichweite Ordovizium–Silur	Verbreitung Weltweit	Häufigkeit

Ordnung Dasycladales	Familie Receptaculitaceae	Allgemeiner Name Grünalge

Acanthochonia

Die receptaculiden Grünalgen sind kugelförmige Gebilde, die aus einer Reihe von rautenförmigen Elementen bestehen, die aus einem Zentrum herauswachsen. Die Oberseite trägt spiralig angeordnete diamantförmige Platten. Die Stengelwände sind, anders als die Schleimfilme der meisten anderen Kalkalgen, kalkig.

- Habitat Zu Lebzeiten war diese Alge mit einem Stiel an Korallen oder Steinen festgemacht.

Typische Höhe 5 cm

Kalkiger Stengel

Acanthochonia barrandei Hinde; Kalkstein, Silur, Tschechische Republik

Reichweite Ordovizium–Silur	Verbreitung Weltweit	Häufigkeit

Ordnung PHAEOPHYTA	Familie Nicht klassifiziert	Allgemeiner Name Braunalge

BYTHOTREPHIS

Diese Algen, kleine bis mittelgroße Pflanzen, hatten einen Weichkörper von einfach gegabelter Struktur. Die Versteinerungen sind als Eindrücke oder als dünne Schicht organischen Materials erhalten. Häufig sind keine Feinstrukturen sichtbar, manchmal lassen sich aber auf den Zweigen Streifen erkennen, die auf Reste von Röhren im Innern hinweisen.

• HABITAT *Bythotrephis* findet sich vom küstennahen Flachwasser bis in die Tiefsee.

• ANMERKUNG Eine Bestimmung ist nicht einfach, da die Fossilabdrücke den Bauten mariner Wirbelloser ähnlich sehen. Das Vorhandensein von kohlenstoffhaltigen oder ähnlichen Mineralien ist das einzige zuverlässige Bestimmungsmerkmal.

Typische Höhe 30 cm

Bythotrephis gracilis Hall; Clinton-Gruppe, Oberes Silur, Kanada

GANZE PFLANZE

Reichweite Silur–Miozän	Verbreitung Weltweit	Häufigkeit ✿✿

Ordnung CHLOROPHYTA	Familie Nicht klassifiziert	Allgemeiner Name Grünalge

PARKA

Der lebermoosähnliche Stengel oder Pflanzenkörper besaß eine dicke Haut. Der Körper weist eine einfache Y-Verzweigung auf und war nur einige Dutzend Zellen dick. Meist bergen sie rundliche Körper oder Sporenkapseln, die zahlreiche Sporen enthalten.

• HABITAT Die schützende Hülle um Pflanze und Sporen ist ein Hinweis darauf, daß *Parka* eine Landpflanze war.

STENGEL-FRAGMENT

Typischer Durchmesser 4 cm

Parka decipiens Flemming; Carmyllie-Schichten, Unteres Devon, England

Reichweite O. Silur–U. Devon	Verbreitung Europa, Nordamerika	Häufigkeit ✿✿

Frühe Landpflanzen

Die ersten eindeutigen Landpflanzen hatten ein stützendes Gewebe und eine perforierte Oberhaut, durch die die Pflanze „atmete". Die Sporen trugen eine dicke Haut, die sie vor dem Austrocknen schützte und ein Überleben und Keimen an Land ermöglichte. Sporentragende Kapseln saßen gewöhnlich an dünnen Zweigenden, einzeln, in Bündeln oder auch seitlich. Die Größe der Pflanzen reichte von kleinen, kriechenden Formen bis zu bedornten, 1 m langen Arten.

Ordnung RHYNIALES	Familie Rhyniaceae	Allgemeiner Name –

Cooksonia

Diese kleinen Pflanzen sind Y-artig verzweigt. Die einfachsten tragen ein bis zwei Zweige, andere haben sechs bis sieben Verzweigungen. Jeder Zweig besitzt am Ende eine Sporenkapsel mit dickhäutigen Sporen.

• HABITAT Fossilien dieser frühesten Landpflanzen werden häufig in Flachwasser- oder Flußdeltasedimenten angetroffen.

Typische Höhe 7,5 cm

Cooksonia hemisphaerica Lang, Schillmergelkalk, Unteres Devon, England

Reichweite O. Silur–Devon	Verbreitung Weltweit	Häufigkeit ✿

Ordnung ZOSTEROPHYLLALES	Familie Zosterophyllaceae	Allgemeiner Name –

Zosterophyllum

Eine Pflanzengattung, die Samenkapseln nahe am Stengelende trägt, manchmal auch seitlich, nie aber an der Spitze. Die Sporenkapseln sind oval und sitzen auf kurzen Stielen. Die Verzweigungen sind H-, seltener auch Y-förmig.

• HABITAT *Zosterophyllum* wuchs vor allem an Seeufern.

• ANMERKUNG Wahrscheinlich sind solche Pflanzen die Vorfahren der riesigen Bärlappe der Kohlensümpfe, wie z. B. *Lepidodendron* *(s. Seite 294)*.

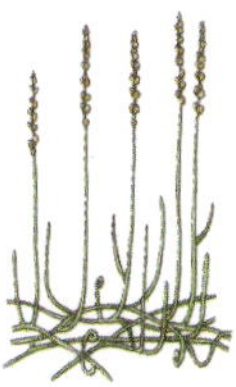

Typische Höhe 25 cm

Zosterophyllum llanoveranum Croft & Lang; Senni-Schichten, Unteres Devon, England

Reichweite O. Silur–M. Devon	Verbreitung Weltweit	Häufigkeit ✿

LEBERMOOSE

HEPATOPHYTEN ODER LEBERMOOSE sind kleine Pflanzen mit flachen stengelartigen oder blattartigen Körpern. Sie vermehren sich mittels Sporen, die in Kapseln an drahtigen Stielen sitzen. Sie wachsen entweder kriechend (stengelige Lebermoose) oder leicht nach oben (blätterförmige Lebermoose) und sind selten als Fossilien überliefert. Heute finden wir sie weltweit in Feuchtgebieten.

Ordnung MARCHANTIALES	Familie Marchantiaceae	Allgemeiner Name –

HEXAGONOCAULON

Diese kleine, kriechende Pflanze hat alle 1 oder 2 cm typische Y-förmige Verästelungen. Der Körper selbst ist flach und breit; kleine, wurzelähnliche Strukturen sind bereits entwickelt. Manchmal warf sie einfache Sporen ab.

• HABITAT *Hexagonocaulon* lebte in Gebieten mit sehr hoher Luftfeuchtigkeit.

Typische Höhe 8 cm

Hexagonocaulon minutum Lacey & Lewis; Williams-Point-Schichten; Trias, Antarktis

Reichweite Trias–Kreide	Verbreitung Südhalbkugel	Häufigkeit

SCHACHTELHALME

DIE ENTWICKLUNGSGESCHICHTE der Schachtelhalme beginnt im frühen Devon. Sie haben zusammengesetzte Stengel, und die Blätter entspringen strahlenförmig jeweils an einem Stengelabschnitt. Die Sporen stammen aus Kapseln, die dicht in kleinen Zapfen stehen.

Ordnung EQUISETALES	Familie Equisetaceae	Allgemeiner Name Katzenwedel

EQUISETITES

Diese kleinen „Katzenwedel" bilden berippte Stengel, die Sporen sitzen endständig in Zapfen. Einzelne Blätter sind gelenkig, gerade oder grasartig und weisen bis zu dreissig Windungen auf. An der Blattbasis sind Schuppen vorhanden. Die Pflanze vermehrte sich über Untergrundstengel und Sprossen.

• HABITAT Wuchs in Feuchtgebieten, die unterirdischen Sprossen werden häufig in fossilen Böden angetroffen.

Typische Höhe 50 cm

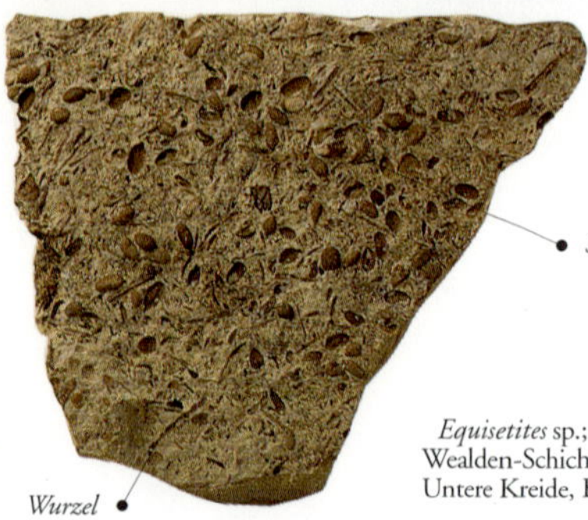

Equisetites sp.; Wealden-Schichten, Untere Kreide, England

Reichweite O. Karbon–O. Kreide	Verbreitung Weltweit	Häufigkeit

Ordnung EQUISETALES	Familie Calamostachyaceae	Allgemeiner Name Katzenwedel

ASTEROPHYLLITES

Dieser „Katzenwedel“ erreichte die Größe eines Baumes. Der Stamm trägt Rippen und wird von einem hüllenartigen Zylinder aus holzähnlichem Gewebe (wie beim Bambus) gestützt, im Innern befindet sich schwammartiges Gewebe. Die Zweige sind in Spiralen um den Hauptstamm angeordnet. Die Blätter sind schwertförmig, haben einen Zentralnerv und verlaufen spiralförmig um den Ast. Ausgewachsene Pflanzen glichen einer dichten Zierkonifere. Die Vermehrung erfolgte mittels Wurzelsprossung oder über Sporen. Gewundene Sporen und Zapfenblätter bildeten dichte, endständige Zapfenaggregate.

• HABITAT *Asterophyllites* war eine von mehreren Pflanzengattungen, die in den spätkarbonischen Sümpfen riesige Größen erreichten.

Asterophyllites equisetiformis (Brongniart); Kohleschichten, Oberes Karbon, England

Typische Höhe 10 m

Reichweite O. Karbon–U. Perm	Verbreitung Weltweit	Häufigkeit

FARNE

DIESE GROSSE PFLANZENGRUPPE läßt sich bis ins Mittlere Devon zurückverfolgen. Farne tragen Blätter, die als Wedel bezeichnet werden, obwohl einige davon ganze oder ungeteilte Wedel tragen. Die Fortpflanzung erfolgt mittels Sporen, die in verschiedensten Kapselformen auf der Wedelunterseite sitzen, oder – seltener – auf speziellen Wedeln. Die Größe schwankt zwischen großen Baumfarnen und kleinen, dünnen Pflänzchen. Farne leben in verschiedensten Habitaten und siedeln in allen geographischen Breiten.

Ordnung	Familie	Allgemeiner Name
URNATOPTERIDALES	Urnatopteridaceae	–

ZEILLERIA

Zeilleria trägt Wedel mit sehr schmalen, kleinen Blättern. Der Hauptstamm unterteilt sich mindestens viermal vor dem äußeren Wedelrand. Die Sporenkapseln sitzen auf der Unterseite der Wedel.

• HABITAT Pflanzen dieser Gattung wuchsen in Sümpfen.

Typische Höhe 50 cm

Zeilleria frenzlii (Sternberg); Kohleschichten, Oberes Karbon, Tschechische Republik

Reichweite	Verbreitung	Häufigkeit
O. Karbon	Weltweit	

Ordnung	Familie	Allgemeiner Name
MARATTIALES	Marattiaceae	Baumfarn

PECOPTERIS

Die meisten dieser großen Wedel zerbrachen vor ihrer Einbettung. Nur ausgefranste Fragmente, wie die hier abgebildeten, sind häufiger erhalten. Die kleinen Blätter sind zwei- bis dreimal unterteilt und weisen parallele Seiten und gerundete Enden auf. Die Blattnerven sind einfach und bestehen aus einer zentralen Achse mit sekundären, dazu rechtwinklig stehenden Blattnerven.

• HABITAT Diese Baumfarne wuchsen an erhöhten Stellen der Kohlensümpfe.

• ANMERKUNG Bei diesem Exemplar fehlt der Hauptstamm.

Typische Höhe 4 m

Pecopteris unita Brongniart; Kohleschichten, Oberes Karbon, Frankreich

Reichweite	Verbreitung	Häufigkeit
O. Karbon–U. Perm	Weltweit	

Ordnung	Familie	Allgemeiner Name
OSMUNDALES	Osmundaceae	Königsfarn

OSMUNDA

Ein Farn mit kurzem Stamm, großen Wedeln und getrennten Sporenwedeln. Der Stamm, wenn vorhanden, besitzt eine faserförmige Struktur, dem viele Blattsprossen entspringen. Sporentragende Wedel tragen keine Blätter oder diese sind auf das Ende des Blattstiels beschränkt.

• HABITAT Möglicherweise lebten Pflanzen dieser Gattung ganz ähnlich ihren heutigen Verwandten in Wassernähe, häufig in tropischen oder warmen Feuchtgebieten.

Osmunda dowkeri (Carruthers); Thanet-Formation, Paleozän, England

Verkieselte Erhaltung

Blattanfang

SCHNITT DURCH DEN STAMM

Typische Höhe 2 m

Reichweite	Verbreitung	Häufigkeit
Kreide–Rezent	Weltweit	

Ordnung	Familie	Allgemeiner Name
FILICALES	Dicksoniaceae	–

ONYCHIOPSIS

Von dieser Pflanze kennt man nur Wedelbruchstücke, die wie filigrane Fiederblätter erscheinen. Die Blättchen sind ziemlich schmal und stehen im 30-Grad-Winkel zum Hauptstiel. Sporenkapseln an den Wedeln wurden in England und in den USA gefunden.

• HABITAT *Onychiopsis* wuchs an Waldsäumen in Seenähe, zusammen mit andern Farnen, Baumfarnen und ähnlichen Pflanzen. Alle Farne brauchen für ihre Fortpflanzung relativ feuchte Bedingungen.

• ANMERKUNG Früher stellte man diese Pflanze zu den Bärlappgewächsen, heute ordnet man sie den Farnen zu. Dieses Exemplar ist in Siltstein erhalten.

Typische Höhe 50 cm

Onychiopsis psilotoides (Stokes & Webb); Wealden-Schichten, Untere Kreide, England

Siltstein

Zierliche Wedelstruktur

WEDEL

Reichweite	Verbreitung	Häufigkeit
Kreide	Nordhalbkugel	

Bärlappgewächse

Bärlappgewächse haben eine lange erdgeschichtliche Vergangenheit. Sie gehen bis ins späte Silur zurück und erreichten ihren Höhepunkt im späten Karbon. Bis heute sind nur noch eine Handvoll Gattungen übriggeblieben. Die Blätter dieser Pflanzen sind in Spiralen angeordnet, und die Sporenkapseln sitzen entweder auf der Blattachse oder in deutlichen endständigen Zapfen. Während des Karbons erreichten sie die Größe von Bäumen. Die Zweige trugen grasartiges Blattwerk und sporentragende Zapfen. Heute sind Barläppe kleine, krautartige Pflanzen.

Ordnung Lepidodendrales	Familie Lepidodendraceae	Allgemeiner Name Riesenbärlapp

Lepidodendron

Der baumgroße Stamm war mit mehreren Y-förmigen Wurzeln (Stigmaria) flach im Boden verankert. Diese besitzen fingerdicke spiralige Ausläufer. Der stockartige Stamm ist meist zweiglos, hat eine typische schuppenartige Rinde, trägt eine Krone aus einfachen Zweigen und erreichte 40 m oder mehr an Höhe. Oft weist der Stamm diamantförmige Blatthöcker auf. Spiralig angeordnete grasartige Blätter bedecken die obersten Zweige und enden in zigarrenförmigen Zapfen *(Lepidostrobus)*. Je nach Art enthalten diese kleine oder große Sporen oder beides.

• Habitat *Lepidodendron* wuchs in heißen und feuchten Sumpfgebieten.

Lepidodendron aculeatum Sternberg; Kohleschichten, Oberes Karbon, England

Rinde

Typische Höhe 30 m

Lepidostrobus variabilis Lindley & Hutton; Kohleschichten, Oberes Karbon, Fundort unbekannt

Zigarrenförmiger Zapfen

Reichweite Karbon	Verbreitung Weltweit	Häufigkeit ✿✿✿✿

Ordnung	Familie	Allgemeiner Name
DREPANOPHYCALES	Drepanophycaceae	Bärlapp

BARAGWANATHIA

Diese niedrigwüchsigen, kräuterartigen Pflanzen sind einfach Y-förmig verzweigt. Die Stengel sind fast immer mit 1 cm langen, feinen Blättern bedeckt. Wo die Blätter aus dem Hauptstengel wachsen, sind Sporenkapseln vorhanden. Die Kapseln sind entlang bestimmter Zonen am Stamm und nicht in Zapfen angebracht.

• HABITAT *Baragwanathia* wuchs in Niederungen und auf Überflutungsebenen.

• ANMERKUNG *Baragwanathia* ist im Gegensatz zu zeitgleichen Pflanzen im späten Silur eine sehr weit entwickelte Form und gab deshalb zu vielen Streitgesprächen Anlaß.

Typische Höhe 25 cm

Baragwanathia longifolia Croft & Lang; Kea-Formation, Unteres Devon, Australien

Reichweite	Verbreitung	Häufigkeit
O. Silur–U. Devon	Südhalbkugel	✧

SAMENFARNE

DIESE VIELFÄLTIGE PFLANZENGRUPPE erreichte ihren Höhepunkt im späten Paläozoikum und im Mesozoikum. Samenfarne (Pteridospermen) besitzen seit dem Karbon eine Blätterstruktur, die kaum von der der Farne zu unterscheiden ist. Jahrzehntealte Hinweise auf ihre Samenvergesellschaftung führten nun dazu, sie in eine eigene Gruppe zu stellen.

Ordnung	Familie	Allgemeiner Name
MEDULLOSALES	Medullosaceae	–

PARIPTERIS

Das abgebildete pollentragende Organ von *Paripteris* wird Potoniea genannt. Dieses glockenförmige Gebilde wuchs auf kandelaberartigen Strukturen an der Basis der Wedel. Jede Potoniea besitzt viele fingerartige Strukturen, welche die Pollen produzierten.

• HABITAT *Paripteris* wuchs in erhöhten Lagen heißfeuchter Sumpfgebiete.

Typische Höhe 5 m

Paripteris gigantea (Sternberg) emend. Gothan; Oberes Karbon, England

Reichweite	Verbreitung	Häufigkeit
O. Karbon	Weltweit	✧

Ordnung MEDULLOSALES	Familie Medullosaceae	Allgemeiner Name _

MEDULLOSA

Diese samentragenden Pflanzen wuchsen bis zu 5 m hoch. Der Stamm besteht aus alten Blattstielen, ähnlich wie bei der Sagopalme, mit Wurzelstümpfen an der Basis. Aus ihnen wachsen riesige, verschiedenartige Wedel: einige gezackt, andere mit gerundeten Blättern. Alle vermehrten sich mit zum Teil großen Samen.

- HABITAT Ein typische Pflanze aus den Kohlesümpfen der Karbonzeit.
- ANMERKUNG Möglicherweise ist die Gattung *Medullosa* eine Mischung aus verschiedenen sich ähnlichen Gattungen.

Medullosa noei Steidtmann; Kohleschichten, Oberes Karbon, USA

SCHNITT DURCH EIN KOHLE-HANDSTÜCK

Typische Höhe 5 m

Reichweite O. Karbon–U. Perm	Verbreitung Weltweit	Häufigkeit ✿✿✿

Ordnung MEDULLOSALES	Familie Medullosaceae	Allgemeiner Name _

ALETHOPTERIS

Diese Pflanze besitzt große Wedel mit rundlichen Blättern. Die dicken und kräftigen Blättchen sind mit Blattgewebe untereinander verbunden. Die Blattnerven sind einfach, haben eine zentrale Achse und kleinere, nahezu rechtwinklig dazu verlaufende Verzweigungen.

- HABITAT *Alethopteris* wuchs an erhöhten Stellen heißer Sümpfe.
- ANMERKUNG Dieser Gattungsbegriff gilt für Blätter, die aus *Medullosa*-Stämmen wachsen. Der Name *Alethopteris* wird überdies für eine Reihe von Pflanzen verwendet, die eine ähnliche Wedelform besitzen, möglicherweise aber gar nicht miteinander verwandt sind.

Alethopteris serlii Brongniart; Kohleschichten, Oberes Karbon, USA

Typische Höhe 5 m

Reichweite O. Karbon–U. Perm	Verbreitung Weltweit	Häufigkeit ✿✿✿✿

Ordnung GLOSSOPTERIDALES	Familie Glossopteridaceae	Allgemeiner Name _

GLOSSOPTERIS

Dies sind baumgroße Samenfarne mit Rosetten von kleinen bis sehr großen Blättern. Die Blätter haben verschiedenste Formen, von schmal bis breit, und ähneln Bananenblättern. Die Inervierung besteht aus einem starken Zentralnerv, der aus vielen kleineren aufgebaut ist. Von hier aus erstreckt sich ein feines Netzwerk kleinerer Nerven und teilt die Blattoberfläche in kleine rautenförmige Bereiche. Das Holz war weich und bildete keine Jahrringe, weil das Klima im späten Paläozoikum keine Jahreszeiten aufwies. Pollensäcke und Sporenkapseln wuchsen auf speziellen Blättern.

• HABITAT *Glossopteris* wuchs in feuchtwarmen Niederungen.

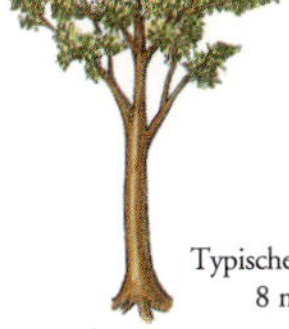

Typische Höhe 8 m

Reichweite Perm	Verbreitung Südhalbkugel	Häufigkeit ✿✿

Ordnung Medullosales	Familie Nicht klassifiziert	Allgemeiner Name Samenfarn

Mariopteris

Die großen Wedel von *Mariopteris* sind durch die zugespitzten Blättchen entlang eines viergeteilten Wedels klar eingeteilt. Mangels vollständiger Fossilstücke wird oft nur ein Viertel mit den kleineren Blättern an der Basis angetroffen. Vom zentralen Nerv aus gehen in einem Winkel von 60 Grad sekundäre Blattnerven aus. Der Stamm besteht teilweise aus alten Blattstümpfen und weist eine starke Längsstreifung auf.

• Habitat *Mariopteris* siedelte in den spätkarbonischen Sümpfen; dabei waren einige Arten möglicherweise Kletterpflanzen.

Typische Höhe 5 m

Mariopteris maricata Schlotheim; Kohleschichten, Oberes Karbon, Tschechische Republik

Kleine verkohlte Blättchen

Zusammengedrücktes Fossil

Reichweite O. Karbon–U. Perm	Verbreitung Weltweit	Häufigkeit ✿✿✿

Ordnung Medullosales	Familie Medullosaceae	Allgemeiner Name Samenfarn

Trigonocarpus

Ausgüsse und flachgedrückte Samen verschiedenster Samenfarne kommen als Fossilien vor. Diese Samen tragen drei Rippen, welche die Oberfläche in gleiche Abschnitte unterteilen (im Innern in Klappen). Die Außenseite ist mit Längsrippen in Form von Faser- oder Holzbändern bedeckt, welche die Wand verstärken. Sie sind am Ende oder unterhalb des Wedels angebracht, werden fossil aber selten am Blatt gefunden.

• Habitat *Trigonocarpus* lebte in weniger feuchten Gebieten feuchtheißer Sümpfe.

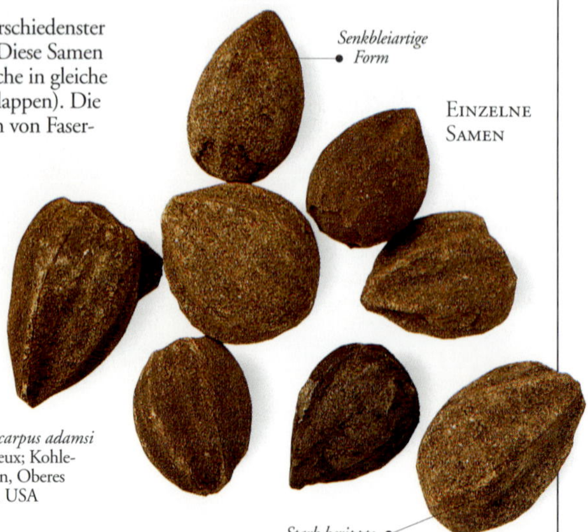

Senkbleiartige Form

Einzelne Samen

Trigonocarpus adamsi Lesquereux; Kohleschichten, Oberes Karbon, USA

Stark berippte Samen

Typische Höhe 5 m

Reichweite O. Karbon	Verbreitung Weltweit	Häufigkeit ✿✿

Ordnung CAYTONIALES	Familie Corystospermaceae	Allgemeiner Name Samenfarn

DICROIDIUM

Diese große Pflanze, typisch für die Trias-Flora der südlichen Hemisphäre, wuchs zu Busch- oder Baumgröße aus. Die Wedel haben ungewöhnliche Y-verzweigte Zweige, die Blättchen sind wechselseitig angeordnet. Paläobotaniker wissen nur sehr wenig über diese Pflanze. Da sie zusammen mit anderen Pflanzen auftritt, glauben sie, daß sie Samen trug.

• HABITAT *Dicroidium* wuchs in tropischen Baumfarn-Regenwäldern.

Dicroidium sp.; Ipswich-Serien, Trias, Australien

Reichweite Trias	Verbreitung Südhalbkugel	Häufigkeit ✿✿

Ordnung PELTASPERMALES	Familie Umkomasiaceae	Allgemeiner Name Samenfarn

PACHYPTERIS

Pachypteris war ein typischer Vertreter der jurassischen Pflanzenwelt. Dieser Samenfarn besitzt eine sehr dicke, wachsartige Außenschicht, die fossil häufig erhalten bleibt. Er hat kleine Wedel mit regel- bis unregelmäßigen Blatträndern. Als einer der letzten Samenfarne starb er während der Kreidezeit aus.

• HABITAT *Pachypteris* wuchs in tropischen Wäldern.

Pachypteris sp.; Shemshak-Formation, Jura, Iran

Reichweite Trias–Kreide	Verbreitung Weltweit	Häufigkeit ✿✿

Bennettiteen

Die Bennettiteen glichen den Sagopalmen oder Cycadaceen recht stark. Typisch für sie sind sternförmige Blüten, wovon mehrere Formen bekannt sind. Die äußere Gestalt reicht von kugeligen Stümpfen bis zu verzweigten Bäumen – alle mit einem palmartigen Blätterdach.

Ordnung	Familie	Allgemeiner Name
Bennettitales	Nicht klassifiziert	Palmfarn

Williamsonia

Diese Pflanze gleicht einem Busch oder Baum mit einer diamantartig gemusterten Rinde und palmartigen Blättern. Am interessantesten waren ihre sternförmigen Blüten. Ein Teil enthielt Sporenkapseln, der andere Samen.

• Habitat *Williamsonia* wuchs in tropischen Baumfarnwäldern.

Typische Höhe 3 m

Williamsonia gigas (Lindley & Hutton); Estuarine-Serien, Mittlerer Jura, England

Reichweite	Verbreitung	Häufigkeit
Jura–Kreide	Weltweit	✿

Frühe Nacktsamer

Zu dieser Gruppe scheinen die Vorfahren aller Samenpflanzen zu gehören. Einige waren große Bäume, andere nur Baumfarne; sie traten erstmals im Devon auf. Zunächst bildeten sie kleine und große Sporen, um später, gegen Ende des Devons, Samen und Sporen zu entwickeln.

Ordnung	Familie	Allgemeiner Name
Archaeopteridales	Archaeopteridaceae	–

Archaeopteris

Archaeopteris war einer der ersten Bäume auf der Erde. Er war klein bis mittelgroß und trug ein Blätterdach, das an das heutiger Nadelbäume erinnert. Die blattartigen Sprossen sind beidseitig der Äste angeordnet. Die Blätter überlappen sich gegenseitig und haben eine fast kreis- bis keilförmige Gestalt. Blätter wurden durch Sporenkapseln an fruchtenden Ästen ersetzt.

• Habitat Diese Gattung wuchs in Auwäldern.

Typische Höhe 10 m

Archaeopteris sp.; Kiltorcan-Schichten, Oberes Devon, USA

Reichweite	Verbreitung	Häufigkeit
Devon	Weltweit	✿✿

Cordaitenbäume

Die Bäume dieser Pflanzengruppe sind die Vorfahren der Nadelbäume. Sie haben lange, lederartige Blätter, die spiral angeordnet sind und viele Blattnerven tragen. Ihre Fortpflanzungsorgane sind locker aufgebaute Zapfen mit flachen, von einer Haut umhüllten Samen.

Ordnung	Familie	Allgemeiner Name
Cordaitanthales	Cordaitaceae	Cordaitenbaum

Cordaites

Cordaites, ein Vorfahre der echten Nadelbäume, war baumgroß und trug riesige ledrige Blätter, die in Spiralen am Stamm angeordnet waren. Die Blätter zeigen charakteristische parallele Blattnerven. Die Zapfen sind lose endständige Klumpen von Sporenkapseln und Samen. Einige Vertreter dürften Mangrovenbäume mit Luftwurzeln gewesen sein.

• Habitat *Cordaites* wuchs in Mangrovensümpfen und auf erhöhten Sandbänken.

Cordaites angulostriatus Grand Eury; Kohleschichten, Oberes Karbon, England

Typische Höhe 10 m

Reichweite	Verbreitung	Häufigkeit
O. Karbon–U. Perm	Weltweit	✿✿

Nadelbäume

Nadelbäume sind Büsche oder Bäume, die Zapfen unterschiedlicher Größe und Form hervorbringen. In gemäßigten und subtropischen Klimaten sind die Blätter nadelartig, bei tropischen Formen sind sie breit und flach. Die Samen stecken meist in Zapfen.

Ordnung	Familie	Allgemeiner Name
Coniferales	Pinaceae	Tanne

Pityostrobus

Diese Formgattung wird für Zapfen aller tannenartigen Bäume des Jura und der Kreide verwendet. Sie sind etwa dreimal länger als breit, holzig, und die gebogenen Zapfenblätter sind spiralartig um die Zentralachse gelegt. Die Samen lagen an der Basis der Zapfenblätter und fielen, sobald reif geworden, heraus.

• Habitat *Pityostrobus* wuchs in subtropischen Wäldern.

Typische Höhe 20 m

Pityostrobus dunkeri (Mantell) emend. Seward; Wealden-Schichten, Untere Kreide, England

Reichweite	Verbreitung	Häufigkeit
Jura–Kreide	Weltweit	✿✿

Ordnung Coniferales	Familie Taxodiaceae	Allgemeiner Name Mammutbaum

Sequoia

Diese Gattung schließt sehr große Bäume, die Mammutbäume, ein. Typisch sind kleine, ziemlich kugelige Zapfen. Die hölzernen Zapfenblätter stehen spiralig angeordnet um eine Zentralachse und tragen auf der Oberseite, nahe am Anwachspunkt, einen Samen mit einem Schuppenblatt. Die Zapfen sind formstabil, sogar als Fossilien, öffnen sich aber, um die Samen herausfallen zu lassen.

• Habitat Mammutbäume bildeten einst in den subtropischen Regionen ausgedehnte Wälder. Sie entwickeln, wie heute noch in Kalifornien zu sehen ist, ein offenes Blattwerk, das nur wenige andere Arten aufkommen läßt.

Sequoia dakotensis Brown; Hell Creek-Formation, Obere Kreide, USA

Typische Höhe 70 m

Reichweite Jura–Rezent	Verbreitung Weltweit	Häufigkeit ✿✿

Ordnung Coniferales	Familie Taxodiaceae	Allgemeiner Name Mammutbaum

Sequoiadendron

Diese Baumriesen sind etwas niedriger als andere Mammutbäume, haben aber einen enormen Stammdurchmesser. Ihre Nadeln gleichen denen anderer Nadelbäume. Sie sind schuppenartig und wechselseitig am Zweig angebracht. Sie sind sehr klein, stumpf und zahnartig und liegen ganz nahe am Stamm an. Es ist ein weiches Holz ohne Gefäßröhren, häufig aber mit Jahrringen.

• Habitat Diese Bäume wachsen, wie die anderen Mammutbäume, in subtropischen Wäldern.

• Anmerkung Zählt man die Jahrringe, kommt man zum Teil auf Baumalter von über 1000 Jahren – bei den kalifornischen Baumriesen keine Ausnahme.

Sequoiadendron affinis (Lesquereux); Oligozän, USA

Typische Höhe 80 m

Reichweite Jura–Rezent	Verbreitung Weltweit	Häufigkeit ✿✿

Ordnung Coniferales	Familie Nicht klassifiziert	Allgemeiner Name Weichholz

Nadelholz

Nadelholz zeigt ein sehr einheitliches Erscheinungsbild und wird auch als Weichholz bezeichnet. Wachstumsringe sind oft sichtbar, häufig sind auch Harzkanäle und Röhren zu erkennen. Der Hauptanteil des Gewebes besteht aus einem einzigen Holzzellentyp, auch Tracheid genannt. Die Arten und Gattungen der Weichhölzer lassen sich oft nur in Dünnschliffen unter dem Mikroskop unterscheiden. ähnliches Holz haben auch *Ginkgo (s. Seite 307)*, frühe Nacktsamer und Samenfarne.

• Habitat Nadelhölzer finden sich in vielen verschiedenen Waldgemeinschaften der tropischen und gemäßigten Klimazonen, in Waldlandschaften, Parks und Mangrovensümpfen.

Typische Höhe 30 m

Dunkel gefärbte Außenlage

Verkieseltes Nadelholz; Unterer Grünsand, Untere Kreide, England

Weite Jahrringe

Chalcedon (durch Verkieselung entstandene Quarzart)

Reichweite Perm–Rezent	Verbreitung Weltweit	Häufigkeit ✿✿✿✿

Ordnung Coniferales	Familie Taxodiaceae	Allgemeiner Name Sumpfzypresse

Metasequoia

Große Bäume mit kleinen, flachen Nadeln, die wechselseitig an den Zweigen anhaften. Die Zapfen sitzen auf langen Stielen, ihre Blätter bilden gekreuzte Paare. Am Unterende des Stamms finden sich senkrechte Schößlinge, die als „Knie" bezeichnet werden.

• Habitat *Metasequoia* wächst, mit den Wurzeln im Wasser, in tropischen Sumpf- und Auwaldgebieten.

• Anmerkung Diese Pflanze war bis 1941 nur fossil bekannt, dann wurde sie in Szechuan (China) als „lebendes Fossil" wiederentdeckt.

Typische Höhe 30 m

Metasequoia occidentalis (Newberry); Chaney-Schiefer, Oligozän, Kanada

Kurze, federartige Sprossen

Inkohlte Erhaltung

Blätter in wechselseitigen Paaren

Tonstein

Reichweite Kreide–Rezent	Verbreitung Nordhalbkugel	Häufigkeit ✿✿

Ordnung CONIFERALES	Familie Araucariaceae	Allgemeiner Name –

ARAUCARIA

Diese Gattung bringt sehr große Bäume hervor, z. B. den „Monkey puzzle"-Baum oder die Norfolk-„Tanne". Die Blätter sind klein und zahnartig, spiralig angeordnet und so dicht am Stamm, daß sie ihn verdecken. Die großen Zapfen sind nahezu rund und tragen viele Dornen. Die Oberfläche besteht aus dichtgepackten holzigen Zapfenblättern. Die Samen befinden sich an der Basis der Zapfenblätter.

• HABITAT Diese Gattung wuchs in subtropischen Bergwäldern. Heutige Arten sind nur auf der Südhalbkugel zu finden.

• ANMERKUNG Der berühmte Versteinerte Wald von Cerro Cuadrado in Patagonien, der durch vulkanische Asche verschüttet wurde, besteht aus *Araucaria*-Bäumen. Verkieselte Zweige, Zapfen und Holzreste sind dort sehr häufig.

ZAPFENQUERSCHNITT

ANSICHT VON OBEN

SEITENANSICHT

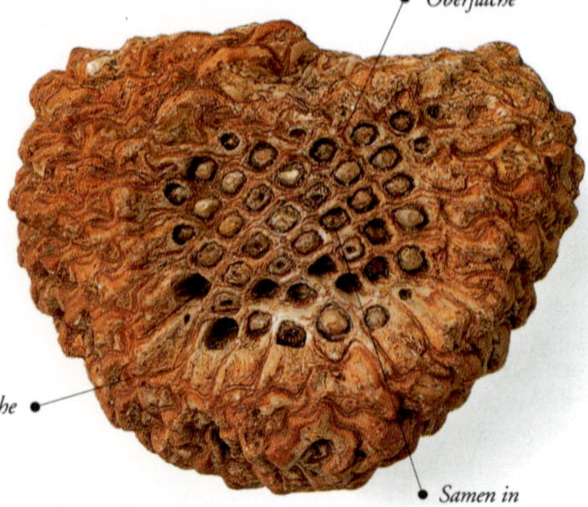

Typische Höhe 30 m

Araucaria miribilis (Spegazzini) emend. Windhausen; Cerro-Alto-Schichten, Untere Kreide, Argentinien

Reichweite Jura–Rezent	Verbreitung Weltweit	Häufigkeit ✿✿

Ordnung CONIFERALES	Familie Nicht klassifiziert	Allgemeiner Name Weichholz

VERKIESELTES HOLZ

Bei der Versteinerung von Holz wird das Originalgewebe durch gelöste Mineralien, üblicherweise Calciumcarbonat oder Kieselsäure, ersetzt. Umkristallisation von Kieselsäure durch Druck und Temperatur, zusammen mit Verunreinigungen in der Lösung, läßt neue Mineralien, wie zum Beispiel Achat, Chalcedon oder, seltener, Opal, entstehen. Dies führt allerdings zur Auflösung der Holzanatomie.

• HABITAT Verkieseltes Holz wird in vielen verschiedenen Lebensräumen gefunden.

• ANMERKUNG Häufig ist es schwierig, verkieseltes Holz näher zu bestimmen. Sagen läßt sich hier nur, daß es zu einer Weichholzart gehört. Verkieseltes Holz ist häufig sehr attraktiv, da es viele Farben aufweist.

Verkieseltes Nadelbaumholz; Petrified-Forest-Schichten, Obere Trias, USA

Geschätzte Höhe 30 m

Reichweite Perm–Rezent	Verbreitung Weltweit	Häufigkeit ✿✿

Ordnung CONIFERALES	Familie Pinaceae	Allgemeiner Name Fichte

PICEA

Diese große Gruppe von mehrheitlich großen, schlanken, konischen Bäumen ist heute auf die Nordhalbkugel beschränkt. Viele Kiefern haben hängende Äste und geben dem ganzen Baum einen stockwerkartigen Aufbau. Die steifen, nadelartigen Blätter sind spiralförmig um die Zweige angeordnet und erreichen eine Länge von 2 bis 3 cm. Sie wachsen aus kleinen Kegeln, die, wenn die Nadeln abfallen, erhalten bleiben. Die hölzernen Zapfen hängen, sind eiförmig bis zylindrisch und tragen stark gekrümmte Blätter, die sich im Reifezustand öffnen und Samen abgeben.

• HABITAT Das Weichholz trägt Jahrringe und ist die Folge des stark saisonalen Bergklimas der meisten Tannenstandorte.

INKOHLTER ZAPFEN

Picea sp.; Thanet-Formation, Oberes Paleozän, England

Typische Höhe 40 m

Reichweite U. Kreide–Rezent	Verbreitung Weltweit	Häufigkeit ✿✿

Ordnung Coniferales	Familie Nicht anwendbar	Allgemeiner Name Bernstein

Bernstein und Kopal

Bernstein ist versteinertes Harz oder Saftgummi einstiger Pflanzen. Die ältesten fossilen Harze stammen zwar aus dem Karbon, doch Bernsteine erscheinen nicht vor der Unteren Kreide. Berühmte Lagerstätten sind in den baltischen Staaten und in der Dominikanischen Republik. Es ist wahrscheinlich, daß Bernsteine hauptsächlich Harze von fossilen Nacktsamern (möglicherweise Nadelhölzer) sind, heute aber werden solche Gummisäfte auch von Blütenpflanzen ausgeschieden. Bernstein enthält manchmal Insekten- und Pflanzenreste. Er wurde in Wäldern, die aus einer primitiven Pinie *(Pinus succinifera)* bestanden, gebildet. Rezente und halbfossile Kopalharze unterscheiden sich von Bernstein dadurch, daß sie in organischen Lösemitteln immer noch gelöst werden können. Harze werden ausgeschieden, wenn der Baum verletzt wird. Heute werden sie kommerziell gesammelt, etwa die Kopalharze der Kauri-Tanne in Neuseeland. Bernstein wird für Schmuck verwendet, Kopale werden für Polituren gebraucht.

Kauri-Gummi; Pleistozän, Neuseeland

Tropfsteinartiger Fluß

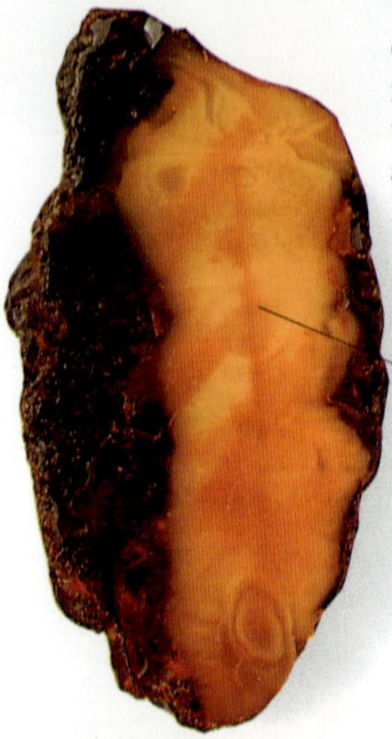

GEMISCHTER, KLARER UND UNDURCHSICHTIGER BERNSTEIN

Undurchsichtiger Teil, reich an Succhinsäure

Baltischer Bernstein (Succinit); Oberes Eozän, Dänemark

KLARER BERNSTEIN, EDELSTEINQUALITÄT

BERNSTEINGERÖLL

Rote Kruste

BAUM (*Pinus* sp.)

Typische Höhe 30 m

Reichweite U. Kreide–Rezent	Verbreitung Weltweit	Häufigkeit ✿

GINKGOS

IM MESOZOIKUM war diese Pflanzengruppe weit verbreitet, bis heute hat aber davon nur eine Gattung, der *Ginkgo*, überlebt. Diese Gruppe erschien erstmals im frühen Perm und hatte ihren Höhepunkt in der Jurazeit. Alle weisen einen typischen fächerartigen Blattumriß auf.

Ordnung GINKGOALES	Familie Ginkgoaceae	Allgemeiner Name Ginkgo

GINKGO

Diese sehr großen Bäume weisen eine typische fächer- oder keilartige Blattform auf. Die Samen sind kugelförmig, und die Blätter sind stark eingebuchtet.

• HABITAT Der *Ginkgo*, ein „lebendes Fossil“ aus China, ist heute in vielen Parks und Ziergärten anzutreffen.

Typische Höhe 35 m

Ginkgo sp.; Ardtun-Blätterschichten, Paleozän, England

Reichweite Trias–Rezent	Verbreitung Weltweit	Häufigkeit

ZWEIHÄUSIGE BEDECKTSAMER

DIESE BLÜTENPFLANZEN haben zweihäusige Samenblätter. Normale Blätter haben einen einfachen bis ziemlich komplizierten Umriß. Die Größe schwankt zwischen Büschen und Bäumen. Alle pflanzen sich mit Samen fort. Die frühesten Zeugnisse der Gruppe stammen von Pollen aus der Unteren Kreide.

Ordnung HAMAMELIDALES	Familie Betulaceae	Allgemeiner Name Birke

BETULITES

Die Blätter dieser Gattung sehen denen der Birken recht ähnlich. Sie sind rundlich, oval oder herzförmig und haben einen gezackten Rand. Die Blattnerven bestehen aus einer zentralen Achse, die sekundären Nerven verlaufen in einem Winkel von 45 Grad dazu. Die Blätter werden häufig ohne Zweige gefunden, was für ein jahreszeitliches Laubabwerfen spricht.

• HABITAT Diese Gattung wuchs in Feuchtgebieten gemäßigter Klimazonen.

Typische Höhe 10 m

Betulites sp.; Dakota-Sandstein, Untere Kreide, USA

Reichweite U. Kreide–Miozän	Verbreitung Weltweit	Häufigkeit

Ordnung Apiales	Familie Araliaceae	Allgemeiner Name Ginseng

Araliopsoides

Diese Gattung trägt große Blätter. Normalerweise sind sie dreilappig, sie können aber sehr unterschiedlich aussehen. Die Blattränder sind glatt, die Inervierung einfach, mit sekundären Blattnerven, die in einem 45-Grad-Winkel dem zentralen Nerv entspringen. Die Blätter waren dick und elastisch, was ihre Erhaltung in Sandstein erklärt.

• Habitat *Araliopsoides* stand in warmen Laubwäldern gemäßigter bis subtropischer Klimate.

Araliopsoides cretacea (Newberry); Dakota-Sandstein, Untere Kreide, USA

Abdruck in eisenhaltigem Sandstein

Typische Höhe 10 m

Reichweite O. Kreide	Verbreitung Weltweit	Häufigkeit

Ordnung Sapindales	Familie Aceraceae	Allgemeiner Name Ahorn

Acer

Kleine bis große Bäume gemäßigter Breiten, bei uns als Ahorn bekannt. Die dreilappigen Blätter mit gezacktem Rand und einem langen Stiel werden im Herbst abgeworfen. Das Holz ist zoniert, das heißt im Frühjahr gewachsene Teile weisen größere Flüssigkeitskanäle auf. Die Blüten stehen in herunterhängenden Dolden. Die Samen tragen propellerartige Flügel; immer in Paaren wachsend, können sie aber am Boden auch in zwei Teile zerfallen.

• Habitat Diese Gattung ist in Laubwäldern gemäßigter Klimate zu finden.

Acer sp; Süßwasserkalk, Miozän, Kroatien

Geflügelter Samen

Typische Höhe 25 m

Reichweite Oligozän–Rezent	Verbreitung Weltweit	Häufigkeit

Ordnung HAMAMELIDALES	Familie Moraceae	Allgemeiner Name Feige

FICUS

Die Feigen, eine große Gattung, haben dicke, ovale bis geigenförmige Blätter mit einem deutlichen zentralen Blattnerv. Die Früchte sind rundlich, haben eine abgeflachte Oberseite, während die Samen in einer fleischigen Masse sitzen. Eine Art, die Würgefeige, wächst als Parasit auf anderen Bäumen – in einer Astgabel wurzelnd, erstickt sie langsam ihre Wirtspflanze.

• HABITAT Kommt in den Tropen bis in gemäßigte Breiten vor.

Typische Höhe 30 m

Ficus sp.; Unteres Eozän, USA

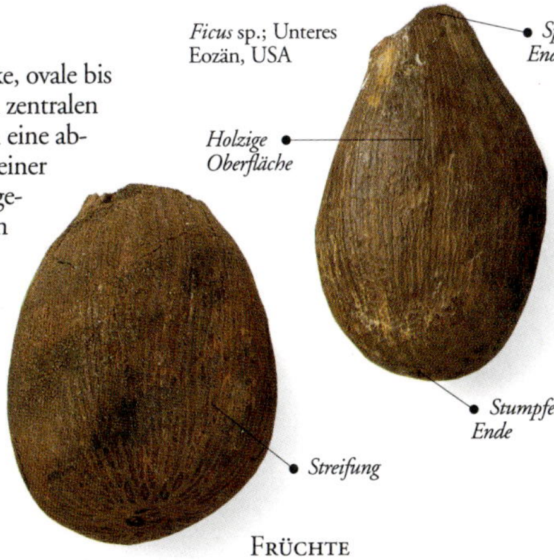

FRÜCHTE

Reichweite Eozän–Rezent	Verbreitung Weltweit	Häufigkeit ✿

Ordnung HAMAMELIDALES	Familie Fagaceae	Allgemeiner Name Eiche

QUERCUS

Die Eichen sind eine Gruppe von Bäumen mit typischen Blättern und Früchten; ihre Blätter sind gelappt, geigenförmig oder stechpalmenartig. Einzelne Arten sind immergrün, andere werfen ihr Laub ab. Ihre Früchte sind die bekannten Eicheln; die Ornamentierung des Fruchtbechers ist von Art zu Art verschieden. Normalerweise besitzt das Holz große Saftkanäle und deutliche Jahrringe.

• HABITAT *Quercus* wächst in Laubwäldern, Mischwäldern und lockeren Waldgebieten der gemäßigten Breiten.

Quercus sp.; Miozän, USA

Typische Höhe 40 m

Reichweite Eozän–Rezent	Verbreitung Weltweit	Häufigkeit ✿✿

Ordnung HAMAMELIDALES	Familie Hamamelidaceae	Allgemeiner Name Amberbaum

LIQUIDAMBAR

Diese Bäume, auch als Amberbäume bezeichnet, tragen Zweige, die manchmal korkartige Flügel oder Kränze haben. Die Blätter haben fünf bis sieben Spitzen und gezähnelte Ränder. Die Inervierung der Blätter besteht für jeden Lappen aus einer zentralen Achse und netzartigen Verzweigungen. Im Herbst werden die Blätter abgeworfen. Die Früchte sind Klumpen von holzigen, bohrerartigen Kapseln und sitzen auf einem langen Stiel. Das Holz ist kleinporig mit feinen Saftkänalen.

• HABITAT Diese Gattung stockt in Laubwäldern, Mischwäldern und lockeren Waldgebieten der gemäßigten Breiten.

Typische Höhe 25 m

Liquidambar europeanum Braun; Oeninger Süßwasserkalke, Miozän, Schweiz

Reichweite Oligozän–Rezent	Verbreitung Weltweit	Häufigkeit

Ordnung HAMAMELIDALES	Familie Betulaceae	Allgemeiner Name Birke

BETULA

Der Stamm dieses kleinen Baums hat eine schwarzweiß gemusterte Rinde. Die Blätter sind klein, gezackt und fallen im Herbst ab. *Betula* vermehrt sich mit Samen und Kätzchen, die Samen- oder Zapfenblätter tragen. Das Holz ist fein gemasert, weist manchmal komplizierte Holzstrahlen auf und hat feine Saftkanäle.

• HABITAT *Betula* war während der quartären Eiszeiten ein typischer Baum der nördlichen Wälder. Heute lebt sie gerne in Feuchtgebieten der gemäßigten Breiten.

Typische Höhe 15 m

Betula sp.; Braunkohle; Miozän, Deutschland

Reichweite Miozän–Rezent	Verbreitung Weltweit	Häufigkeit

Einhäusige Bedecktsamer

Für diese wichtige Pflanzengruppe sind vor allem einzelne Samenblätter typisch. Die Blätter haben parallel verlaufende Nerven. In diese Gruppe gehören Gräser, Narzissen, Seggen, Orchideen, Binsen, Lilien, Schwertlilien und Palmen, und alle tragen eine Fülle verschiedenster Blüten und Samen. Fossile Formen sind seit der Oberkreide bekannt, vor allem Palmen und Binsen; Gräser erscheinen aber nicht vor dem frühen Känozoikum. Ein alte Form ist bereits aus der Trias Amerikas bekannt, allerdings ist ihre Zugehörigkeit fraglich.

Ordnung	Familie	Allgemeiner Name
Arecales	Arecaceae	Palme

Palmoxylon

Fossiles Palmenholz ist sehr einheitlich und zeigt im Querschnitt viele kleine dunkle Flecken auf hellem Untergrund. Diese Flecken sind Saft- und Gefäßgewebe und unterscheiden die Gattung deutlich von den zweihäusigen Bedecktsamern und Nadelhölzern. Jahrringe fehlen.

• Habitat *Palmoxylon* wuchs in subtropischen Wäldern und Waldgebieten.

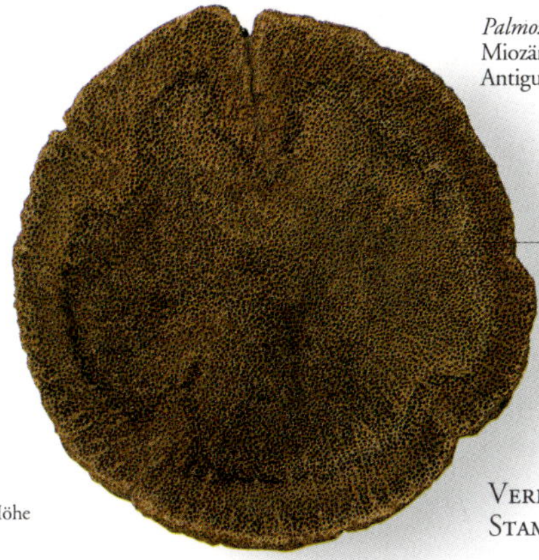

Verkieselter Stamm

Reichweite	Verbreitung	Häufigkeit
Paleozän–Pliozän	Weltweit	✿✿

Ordnung	Familie	Allgemeiner Name
Arecales	Arecaceae	Stammlose Palme

Nipa

Eine Palme mit kurzem oder fehlendem Stamm. Blätter oder Wedel sind groß, mit langen, spitzen, fast wechselseitig stehenden Blättchen. An der Basis wachsen kokosnußähnliche Früchte, und die Samen sitzen in faserigen Hüllen.

• Habitat Stammlose Palmen wachsen in den Mangrovensümpfen Südostasiens.

• Anmerkung Diese Pflanzen waren in früh- und mitteleozänen Gemeinschaften häufig.

Frucht

Reichweite	Verbreitung	Häufigkeit
O. Kreide–Rezent	Nordhalbkugel	✿✿✿

Lexikon

Der Gebrauch einiger technischer Ausdrücke ist in einem solchen Buch fast unvermeidlich. Alle technischen Wörter sind im Text selbst erklärt, und viele Begriffe werden durch die Abbildungen erläutert. Die im Lexikon enthaltenen Definitionen sind vereinfacht und allgemein gehalten.

• **Abguss**
Kopie eines Originalstücks, meist aus Polyester oder Gips.

• **Algenblüte**
Massenhafte Vermehrung von Algen, meist Dinoflagellaten.

• **Ammoniten**
Kopffüßer mit eingerolltem, zweiseitig symmetrischem Gehäuse.

• **Amphibien**
Lurche, zeitweilig oder immer im Wasser lebende Tetrapoden, deren Larvenentwicklung sich im Süßwasser abspielt.

• **anapside Reptilien**
Eine Unterklasse der Reptilien, Schädel ohne Schläfenöffnung.

• **Anneliden**
Ringelwürmer mit ventral gelegener Mundöffnung.

• **Anwachslinien**
Entsprechen früheren Lagen des Gehäuserandes.

• **Aragonit**
Calciumcarbonatverbindung mit anderer Kristallstruktur als Calcit.

• **Archosaurier**
Gruppe von Reptilien.

• **Arthropoden**
Gliedertiere.

• **Ästuare**
Mündungen von Flüssen ins Meer.

• **Belemniten**
Ausgestorbene Gruppe der Kopffüßer mit zehn Armen.

• **benthonisch**
Am Boden lebend.

• **Biotop**
Lebensraum eines Tieres oder einer Pflanze.

• **Brachiopoden**
Armfüßer, zweiseitig symmetrische Meerestiere mit zweiklappigem Gehäuse aus Calcit oder einer hornig-chitinösen Substanz.

• **Bryozoen**
Kleine, überwiegend im Meer lebende, koloniebildende Tiere mit kalkigem, seltener chitinösem Außenskelett.

• **Calcit**
Verbindung von Calcium, Kohlenstoff und Sauerstoff.

• **calcitisch**
Aus Calcit aufgebaut.

• **Chitinpanzer**
Körperskelett aus Chitin, einer komplexen organischen Verbindung.

• **Devon**
Abschnitt der Erdgeschichte vor 410 bis 360 Millionen Jahren vor heute.

• **Diagenese**
Der Umwandlungsprozeß, der Organismen oder Ablagerungen versteinert.

• **diapside Reptilien**
Eine Unterklasse der Reptilien, Schädel mit zwei Schläfenöffnungen.

• **Dinosaurier**
Allgemeine Bezeichnung für die großen diapsiden Reptilien des Mesozoikums, auch Schreckensechsen genannt.

• **distal**
Vom Ursprung entfernt.

• **dorso-ventral**
Rücken- und bauchseitig.

• **Dünnschliff**
Feine, nur Hundertstelmillimeter dicke Gesteinsscheibe für mikroskopische Untersuchungen.

• **Eozän**
Abschnitt der Erdgeschichte vor 55 bis 35 Millionen Jahren vor heute.

• **epiplanktonisch**
Organismen, die auf treibenden Tieren oder Gegenständen leben.

• **evolut**
In weite Spiralen gelegt.

• **Fossil**
Versteinerung, ursprünglich alles Ausgegrabene, gilt heute nur für versteinerte Reste, die älter als 10 000 Jahre alt sind.

• **fusiform**
Spiralen, deren Windungen untereinander verschmolzen sind.

• **Gastropoden**
Schnecken.

• **Genitalplatten**
Platten an der Oberseite der Seeigel, die Eier und Samen ausstoßen.

• **Glaukonit**
Eisenphosphathaltiges Mineral.

• **Graptolithen**
Ausgestorbene Gruppe mariner, koloniebildender Tiere mit chitinösem Außenskelett.

• **Holozän**
Jüngster Abschnitt der Erdgeschichte vor 0,1 Millionen Jahren bis heute.

• **inkrustierend**
Umkrustend.

• **involut**
In enge Spiralen gelegt.

• **Jura**
Abschnitt der Erdgeschichte vor 210 bis 150 Millionen Jahren vor heute.

• **Kalkkonkretion**
Knollen aus dichtem Kalkstein.

• **Känozoikum**
Die vierte Epoche der Erdgeschichte vor 65 bis 2 Millionen Jahren vor heute.

• **Kambrium**
Abschnitt der Erdgeschichte vor 550 bis 500 Millionen Jahren vor heute.

• **Karbon**
Abschnitt der Erdgeschichte vor 360 bis 290 Millionen Jahren vor heute.

• **Kieselsäure**
Organische Verbindung aus Sauerstoff und Silizium.

• **Knorpel**
Festes, elastisches Stützgewebe aus

durchsichtiger Grundsubstanz mit eingelagerten Knorpelzellen.

• KÖRPERFOSSIL
Eine Versteinerung, die die Gestalt eines Organismus oder Teile davon wiedergibt.

• KREIDE
Abschnitt der Erdgeschichte vor 150 bis 65 Millionen Jahren vor heute.

• KRILL
Garnelen.

• LABYRINTHODONTIA
Eine Unterklasse der Amphibien.

• LEITFOSSILIEN
Versteinerungen, die für einen bestimmten Abschnitt der Erdgeschichte charakteristisch sind.

• LIGAMENT
Organische Haut, die die Klappen bei den Muscheln verbindet.

• LUFTKAMMERN
Einer jener Abschnitte, in die der gekammerte Teil des Kopffüßer-Gehäuses durch die Scheidewände geteilt wird.

• MARIN
Im Meer vorkommend.

• MESOSUCHIER
Gruppe von marinen Krokodilen, heute ausgestorben.

• MESOZOIKUM
Die dritte Epoche der Erdgeschichte vor 230 bis 65 Millionen Jahren vor heute.

• METAMORPHOSE
Veränderung der Gestalt während des Wachstums; z. B. Schmetterling, Larve, Puppe, Schmetterling.

• MIKROFOSSILIEN
Reste kleiner Organismen wie Foraminiferen und Radiolarien, die zur Untersuchung stärkere Vergrößerung verlangen.

• MIKROPALÄONTOLOGIE
Der Zweig der Paläontologie, der sich mit der Erforschung mikroskopisch kleiner Organismenreste befaßt.

• MIOZÄN
Abschnitt der Erdgeschichte vor 25 bis 5 Millionen Jahren vor heute.

• MONOSPEZIFISCH
Aus einer einzigen Art bestehende Lebensgemeinschaft.

• NABEL
Bei Ammoniten und Gastropoden die von den Flanken und Windungen begrenzte, trichterförmige Einsenkung des Gehäuses.

• NAUTILOIDEEN
Kopffüßer mit gestrecktem bis spiralig eingerolltem Gehäuse, der Sipho liegt zentral.

• NEURALBOGEN
Oberer Fortsatz des Wirbels mit Kanal für die Nerven.

• OLIGOZÄN
Abschnitt der Erdgeschichte vor 35 bis 25 Millionen Jahren vor heute.

• ORDOVIZIUM
Abschnitt der Erdgeschichte vor 500 bis 440 Millionen Jahren vor heute.

• ORNITHOPODEN
Eine Gruppe von Dinosauriern mit vogelähnlichen Füßen.

• OSTRAKODEN
Klasse der Arthropoden mit zwei-

klappigem, kalkigen Gehäuse, wird im Volksmund auch Muschelkrebse genannt.

• **Paläobotanik**
Die Wissenschaft von den fossilen Pflanzen.

• **Paläontologie**
Lehre von den versteinerten Tieren und Pflanzen.

• **Paläozoikum**
Die zweite Epoche der Erdgeschichte vor 600 bis 230 Millionen Jahren vor heute.

• **Paleozän**
Abschnitt der Erdgeschichte vor 65 bis 55 Millionen Jahren vor heute.

• **Perm**
Abschnitt der Erdgeschichte vor 290 bis 250 Millionen Jahren vor heute.

• **planktonisch**
Tiere, die schwebend im Wasser leben.

• **Pleistozän**
Abschnitt der Erdgeschichte vor 1,5 bis 0,1 Millionen Jahren vor heute.

• **Pliozän**
Abschnitt der Erdgeschichte vor 2 bis 1,5 Millionen Jahren vor heute.

• **Polychaeten**
Gruppe der Würmer, auch Vielborster genannt.

• **Präkambrium**
Die erste Epoche der Erdgeschichte vor 4500 bis 550 Millionen Jahren vor heute.

• **Proostracum**
Dünne, organische Haut auf der Schale vieler Weichtiere.

• **Pyrit**
Schwefel-Eisen-Verbindung.

• **reticulat**
Aus netzartigem Maschenwerk.

• **Rostrum**
Spitze oder Schnauze bei Reptilien, Belemnitentieren und Krebsen.

• **Salinität**
Salzgehalt einer Lösung.

• **Sandstein**
Gestein, das hauptsächlich aus groben Quarzkörnern besteht.

• **Scaphopoden**
Kahnfüßer.

• **Schelf**
Flacher, bis 200 m tiefer Teil des küstennahen Meeres.

• **Schill**
Anhäufung von Muschelschalen.

• **Sediment**
Ablagerung.

• **sessil**
Am Boden festgeheftet lebendes Tier.

• **Sexualdimorphismus**
Darunter wird die unterschiedliche Körpergröße bei Weibchen und Männchen verstanden, oft ist das Weibchen wesentlich größer.

• **Silt**
Sandkörner, deren Partikelgröße kleiner als 63 Tausendstelmillimeter, aber größer als Ton sind.

• **Silur**
Abschnitt der Erdgeschichte vor 440 bis 410 Millionen Jahren vor heute.

• **Sklerospongien**
Gruppe von Schwämmen, die ein calcitisches Nadelgerüst aufweisen.

• **solitär**
Einzeln lebend.

• **Spurenfossil**
Versteinerte Spur eines Lebewesens.

• **stratigraphisch**
Auf den Schichtverband bezogen; eigentlich die Lehre von der Abfolge der einzelnen Gesteinsschichten.

• **Suspensionsfresser**
Tiere, die ihre Nahrung aus der Wassersäule filtern.

• **Symbiose**
Lebensgemeinschaft von zwei gleichwertigen Partnern.

• **Telson**
Schwanzfächer bei den Krebstieren.

• **Tethys**
Ozean, der sich von Europa nach Ostasien erstreckte.

• **Tetraeder**
Kristallform, aus vier gleichseitigen Dreiecken bestehend.

• **Tetrapoden**
Gruppe von landlebenden Wirbeltieren mit vier Füßen.

• **Thorax**
Brustpanzer bei den Arthropoden.

• **Trias**
Abschnitt der Erdgeschichte vor 250 bis 210 Millionen Jahren vor heute.

• **Trilobiten**
Sie gehören zur Gruppe der Gliederfüßer, besitzen einen dreigeteilten, harten Panzer und lebten ausschließlich im Meer.

• **Uropoden**
Teile des Schwanzfächers bei Krebstieren, die Stoffwechselprodukte ausscheiden.

• **Wassersäule**
Wassertiefe von der Oberfläche bis zum Meeresgrund.

• **Windung**
Vollständige Drehung eines Gehäuses oder einer Schale.

Register